高职高专"十三五"建筑及工程管理类专业系列规划教材
"互联网+"创新教育教材

水利水电工程施工

主　编　杨艳凤　王君红　程玉强
副主编　李天平　王欣海　陈鹏宇

U0275966

西安交通大学出版社　国 家 一 级 出 版 社
XI'AN JIAOTONG UNIVERSITY PRESS　全国百佳图书出版单位

内 容 提 要

　　本书根据近年来水利水电行业最新的规范、标准及相关规定和要求编写，旨在满足现代施工和安全的需要。全书共分为11个情景，具体内容包括：施工导流与截流、土石方工程、地基处理、爆破工程、地下工程施工、土石坝工程、混凝土工程、水闸施工、渠系建筑物、堤防及疏浚工程和水利水电工程施工安全技术。本书配备有全套的PPT、视频、规范、标准、图片等资料，且每个学习模块均配有二维码。二维码包含最新的规范、标准、相关规定及施工过程视频和相关典型工程介绍等。

　　本书可作为高职高专院校水利工程、水利工程施工技术、水利水电建筑工程等专业的教材，也可作为水利水电类专业成人高等教育的参考教材，还可作为水利水电工程施工技术人员的参考书。

前言 Preface

兴水利、除水患，历来是中华民族治国安邦的大事。为科学谋划做好"十三五"水利改革发展工作，国家发展改革委、水利部、住房城乡建设部组织编制了《水利改革发展"十三五"规划》，从全面推进节水型社会建设、改革创新水利发展体制机制、加快完善水利基础设施网络、提高城市供水和排涝防洪能力、进一步夯实农村水利基础、加强水生态治理与保护、优化流域区域水利发展布局、全面强化依法治水科技兴水等 8 个方面全面谋划了"十三五"水利改革发展重点任务。要完成这 8 项任务，水利水电工程施工是关键，过硬的质量是保障。因此，水利水电工程施工必须结合改革规划，结合时代要求，满足发展需要，保证工程质量。

本书在内容设计上紧贴水利政策导向，以服务社会为宗旨，体现"一带一路"新要求，为国家和行业培养专业人才。同时，结合水利水电建筑工程专业相关的岗位要求，培养学生的专业施工能力。另外，本书结合现代科学技术，把大量最新的行业信息、规范、标准、施工视频及图片等融入二维码技术，让读者学习的时候，不仅仅有平面的书面信息，还有立体和最新的行业信息，以弥补出版物滞后的缺陷。

本书共包括 11 个情景，每个情景分为若干模块，主要围绕施工技术要求和安全要求两大部分进行介绍。在编写过程中，主要以国家水利政策为导向，以职业岗位标准为要求，以职业能力需求为依据，来设计教学内容和重点，同时体现高等职业技术教育教学的特点。

本书由甘肃建筑职业技术学院杨艳凤、王君红、程玉强担任主编，甘肃建筑职业技术学院李天平、王欣海和东莞市水利勘察设计院有限公司陈鹏宇担任副主编，由杨艳凤负责全书的统稿工作。具体编写分工如下：李天平编写绪论，杨艳凤编写情景一、情景六和情景七，程玉强编写情景二、情景三和情景四，王欣海编写情景五，陈鹏宇编写情景八，王君红编写情景九、情景十和情景十一。

本书在编写过程中，得到甘肃建筑职业技术学院水利专业教学团队领导和相关老师的支持和建议，同时得到"水利家园"微信公众号主编傅大尧工程师的大力支持和帮助，在此一并表示衷心感谢！

由于编写水平有限，书中难免会有疏漏处，诚恳希望读者朋友们批评、指正。

编者

2018 年 1 月

目录 Contents

绪　论

水是生命之源、生产之要、生态之基。兴水利、除水害，事关人类生存、经济发展和社会进步，历来是治国安邦的大事。水利水电工程是国民经济的基础设施，是水资源合理开发、有效利用和水旱灾害防治的主要工程措施。在解决我国水资源短缺、洪涝灾害、环境保护、水土流失等水问题中，水利水电工程的建设与实施起到了无可替代的重要作用。

水利水电工程在发挥巨大经济效益和社会效益的同时，其失事也将产生灾难性后果，因而其建设实施有着特殊的要求。水利水电工程一般规模大、投资高、建设期长、技术复杂、风险因素多，要求从事水利水电工程建设的相关人员具有较高的专业知识水平和较强的组织管理能力。对水利水电工程质量控制其中很重要的就是在水利水电工程施工阶段，因此必须加强水利水电工程施工的理论学习和实践。水利水电工程施工就是一门理论与实践紧密结合的专业课程，学好本书的相关内容，可为学生以后从事水利水电工程相关工作奠定良好的基础。

一、概念

水利水电工程施工就是按照设计提出的工程结构、数量、质量、进度及造价等要求修建水利水电工程的工作。该工作全过程都直接与水密切相关联，并且与当地的地形、地质、水文、气象、施工环境等密切相关。

水利工程在防洪、除涝、防灾、减灾等方面对国民经济的发展作出了突出贡献，而水利工程质量的好坏，与水利工程效益的正常发挥是分不开的，因此，必须注重施工技术的管理和控制。

因此，本课程为水利水电工程类专业的必修课程，也是核心课程。

二、发展

从著名的古代都江堰引水工程，到现代举世瞩目的南水北调、三峡水利枢纽、淮河治理等工程，都体现了水利水电工程避水害、趋水利、造福一方、惠及千秋的重要作用。

中华人民共和国成立 60 多年来，我国水利水电建设事业取得了举世瞩目的巨大成就，为经济社会发展、人民安居乐业作出了突出贡献。全国建成大中小型水库 8.6 万多座，总库容 5000 亿 m^3；累计修建加固堤防 26 万 km，初步控制了大江大河的常遇洪水，形成了 5800 亿 m^3 的年供水能力，人均综合用水量从不足 $200m^3$ 增加到 $458m^3$，灌溉面积从 0.16 亿公倾扩大到近 0.533 亿公顷，为我国社会可持续发展创造了条件。

1.悠久的历史和成就

在中国历史上，水利水电建设成就卓著，水利水电工程在中国有着重要地位和悠久历史。古代历代有为的统治者，都把兴修水利作为治国安邦的大计。传说早在奴隶社会初期，大禹主持治水，平治水土，疏导江河，三过家门而不入，一直为后人所崇敬。及至春秋战国时期，先后建成一些相当规模的水利水电工程，如淮河的芍陂和期思陂等蓄水灌溉工程。战国末期，都江堰、郑国渠（郑白渠）和沟通长江与珠江水系的灵渠，被誉为秦王朝三大水利工程。隋唐北宋期间修建了三白渠、浙江的它山堰等250多处水利水电工程。从元明到清中期,开通了京杭大运河,明代大力治黄,修建高家堰,形成洪泽湖水库。清末,因内忧外患无力修建水利水电工程,但因西方技术的传入,成立了专门的水利水电学校。

这一时期最主要的施工特点是以人力施工为主。而在历史长河中,水利水电工程施工不仅在规划设计上取得成就,在施工技术方面也有创造,如鱼嘴与飞沙堰的卵石砌护,该施工方法沿用至今。

2.成果累累的现代

随着科学技术的发展、新型建筑材料的不断涌现和大型专用施工机械的研制与改进,现代的施工技术由传统的人力施工转向机械化施工。

现代水利水电工程在工业发达的国家是从20世纪30年代开始的,而我国从20世纪50年代以后开始。我国修建了三峡水利枢纽工程、小浪底水利枢纽工程、葛洲坝水利枢纽工程、瀑布沟水利枢纽等大型的水利水电工程。

这一时期水利水电工程最主要的特点是:

(1)施工导流工程。

很多大型水利水电工程需要各种大流量条件下进行导流建筑物(围堰、明渠、导流洞、底孔等)的修建、拆除与封堵。

施工期需要进行通航,比如当今世界上最大规模的中国三峡水利枢纽导流明渠(长3410m,宽350m,导流设计流量83700m³/s;二滩水电站最大过流段面17.5m×23m的导流洞。

(2)土石方工程。

主要表现在开挖强度大幅提高,需要解决各种复杂的、高陡边坡治理问题,同时,需要在复杂地质条件下进行大型地下厂房的开挖与衬砌支护工程。比如中国三峡水利枢纽土石方年最大开挖强度高达4400万 m³。

这些问题的解决,除高施工机械化程度和水平外,还采用了许多新技术。如在爆破方面,经常采用预裂爆破、光面爆破、保护层一次爆破、定向爆破、水下岩基爆破等先进技术及凿裂开挖方法;明挖工程最大开挖深度达到176m的岩质高边坡技术。在岩石支护方面,广泛采用锚洞、锚杆、锚桩、预应力锚固等。地下开挖采用多臂钻机、盾构机、反井钻机等先进机具和喷锚、预应力锚、预注浆及管棚支护方法。

(3)地基处理工程。

地基处理方面,我国成功运用了高压水泥灌浆技术、各类防渗墙技术等。世界上最深的防渗墙已达131m。我国小浪底水利枢纽施工中的混凝土防渗墙深度达82m。另外,沉井、抗滑桩和振冲加固技术也用于一些有特殊要求的地基处理。地基处理方法的综合运用,为高坝水库防渗、高压输水道围岩的结构稳定和渗流稳定提供了保证。

(4)混凝土工程。

随着人工砂石料系统逐步取代天然砂石料系统,并不断发展,混凝土综合机械化施工水平不断提高,混凝土碾压筑坝技术不断发展。

混凝土技术方面,全面推广使用规格化、定型化钢模板,钢模板周转次数可达50次以上。采用软盘真空滑动模板,提高了混凝土表面强度。在混凝土温控技术方面,葛洲坝工程已达到夏季拌和混凝土出机口温度7度以下;在施工强度方面,三峡二期工程1999年浇筑混凝土

458.5m³,最大月浇筑强度 55.4m³,超过世界已有记录。采用的大型浇筑设备有皮带机运送混凝土的塔带机、胎带机、20t 高架门机和大跨度缆机。碾压混凝土快速筑坝采用高掺粉煤灰、薄层低稠度、短间歇连续浇筑、全断面浇筑的施工技术。

(5)快速施工与质量控制。

随着科学技术的发展、现代化的机械设施和先进的管理,水利水电工程施工工期明显缩短,施工质量逐步提高。例如,二滩水电(拱坝高 240m,大型地下厂房装机 3300MW,地形险峻,地质复杂,施工难度大)于 1991 年 11 月主体工程开工,1998 年 8 月至 11 月第一批 2 台机组相继并网发电,工程质量优良。

同时,水利工程建设中的新设备、新的施工方法、新工艺、新材料等不断出现和更新,以及施工经验的日益积累和施工管理体制的进一步改革,这些都为水利工程施工提供了广阔的前景。

三、施工特点

1. 需采取专门的施工方法和措施

水利工程承担挡水、蓄水和泄水等任务,同时,水利水电工程施工又多在河流上进行,对水工建筑物的稳定、承压、防渗、抗冲、耐磨、抗腐蚀等性能都有特殊要求,需按照水利施工的技术规范,需采取专门的施工方法和措施,确保工程质量。

2. 需采取专门的地基处理措施

水利工程对地基的要求比较严格,工程又常处于地质条件比较复杂的地区和部位,如岩溶、软弱夹层、断层破碎等,若处理不当留下隐患,则难于补救。因此,需采取专门的地基处理措施。

3. 多要求进行施工导流、截流或水下作业

水利工程多在河道、湖泊及其他水域施工,需根据水流的自然条件及工程建设的要求进行施工导流、截流、基坑排水、施工度汛、施工期通航及水下作业等,这些都需要根据水利水电施工的相关标准、规范等进行施工,这也是水利水电施工跟其他土建施工区别最大的一点。

4. 施工受自然条件的影响较大

水利水电工程施工多为露天作业,受天气影响较大,因此需要采取合适的冬季、雨季和夏季施工措施,以保证工程施工质量和进度。同时,水利水电工程是在天然的水文、地质条件下,经过处理进行的施工,因此当地的水文、地质、地形等条件将直接影响施工的难易程度和施工方案的实施。

例如广西红水河龙滩水电站,碾压混凝土重力坝最大坝高 216.5m,该地区碾压混凝土在夏季施工中,将遭遇到高气温、降雨及大风环境的不利影响。

为了满足施工进度计划的要求使工程发挥效益,在保证施工质量的前提下,使工程在高温及多雨环境条件下连续施工就具有特别重要的意义。这就要求采取各种行之有效、简便易行的综合处理措施。

5. 综合利用制约因素多

水利水电工程除要考虑本身的防洪、发电、灌溉、供水等效益外,还必须综合考虑通航、灌溉、供水、漂木、过鱼等需要。因此,必须全面考虑综合因素,制定合理的施工组织,以便解决所有问题。例如:三峡水利枢纽工程在施工期就必须考虑通航问题及相关解决措施,三峡水利枢

纽工程通航问题的完美解决也为世界水利水电工程的通航问题树立了一个典范。

6.工程量巨大

水利水电工程施工工程量相对来说都比较大,比如:土石方工程量,三峡二期上下游围堰土石方工程量 1032 万 m³;水布垭开挖总量 2653 万 m³;填方总量 1800 万 m³;天生桥一级水电站填筑量高达 1800 万 m³,月最大填筑强度达 77.4 万 m³;小浪底水利枢纽工程最大坝高 154m,填方 5574m³。

7.工程质量要求高

水利水电枢纽工程是在河流上修建的挡水、泄水建筑物,其关系着下游人民生命财产的安全。工程的施工质量,不但影响建筑物的寿命和效益,而且会影响改建和维修的费用。另外,工程一旦失事,将对国民经济及生命财产安全带来不可弥补的损失。国内外的水利史上不乏因施工质量问题而导致的一些惨痛教训,比如,法国的马尔帕塞坝的失事,意大利的瓦伊昂的失事,都造成了非常严重的损失。因此,"百年大计,质量第一",绝不是一句口号,水利水电工程施工必须保证工程质量。

8.工程地点偏僻

水利水电工程往往位于交通不便的山区,人烟稀少,施工准备工作量大,不仅要修建场内、外交通道路,布置施工服务的辅助企业,而且要求修建办公、福利设施及生活用房。因此,工期较长,投资较大。所以,必须重视施工准备的工作,使之既满足施工要求又减少工程投资。

9.其他

水利水电工程涉及部门多,范围广,要统筹兼顾,全面规划,如防洪、发电、航运、灌溉、渔业、工业与城市用水等,要统一考虑,妥善安排。同时,环保、移民问题日渐突出,必须做好相关的工作。

综合以上特点,反映出水利水电工程建设的复杂性、系统性和全面性,因此,水利水电工程施工必须以质量为目标,科学地进行施工,还要综合考虑投资及安全问题。

四、主要内容

本书主要阐述了水利水电工程施工中各主要工种的施工工艺,主要水工建筑物的施工程序与方法。具体分为 11 个情景,每个情景根据内容分为若干模块。

情景	一	二	三	四	五	六	七	八	九	十	十一
名称	绪论	施工导流与截流	土石方工程	地基处理	爆破工程	地下工程施工	土石坝工程	混凝土工程	水闸施工	渠系建筑物	堤防及疏浚工程	水利水电工程施工安全技术

要求了解水利水电工程常用施工机械的主要组成部分、工作原理、主要性能及其选择;掌握主要工种的施工过程、施工方法、操作技术、质量控制、施工安全等要求,以及主要水工建筑物的施工特点、施工程序、施工方法和质量控制标准等。

五、学习建议

根据本课程理论与实践要求较高的特点,提出以下建议:

1. 理论基础

应注重对基本概念、基本原理、基本方法的理解,而对于主要水工建筑物施工的施工方法、技术和要求要熟练掌握。

2. 工程实例的学习

在课程学习中应通过工程实例(图片、视频和网站)的学习,并结合课程,能够做到学以致用。

3. 实践操作

利用现有的实训室及实验室,进行相关实践操作,并结合工地实践,以便及时解决理论上理解不了的问题,同时也解决了理论与实际脱节的问题。再通过课程作业、毕业设计等教学环节,可以有效地学习施工知识,也能有效地掌握水利水电工程施工这门课程的学习内容。

情景一
施工导流与截流

情景导入

某工程位于平原地区,河面宽度为 20m,旁边地势比较平坦。那么,针对该工程的情况应该采取什么样的施工导流方法?如何进行截流?在排除基坑里的水时,应该注意哪些问题?

本情景主要讲述施工导流的标准和方式,施工截流的方法与技术,围堰施工的类型与技术,基坑排水的要求、方法和设备选择。

模块一 施工导流

一、施工导流标准

1.施工导流的概念

(1)施工导流。

施工导流是指在河床中修筑围堰围护基坑,并将施工期间河道上游来水按设定的方式导向下游,创造工程建设干地施工条件。

(2)导流建筑物。

导流建筑物系指枢纽工程施工期所使用的临时性挡水建筑物和泄水建筑物。导流挡水建筑物主要是围堰。导流泄水建筑物包括导流明渠、导流隧洞、导流涵管、导流底孔等临时建筑物和部分利用的永久泄水建筑物。

(3)导流标准。

导流标准主要包括导流建筑物级别、导流建筑物设计洪水标准、施工期临时度汛洪水标准和导流泄水建筑物封堵后坝体度汛洪水标准等。

(4)施工导流设计。

施工导流设计的任务是分析研究当地的自然条件、工程特性和其他行业对水资源的需求,选择导流方式,划分导流时段,选定导流标准和导流设计流量,确定导流建筑物的形式、布置、构造和尺寸,拟定导流建筑物的修建、拆除、封堵的施工方法,拟定河道截流、拦洪度汛和基坑排水的技术措施,通过技术经济比较,选择一个经济合理的导流方案。

水利水电枢纽工程施工所采用的导流方式不是单一的,通常是几种导流方式组合起来配合运用。

2.施工导流标准的确定

施工导流标准直接影响导流建筑物规模、永久建筑物施工安全及工程投资,是导流建筑物的设计依据。

（1）导流标准的确定。

导流建筑物级别根据其保护对象、失事后果、使用年限和导流建筑物规模等指标划分为3～5级（见表1-1）。导流建筑物设计洪水标准应根据导流建筑物的级别和类型，并结合风险度分析合理确定；当坝体填筑高程超过围堰顶高程时，坝体临时度汛洪水标准应根据坝型和坝前拦洪库容确定；导流泄水建筑物封堵后，如永久泄洪建筑物尚未具备设计泄洪能力，坝体度汛洪水标准应分析坝体施工和运行要求根据坝型和大坝级别确定，且汛前坝体上升高度应满足拦洪要求，帷幕灌浆及接缝灌浆高程应能满足蓄水要求。

表1-1　导流建筑物级别划分

级别	保护对象	失事后果	使用年限（年）	围堰工程规模	
				高度（m）	库容（亿 m³）
3	有特殊要求的1级永久性水工建筑物	淹没重要城镇、工矿企业、交通干线或推迟工程总工期及第一台（批）机组发电，造成重大灾害和损失	>3	>50	>1.0
4	1级、2级永久性水工建筑物	淹没一般城镇、工矿企业或影响工程总工期和第一台（批）机组发电，造成较大经济损失	2～3	15～50	0.1～1.0
5	3级、4级永久建筑物	淹没基坑，但对总工期及第一台（批）机组发电影响不大，经济损失较小	<1.5	<5	<0.1

注：1.导流建筑物包括挡水和泄水建筑物，两者级别相同。

2.表列四项指标均按导流分期划分，保护对象一栏中所列永久建筑物级别系按《水电枢纽工程等级划分及设计安全标准》（DL 5180—2003）划分。

3.有特殊要求的1级永久性水工建筑物系指施工期不允许过水的土石坝及其他有特殊要求的永久建筑物。

4.使用年限系指导流建筑物每一施工阶段的工作年限，两个或两个以上施工阶段共用的导流建筑物，如一期、二期共用的纵向围堰，其使用年限不能叠加计算。

5.围堰工程规模一栏中，高度指挡水围堰最大高度，库容指堰前设计水位拦蓄在河槽内的水量，两者应同时满足。

（2）确定导流建筑物洪水标准的方法。

确定导流建筑物洪水标准的方法以下有三种：

①实测资料分析法。

该法实用简便，但一般应有较长的水文系列，与洪峰、洪量均较大的典型洪水过程作比较后，选用设计典型年。

②常规频率法。

按国家统一的规范执行，一般应有20～30年以上的水文系列，多用风险率的概念进行分析、计算。

③经济流量分析法。

根据不同的设计流量，计算各相应的年施工费用及年损失费用（含现场施工、淹没、溃堰等损失），对应总费用最小流量即为经济导流流量。在实际应用中，往往两者或三者结合考虑，综合分析,以估计其安全性和经济性。

二、施工导流方式

施工导流方式应经过全面考虑,综合合理布置。施工导流方式选择应遵循如下原则:

①适应河流水文特征和地形、地质条件;

②工程施工期短,发挥工程效益快;

③工程施工安全、灵活、方便;

④合理利用永久建筑物,以减少导流工程量和投资;

⑤使用施工期通航、供水、排冰等要求;

⑥河道截流、围堰挡水、坝体度汛、封堵导流空洞及蓄水和供水等各阶段能合理衔接。

施工导流的基本方式可分为分期围堰导流和一次拦断河床围堰导流两类。

1.分期围堰导流

分期围堰导流,也称分段围堰导流(或河床内导流),就是用围堰将水工建筑物分段分期围护起来进行施工的方法。分段就是将河床围成若干个干地施工基坑/分段进行施工。分期就是从时间上按导流过程划分施工阶段。工程实践中,两段两期导流采用得最多,如图1-1所示。分段围堰法导流适用于河流流量大、河床宽、覆盖层薄、工期长的工程,尤其适用通航和冰凌严重的河道,这种导流方法费用低。如三峡、向家坝等工程均采用分期围堰导流方式。

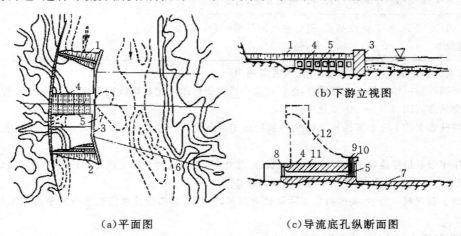

(a)平面图   (c)导流底孔纵断面图

1——期上游横向围堰;2——期下游横向围堰;3——一、二期纵向围堰;4—预留缺口;

5—导流底孔;6—二期上下游围堰轴线;7—护坦;8—封堵闸门槽;9—工作闸门槽;

10—事故闸门槽;11—已浇筑的混凝土坝体;12—未浇筑的混凝土坝体

图1-1　分段围堰法导流

根据不同时期泄水道的特点,分期围堰导流中又包括束窄河床导流和通过已建或在建的建筑物导流。

(1)束窄河床导流。

束窄河床导流通常用于分期导流的前期阶段,特别是一期导流,其泄水道是被围堰束窄后的河床。

（2）通过建筑物导流。

通过建筑物导流的主要方式，包括设置在混凝土坝体中的底孔导流、混凝土坝体上预留缺口导流、梳齿孔导流，平原河道上低水头河床式径流电站可采用厂房导流等。这种导流方式多用于分期导流的后期阶段。

2. 一次拦断河床围堰导流

一次拦断河床围堰导流是指在河床内距主体工程轴线（如大坝、水闸等）上下游一定的距离修筑拦河堰体，一次性截断河道，使河道中的水流经河床外修建的临时泄水道或永久泄水建筑物下泄。一次拦断河床围堰导流适用于枯水期流量不大、河道狭窄的河流，按导流泄水建筑物的类型可分为明渠导流、隧洞导流、涵管导流等。比如二滩、小浪底等工程均采用一次拦断河床围堰法导流。

（1）明渠导流。

明渠导流是在河岸或河滩上开挖渠道，在基坑的上下游修建横向围堰，河道的水流经渠道下泄。这种施工导流方法一般适用于岸坡平缓或有一岸具有较宽的台地、垭口或古河道的地形。如图 1-2 所示。

明渠具有施工简单，适合大型机械施工的优点；有利于加速施工进度，缩短工期；对通航、放木条件也较好。

在布置时应注意与永久建筑物结合，便于进入基坑道路，进出口与围堰接头应满足堰基防冲要求。弯道尽量少，若有，则要求其半径不宜小于 3 倍明渠底宽，进出口轴线与河道主流方向的夹角宜小于 30°，并应避开滑坡、崩塌及高边坡开挖区。

（2）隧洞导流。

隧洞导流是在河岸边开挖隧洞，在基坑的上下游修筑围堰，一次性拦断河床形成基坑，保护主体建筑物干地施工，天然河道水流全部或部分由导流隧洞下泄的导流方式。这种导流方法适用于河谷狭窄、两岸地形陡峻、山岩坚实的山区河流。如图 1-3 所示。

在隧洞布置时应注意洞线选择（综合考虑地形、地质、水流、施工、运行等因素）、进出口与上下游围堰的距离要求等，如果有条件时，宜与永久隧洞结合。

（3）涵管导流。

涵管导流适用于导流流量较小的河流或只用来担负枯水期的导流。如图 1-4 所示。

涵管导流一般在修筑土坝、堆石坝等工程中采用。涵管通常布置在河岸滩地上，其位置常在枯水位以上，这样可在枯水期不修围堰或只修小围堰而先将涵管筑好，然后再修上、下游断流围堰，将河水经涵管下泄。

另外，若经过分析论证，一个枯水期内能将挡水建筑物修筑至度汛标准洪水位以上时，或汛期基坑淹没对工程进度影响较小且淹没损失不大时，可采用枯水期围堰挡水的导流方式。

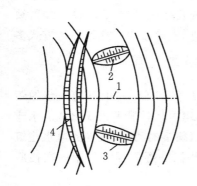

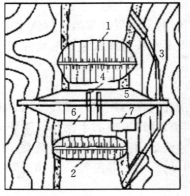

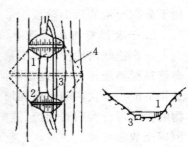

1—水工建筑物轴线；
2—上游围堰；3—下游围堰；
4—导流明渠

图 1-2 明渠导流

1—上游围堰；2—下游围堰；
3—导流隧洞；4—底孔；
5—坝轴线；6—溢流坝段；
7—水电站厂房

图 1-3 隧洞导流示意图

1—上游围堰；2—下游围堰；
3—涵管；4—坝体

图 1-4 涵管导流示意图

模块二 施工截流

一、截流时段

截流时段的选择应全面考虑河道水文特性和截流前后应完成的各项控制性工程要求，综合权衡分流建筑物、截流、后续围堰及主体工程等施工要求，选择最优的截流时段。

截流时段选择应考虑对河流综合利用的影响较小的时段，一般选在枯水期较小流量时进行。但应注意，有冰情的河道截流时段不宜选在冰凌期。

二、截流方式

截断原河床水流，把河水引向导流泄水建筑物下泄的工作，叫作截流。截流过程为：先在河床一侧或两侧向河床中填筑截流戗堤，达到缩窄河床的目的，称为进占。戗堤进占到一定长度后，河床缩窄，形成流速较大的过水缺口，称之为龙口，封堵龙口的工作称为合龙。

截流方式选择时应综合分析水力学参数、施工条件、截流难度、抛投材料数量和性质等因素，经经济技术比较后综合选择。

截流方式可归纳为戗堤法截流和无戗堤法截流两种。戗堤法截流主要有平堵、立堵及混合截流；无戗堤法截流主要有建闸截流、水力冲填截流、定向爆破截流、浮运结构截流等。

1. 戗堤法截流

（1）平堵。

平堵（见图 1-5）是先在龙口建造浮桥或栈桥，由自卸汽车等运输工具运来抛投料，沿龙口前沿投抛。先下小料，随着流速增加，逐渐抛投大块料，使堆筑戗堤均匀地在水下上升，直至高出水面,截断河床。平堵法比立堵法的单宽流量小,最大流速也小,水流条件较好,可以减小对龙口基床的冲刷,所以特别适用于易冲刷的河床上截流。由于平堵架设浮桥及栈桥,对机械化施工有利,因而投抛强度大,容易截流施工。

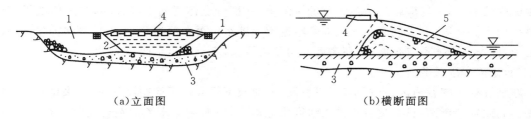

（a）立面图　　　　　　　　　　（b）横断面图

1—截流戗堤;2—龙口;3—覆盖层;4—浮桥;5—截流体

图 1-5　平堵法截流

（2）立堵。

立堵（见图 1-6）是用自卸汽车等运输工具运来抛投料,以端进法抛投（从龙口两端或一端下料）进占戗堤,直至截断河床。立堵在截流过程中所发生的最大流速、单宽流量都较大,加之所形成的楔形水流和下游形成的立轴锁涡,对龙口及龙口下游河床将产生严重冲刷,因此不适用于地质不好的河道上截流,否则需要对河床作妥善防护。立堵法无须架设浮桥或栈桥,简化了截流准备工作,因而赢得了时间,节约了投资,在许多岩质河床的工程中广泛采用。因此,应优先选用立堵法截流。

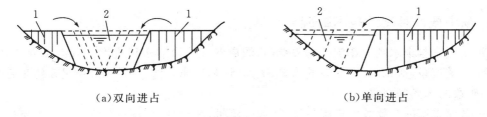

（a）双向进占　　　　　　　　　　（b）单向进占

1—截流戗堤;2—龙口

图 1-6　立堵法截流

（3）混合堵。

混合堵是采用立堵与平堵相结合的方法,有立平堵和平立堵两种。

①立平堵。为了充分发挥平堵水力条件较好的优点,降低架桥的费用,工程中可采用先立堵、后架桥平堵的方式。

②平立堵。对于软基河床,单纯立堵易造成河床冲刷,往往采用先平抛护底,再立堵合龙的方案。此时,平抛多利用驳船进行。

2.无戗堤法截流

（1）建闸截流。

建闸就是在泄水道中预先修建闸墩,并建截流闸分流,降低戗堤水头,待抛石截流后,再下闸截流。

（2）水力冲填截流。

河流在某种流量下有一定的挟砂能力,当水流含砂量远大于该挟砂能力时,粗颗粒泥沙将沉淀河底进行充填。基于这一原理,充填开始时,大颗粒泥沙首先沉淀,而小颗粒则冲至其下游侧逐渐沉落。随着充填的进展,上游水位逐步壅高,部分流量通过泄水通道下泄。随着河床过水断面的缩窄,某些颗粒逐渐达到抗冲极限值,一部分土体仍向下游移动,结果使戗堤下游坡继续向下游扩展,一直到充填体表面摩阻造成上游水位更大的壅高,而迫使更多流量流向泄水通道,围堰坡脚才不再扩展,而在高度方向急剧增长,直至露出水面。

(3)定向爆破截流。

在坝址处于峡谷地区、岩石坚硬、岸坡陡峻、交通不便或缺乏运输设备时,可采用定向爆破截流。利用定向爆破,将大量岩石抛入河道预定地点,瞬时截断水流。在合龙时,为了瞬间抛入大量材料封闭龙口,除了用定向爆破岩石外,还可在河床上预先浇筑巨大的混凝土块体,将其支撑体用爆破法炸断,使块体落入水中,将龙口封闭。

(4)浮运结构截流。

浮运结构截流就是将各种浮运结构拖至龙口,在埽捆、柴排护底下,装载土砂料,充水使其沉没水中,一次截断水流。其后进一步发展浮运结构成为封闭式钢筋混凝土浮箱,在浮箱之间留出缺口形成"梳齿孔"过流,由于缩窄龙口水流不大,浮箱容易沉放,最后,将缺口闸阀放下,即可达到截断水流的目的。截流用浮运结构包括旧驳船、钢筋混凝土箱形结构。木笼也是一种浮运结构,我国新安江水电站曾采用这种方式截流。

浮运结构截流的优点是成戗断面较小,用料较少;缺点是制作时需要大型设备,耗用钢材(钢缆和金属闸门)多,造价高,护底标准高,基床面要求平整,施工也受气候、水文等条件影响。

三、减小截流难度的技术措施

截流工程是整个水利枢纽施工的关键,它的成败直接影响工程进度。截流工程的难易程度取决于河道流量、泄水条件、龙口的落差、流速、地形地质条件、材料供应情况及施工方法、施工设备、时段的选择等因素。

减少截流难度的主要技术措施包括:加大分流量,改善分流条件;改善龙口水力条件;增大抛投料的稳定性,减少块料流失;加大截流施工强度;合理选择截流时段;等等。

1.加大分流量,改善分流条件

分流条件好坏直接影响到截流过程中龙口的流量、落差和流速。分流条件好,截流就容易,反之就困难。改善分流条件的主要措施有:

(1)合理确定导流建筑物尺寸、断面形式和底高程。导流建筑物不仅要满足导流要求,而且应满足截流的需要。

(2)确保泄水建筑物上下游引渠开挖和上下游围堰拆除的质量。这是改善分流条件的关键环节,不然泄水建筑物虽然尺寸很大,但分流却受上下游引渠或上下游围堰残留部分控制,泄水能力受到限制,增加截流工作的难度。

(3)在永久泄水建筑物泄流能力不足时,可以专门修建截流分水闸或其他形式泄水道帮助分流,待截流完成后,借助于闸门封堵泄水闸,最后完成截流任务。

(4)增大截流建筑物的泄水能力。当采用木笼、钢板桩格式围堰时,也可以间隔一定距离安放木笼或钢板桩格体,在其中间孔口宣泄河水,然后以闸板截断中间孔口,完成截流任务。另外也可以在进占戗堤中埋设泄水管帮助泄水,或者采用投抛构架块体增大戗堤的渗流量等办法减少龙口溢流量和溢流落差,从而减轻截流的困难程度。

2.改善龙口水力条件

龙口水力条件是影响截流的重要因素,改善龙口水力条件的措施有双戗截流、三戗截流、宽戗截流、平抛垫底等。

(1)双戗截流。

双戗截流采取上下游二道戗堤,协同进行截流,以分担落差。通常采取上下戗堤立堵。常见的进占方式有上下戗轮换进占、双戗固定进占和以上两种进占方式混合使用。也有以上戗进占为主,由下戗配合进占一定距离,局部壅高上戗下游水位,减少上戗进占的龙口落差和流速。

双戗进占,可以起到分摊落差,减轻截流难度,便于就地取材,避免使用或少使用大块料、人工块料的好处。但双线施工,施工组织较单戗截流复杂;二戗堤进度要求严格,指挥不易;软基截流,若双线进占龙口均要求护底,则大大增加了护底的工程量;在通航河道,船只需要经过两个龙口,困难较多,因此双戗截流应谨慎采用。

(2)三戗截流。

三戗截流是利用第三戗堤分担落差,可以在更大的落差下用来完成截流任务。

(3)宽戗截流。

宽戗截流是增大戗堤宽度,以分散水流落差,从而改善龙口水流条件完成截流。

但是进占前线宽,要求投抛强度大,工程量也大为增加,所以只有当戗堤可以作为坝体(土石坝)的一部分时,才宜采用,否则用料太多,过于浪费。

(4)平抛垫底。

对于水位较深、流量较大、河床基础覆盖层较厚的河道,常采取在龙口部位一定范围抛投适宜填料,抬高河床底部高程,以减少截流抛投强度,降低龙口流速,达到降低截流难度的目的。

3.增大抛投料的稳定性,减少块料流失

增大抛投料的稳定性,减少块料流失的主要措施有采用特大块石、葡萄串石、钢构架石笼、混凝土块体(包括四面体、六面体、四脚体、构架)等来提高投抛体的本身稳定。也可在龙口下游平行于戗堤轴线设置一排拦石坎来保证抛料的稳定,防止抛投料的流失。

4.加大截流施工强度

加大截流施工强度,加快施工速度,可减少龙口的流量和落差,起到降低截流难度的作用,并可减少投抛料的流失。加大截流施工强度的主要措施有加大材料供应量、改进施工方法、增加施工设备投入等。

5.合理选择截流时段

(1)通航河道,选择对航运影响较小时段;

(2)严寒地区,避开河道流冰及封冻时段;

(3)截流开始时间应尽可能提前进行,保证汛前围堰达到防汛要求。

模块三　围堰施工

一、围堰的类型

围堰是导流工程中的临时性挡水建筑物,用来围护施工基坑,保证水工建筑物能在干地施工。在导流任务完成后,若围堰不能与主体工程结合成为永久工程的一部分,应予以拆除。围堰在布置时应综合考虑地形、地质条件、泄流、防冲、通航、施工总布置等要求。

1. 围堰分类

(1)围堰按使用材料,可分为土石围堰、混凝土围堰、草土围堰、木笼围堰、竹笼围堰、钢板桩格形围堰等。

(2)按围堰与水流方向的相对位置,可分为横向围堰和纵向围堰。

(3)按围堰与保护工程的相对位置,可分为上游围堰和下游围堰。

(4)按导流期间基坑过水与否,可分为过水围堰和不过水围堰。过水围堰除需要满足一般围堰的基本要求外,还要满足堰顶过水的要求。

(5)按围堰挡水时段,可分为全年挡水围堰和枯水期挡水围堰。

以上分类一般对于围护主河床永久建筑物而言,按被围护的建筑物分类,尚有厂房围堰,船闸围堰,隧洞进口围堰、出口围堰等。

2. 围堰的基本形式及构造

(1)土石围堰。

土石围堰能充分利用当地材料,对地基适应性强,施工工艺简单,应优先选用。土石围堰还可与截流戗堤结合,可利用开挖弃渣,并可直接利用主体工程开挖装运设备进行机械化快速施工,是我国应用最广泛的围堰形式。土石围堰的防渗结构形式有斜墙式、斜墙带水平铺盖式、垂直防渗墙式及灌浆帷幕式等。如图1-7所示。

(2)混凝土围堰。

混凝土围堰是用常态混凝土或碾压混凝土建筑而成。混凝土围堰宜建在岩石地基上。混凝土围堰的特点是挡水水头高,底宽小,抗冲能力大,堰顶可溢流。尤其是在分段围堰法导流施工中,用混凝土浇筑的纵向围堰可以两面挡水,而且可与永久性建筑物相结合作为坝体或闸室体的一部分。混凝土围堰结构形式有重力式(优先选用)、拱形(河谷狭窄且地质良好选用)等形式,如图1-8所示。

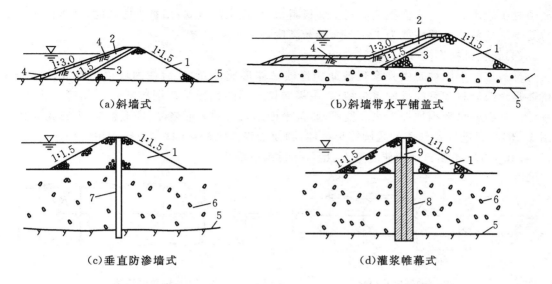

（a）斜墙式　　　　　　　　　　　（b）斜墙带水平铺盖式

（c）垂直防渗墙式　　　　　　　　　（d）灌浆帷幕式

1—堆石体；2—黏土斜墙、铺盖；3—反滤层；4—护面；5—隔水层；6—覆盖层；
7—垂直防渗墙；8—灌浆帷幕；9—黏土心墙

图 1-7　土石围堰

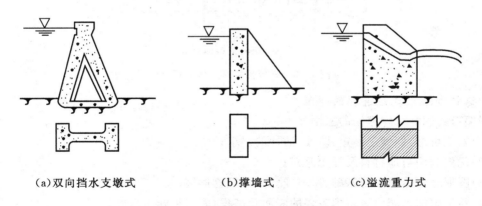

（a）双向挡水支墩式　　　　（b）撑墙式　　　　（c）溢流重力式

图 1-8　混凝土围堰断面示意图

（3）草土围堰。

草土围堰是一种草土混合结构。草土围堰能就地取材，结构简单，施工方便，造价低，防渗性能好，适应能力强，便于拆除，施工速度快。但草土围堰不能承受较大的水头，一般适用于水深不大于 6~8m，流速小于 3~5m/s 的中、小型水利工程。

（4）木笼围堰。

木笼围堰是由圆木或方木叠成的多层框架、填充石料组成的挡水建筑物。它施工简便，适应性广，与土石围堰相比具有断面小、抗水流冲刷能力强等优点，可用作分期导流的横向围堰或纵向围堰，可在 10~15m 的深水中修建。但木笼围堰消耗木材量较大，目前很少采用。

（5）竹笼围堰。

竹笼围堰是用内填块石的竹笼堆叠而成的挡水建筑物，在迎水面一般用木板、混凝土面板或填黏土阻水。采用木面板或混凝土面板阻水时,迎水面直立;用黏土防渗时,迎水面为斜墙。竹笼围堰的使用年限一般为 1～2 年,最大高度约为 15m。

(6)钢板桩格形围堰。

钢板桩格形围堰是由一系列彼此相连的格体形成外壳,然后在内填以土料或砂料构成。格体是土或砂料和钢板桩的组合结构,由横向拉力强的钢板桩连锁围成一定几何形状的封闭系统。钢板桩格形围堰按挡水高度不同,其平面形式有圆筒形格体、扇形格体、花瓣形格体(见图 1-9)。目前应用较多的是圆筒形格体,圆筒形格体钢板桩围堰,一般适用的挡水高度小于 15～18m,可以建在岩基或非岩基上,也可作过水围堰用。

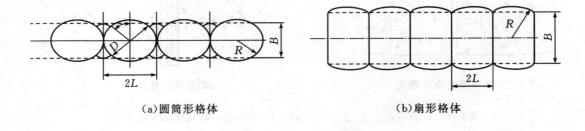

(a)圆筒形格体   (b)扇形格体

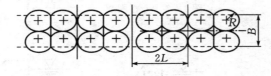

(c)花瓣形格体

图 1-9 钢板桩格形围堰平面形式

3. 选择围堰形式应遵循的原则

围堰形式选择时应遵循的原则如下:

(1)安全可靠,能满足稳定、防渗、防冲的要求;

(2)优先利用当地材料及开挖渣料;

(3)围堰防渗体便于与基础、岸坡或已有建筑物连接;

(4)在预定施工期内修筑到需要的断面及高程,能满足施工进度要求;

(5)应与围堰地形、地质条件相适应;

(6)具有良好的技术经济指标。

二、围堰施工技术

1. **土石围堰**

（1）土石围堰的施工。

围堰的施工有水上、水下两部分。水上部分的施工与一般土石坝相同，采用分层填筑、碾压施工，并适时安排防渗墙施工；水下部分的施工，土料、石渣、堆石体的填筑可采用进占法，也可采用各种驳船抛填水下材料。

（2）土石围堰的接头处理。

①土石围堰与岸坡的接头，主要通过扩大接触面和嵌入岸坡的方法，以延长塑性防渗体的接触，防止集中绕渗破坏。

②土石围堰与混凝土纵向围堰的接头，通常采用刺墙形式插入土石围堰的塑性防渗体中，并将接头的防渗体断面扩大，以保证在任一高程处均能满足绕流渗径长度要求。

（3）土石围堰的拆除。

围堰拆除一般是在使用期的最后一个汛期过后，随上游水位的下降，逐层拆除围堰背水坡和水上部分。土石围堰的拆除可采用挖掘机开挖、爆破、挖泥船开挖或人工开挖等方式。

2. **混凝土围堰**

（1）混凝土围堰多为重力式。狭窄河床的上游围堰，在堰肩地质条件允许的情况下，也可采用拱形结构。混凝土围堰的施工与混凝土坝相似。

（2）混凝土围堰一般需在低土石围堰保护下干地施工，但也可创造条件在水下浇筑混凝土或预填骨料灌浆。

（3）混凝土围堰的拆除，一般只能用爆破法炸除，但应注意，必须使主体建筑物或其他设施不受爆破危害。

3. **草土围堰**

（1）草土围堰，多用捆草法修建，它是用草做成草捆，由一层草捆一层土料在水中进占而成。草捆是用草料包土做成直径为 0.5～0.7m，长为 1.2～1.8m 的长圆体形。进占前先清理岸边，将每两束草捆用草绳绑紧，并使草绳留出足够的长度，然后将草捆垂直于岸边并排铺放，第一排草捆沉入水中 1/3～1/2 草捆长，并将草绳固定在岸边，以便与后铺的草捆互相连接，然后再在第一层草捆上后退压放第二层草捆，层间搭接可按水深大小搭选 1/3～1/2 草捆长，如此逐层压放草捆，使其形成一个坡角约为 35°～45°的斜坡，直至高出水面 1.0m 为止。随后在草捆层的斜坡上铺一层厚 0.25～0.30m 的散草，填补草捆间的空隙，再在散草上铺一层厚 0.25～0.30m 的土料并用人工踏实，这样就完成了堰体压草、铺散草和铺土作业的一个工作循环，依此循环继续进行，堰体即可向前进占。

（2）草土围堰的拆除比较容易，一般水上部分用人工拆除，水下部分可在堰体挖一缺口，让其过水冲毁或用爆破法炸除。

4. **钢板桩格形围堰**

（1）钢板桩格形围堰的修建和拆除机械化程度高，钢板桩回收可达 70%，边坡垂直、断面小、占地少，安全可靠。

（2）钢板桩格形围堰修建工序：定位、打设模架支柱、模架就位、安插打设钢板桩、安装围檩和拉杆、拆除支柱和模架、填充砂砾料至要求高度。

（3）钢板桩围堰的拆除。工程完工后，围护的基坑充水使围堰的两侧水位平衡，围堰内的砂砾料分层挖除，拆除钢拉杆和围檩，用振动锤拔除钢板桩。

模块四　基坑排水技术

修建水利水电工程时,要创造干地施工的条件,基坑必须进行降排水。基坑排水根据排水时段不同,分为初期排水和经常性排水。

一、初期排水

围堰合龙闭气之后,为使主体工程能在干地施工,必须首先排除基坑积水、堰体和堰基的渗水、降雨汇水等,称为初期排水。

1.排水量的组成及计算

初期排水总量应按围堰闭气后的基坑积水量、抽水过程中围堰及地基渗水量、堰身及基坑覆盖层中的含水量,以及可能的降水量等组成计算。其中可能的降水量可采用抽水时段的多年日平均降水量计算。

初期排水流量一般可根据地质情况、工程等级、工期长短及施工条件等因素,参考实际工程经验,按以下公式确定:

$$Q = \eta V/T \qquad (公式1-1)$$

式中　Q——初期排水流量(m^3/s);

　　　V——基坑的积水体积(m^3);

　　　T——初期排水时间(s);

　　　η——经验系数,主要与围堰种类、防渗措施、地基情况、排水时间等因素有关,一般取3～6,当覆盖层较厚,渗透系数较大时取上限。

2.水位降落速度及排水时间

为了避免基坑边坡因渗透压力过大,造成边坡失稳产生塌坡事故,在确定基坑初期抽水强度时,应根据不同围堰形式对渗透稳定的要求确定基坑水位下降速度。可采用固定式或浮动式泵站,宜与经常性排水系统相结合。

对于土质围堰或覆盖层边坡,其基坑水位下降速度必须控制在允许范围内。开始排水降速以0.5～0.8m/d为宜,接近排干时可允许达1.0～1.5m/d。其他形式围堰,基坑水位降速一般不是控制因素。

对于有防渗墙的土石过水围堰和混凝土围堰,如河槽退水较快,而水泵降低基坑水位不能适应时,其反向水压力差有可能造成围堰破坏,应经过技术经济论证后,决定是否需要设置退水闸或逆止阀。

排水时间的确定,应考虑基坑工期的紧迫程度、基坑水位允许下降的速度、各期抽水设备及相应用电负荷的均匀性等因素,进行比较后选定。一般情况下,大型基坑可采用5～7d,中型基坑可采用3～5d。

二、经常性排水

基坑积水排干后,围堰内外的水位差增大,此时渗透流量相应增大。另外基坑已开始施工,在施工过程中还有不少施工废水积蓄在基坑内,需要不停地排除,在施工期内,还会遇到降雨,当降雨量较大且历时较长时,其水量也是不可低估的。

1. 排水量的组成

经常性排水应分别计算围堰和地基在设计水头的渗流量、覆盖层中的含水量、排水时段降雨汇水量及施工弃水量。其中降雨汇水量可采用排水时段最大日降水量计算,按 24h 内抽干计算排水强度;施工弃水量与降水量不应叠加。基坑渗水量可分析围堰形式、防渗方式、堰基情况、地质资料可靠程度、渗流水头等因素后适当扩大。

2. 排水方式

经常性排水有明沟排水和人工降低地下水位两种方式。

(1)明沟排水。

此方式适宜于地基为岩基或粒径较粗、渗透系数较大的砂卵石覆盖面,在国内已建和在建的水利水电工程中应用最多。这种排水方式是通过一系列的排水沟渠、拦截堰体及堰基渗水,并将渗透水流汇集于泵站的集水井,再用水泵排出基坑以外。如图 1-10 所示。

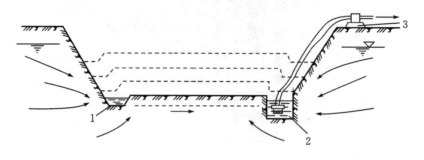

1—排水沟;2—集水井;3—水泵

图 1-10　明沟排水示意图

(2)人工降低地下水位。

采用人工降低地下水位的办法,即在基坑周围钻设一些管井,将地下水汇集于井中抽出,使地下水位降低到开挖基坑的底部以下。在基坑开挖过程中,为了保证工作面的干燥,往往要多次降低排水沟和集水井的高程,经常变更水泵站的位置。这样会造成施工干扰,影响基坑开挖工作的正常进行。此外,当进行细砂土、沙壤土之类的基础开挖时,如果开挖深度较大,则随着基坑底面的下降,地下水渗透压力的不断增大,容易产生边坡塌滑、底部隆起以及管涌等事故。

人工降低地下水位的方法很多,按其排水原理分为管井排水法、真空井点排水法、喷射井点法、电渗井点排水法等。

①管井排水法。

管井井点由滤水井管、吸水管和抽水机组成。管井埋设的深度和距离根据需降水面积、深度及渗透系数确定,一般间距 10～50m,最大埋深可达 10m,管井距基坑边缘距离不小于 1.5m(冲击钻成孔)或 3m(钻孔法成孔),适用于降水深度 3～5m、渗透系数为 20～200m/d 的基坑中施工降水。管井井点设备简单、排水量大、易于维护、经济实用。如图 1-11 所示。

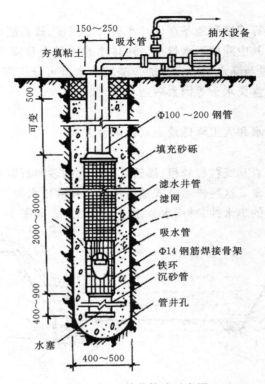

图 1-11 管井构造示意图

②真空井点排水法。

真空井点是沿基坑四周将井点管埋入蓄水层内,利用抽水设备将地下水从井点管内不断抽出,将地下水位降至基坑底以下。真空井点排水法适用于渗透系数为 0.1～50m/d 的土层中,其降水深度为:单级井点 3～6m,多级井点 6～12m。如图 1-12 所示。

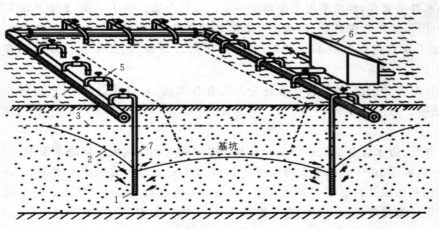

1—滤管;2—降低后地下水位线;3—原地下水位线;

4—总管;5—弯联管;6—水泵房;7—井点管

图 1-12 真空井点降水法示意图

③喷射井点法。

喷射井点是在井点管内设特制的喷射器,用高压水泵或空气压缩机向喷射器输入高压水或压缩空气,形成水气射流,将地下水抽出排走。其降水深度可达 8～20m。适用于开挖深度较深、降水深度大于 8m,土渗透系数为 3～50m/d 的砂土或渗透系数为 0.1～3m/d 的粉砂、淤泥质土、粉质黏土。如图 1-13 所示。

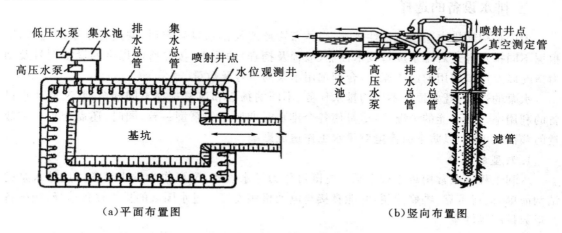

（a）平面布置图　　　　　　　　　　（b）竖向布置图

图 1-13　喷射井点布置图

④电渗井点排水法。

电渗井点以井点管作负极,打入的钢筋作正极,通入直流电后,土颗粒自负极向正极移动,水则自正极向负极移动而被集中排出。本法常与轻型井点或喷射井点结合使用。适用于渗透系数很小的饱和黏性土、淤泥或淤泥质土中的施工降水。如图 1-14 所示。

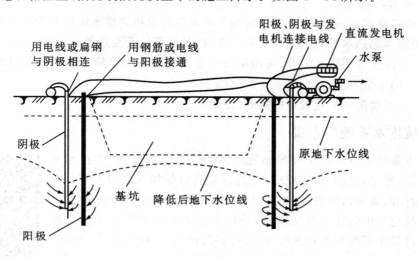

图 1-14　电渗井点构造与布置图

排水方法的选择与土层的地质构造、基坑形状、开挖深度等都有密切关系,但一般主要按其渗透系数来进行选择。管井排水法适用于渗透系数较大、地下水埋藏较浅(基坑低于地下水水位)、颗粒较粗的砂岩及岩石裂隙发育的地层,而真空排水法、喷射法和电渗排水法等则适用于开挖深度较大、渗透系数较小且土质又不好的地层。

不良地质地段，特别是在多地下水地层中开挖洞室时，往往会出现涌水，为了创造良好的施工条件，可以钻超前排水孔（甚至采用导洞），让涌水自行流出排走。这也是人工降低地下水水位的一种方法。

三、排水设备的选择

无论是初期排水还是经常性排水，当其布置形式及排水量确定后，需进行水泵的选择，即根据不同排水方式对排水设备技术性能（吸程及扬程）的要求，按照所能提供的设备型号及动力情况以及设备利用的经济原则，合理选用水泵的型号及数量。

水泵的选择，既要根据不同的排水任务、不同的扬程和流量选择不同的泵型，又要注意设备的利用率。在可能的情况下，尽量使各个排水时期所选的泵型一致，同时，还需配置一定数量的柴油发电机，以防事故停电对排水工作造成影响。

1.泵型的选择

水利工程一般常用离心式水泵。它既可作为排水设备，又可作为供水设备。这种水泵的结构简单，运行可靠，维修简便，并能直接与电动机座连接。过水围堰的排水设备选择，应配备一定数量的排沙泵。

离心式水泵的类型很多，在水利水电工程中，SA 型单级双吸清水泵和 S 型单级双吸离心泵两种型号的水泵应用最多，特别在明沟排水时更为常用。

通常，在初期排水时需选择大容量低水头水泵，在降低地下水位时，宜选用小容量中高水头水泵，而在需将基坑的积水集中排出围堰外的泵站中，则需大容量中高水头的水泵。为运转方便，应选择容量不同的水泵，以便组合运用。

2.水泵台数的确定

在泵型初步选定之后，即可根据各种型号的水泵所承担的排水流量来确定水泵台数。

此外，还需考虑抽水设备重复利用的可能性，单机重量及搬迁条件，设备效率，以及取得设备的现实性、经济性等因素。另外，还需配备一定的事故备用容量。备用容量的大小，应不小于泵站中最大的水泵容量。

另外，根据需要配备一定数量的排砂、泥浆泵。

四、基坑排水系统的布置

基坑排水系统一般分两个时段布置，一种是基坑开挖过程中排水系统的布置，另一种是基坑开挖完成后，修筑构筑物时的排水系统布置。布置时，应尽量同时兼顾这两种情况，并且使排水系统尽可能不影响施工。

基坑开挖过程中的排水系统布置，应以不妨碍开挖和运输工作为原则。一般常将排水干沟布置在基坑中部，以利两侧出土，如图 1-15 所示。随基坑开挖工作的进展，逐渐加深排水干沟和支沟。通常保持干沟深度为 1~1.5m，支沟深度为 0.3~0.5m。集水井多布置在建筑物轮廓线外侧，井底应低于干沟沟底。但是，由于基坑坑底高程不一，有的工程就采用层层设截流沟、分级抽水的办法，即在不同高程上分别布置截水沟、集水井和水泵站，进行分级抽水。

建筑物施工时的排水系统，通常都布置在基坑四周，如图 1-16 所示。排水沟应布置在建筑物轮廓线外侧,且距离基坑边城坡脚不少于0.3~0.5m。排水沟的断面尺寸和底坡大小,取决于排水量的大小。一般排水沟底宽不小于0.3m,沟深不大于1.0m,底坡坡度不小于0.002。在密实土层中,排水沟可以不用支撑,但在松土层中,则需用本板或麻袋装石来加固。

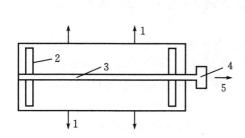

1—运土方向;2—支沟;3—干沟;
4—集水井;5—水泵抽水

图1-15　基坑开挖过程中排水系统布置图

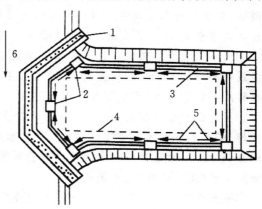

1—围堰;2—集水井;3—排水沟;
4—建筑物轮廓线;5—水流方向;6—河流

图1-16　修建建筑物时排水系统布置图

 工程案例学习

案例一:水电站围堰垮塌事故

一、事故经过

××水电站工程是一个综合性开发骨干水利枢纽工程。××水电站包括拦河大坝、引水式电站、升压站、输电线路和城市供水工程5部分。

事发前的5月2日河道涨水,上游围堰曾出现渗水现象,当晚在发电隧洞前明管段用水泥袋和砂石设置了堵水墙,施工单位安全科通知停工一天。水情过后,施工项目部及时进行了加固处理。

5月27日17时49分,河道洪峰流量达到1700m³/s,洪水漫过上游围堰顶部,并逐渐冲毁围堰。17时55分,洪水冲毁了堵水墙,水流通过隧洞,淹没厂房,造成了洪灾。由于堵水墙没有抓紧施工,洪水由此进入发电引水隧洞,厂房工区全部被淹,正在引水隧道作业的4名民工落入水中;溃决后的洪水直接冲到下游对岸的河滩,将行进在河滩便道上、载有12名儿童及1名司机与1名幼儿教师的面包车卷走。该事故共造成包括12名幼儿在内18人死亡。

二、事故原因分析

引发××电站围堰漫溃的洪水并不大,却带来18人死亡的严重后果。事件发生有偶然因素,但工程建设相关各方对工程建设中应预见到的问题重视不够,未采取相应防范措施,没有形成防汛保安联动机制等,使悲剧成了必然。事发之前,电站上游区域30个小时内的平均降水量不到当地5年一遇暴雨——24小时内降水超过124.4mm一半。当日××电站上游围堤顶部开始漫水时,正常洪峰流量为1071m³/s;即使漫溅之后的瞬时洪峰奔腾而下、再加上支流的水流,也才1900m³/s,流量低于1967m³/s的当地城区2年一遇洪峰流量,洪峰相应水位也低于当地城区警戒水位1.21m。

有关专家分析认为,事故发生与以下因素相关:

①围堰设计不合理。施工单位、监理单位与设计单位修改初步设计后选定的"自溃式"围堰,拦不住汛期洪水。调查表明,××水利枢纽工程初步设计及招标文件中,围堰设计为过流式围堰,要求经得起汛期洪水考验即洪水漫过也不会溃决。而修改选定的自溃式围堰,投资只有过流式围堰的1/3,而且是按枯水期洪水流量标准设计。

②主体工程进展滞后。4月30日汛期到来之前,施工单位的大坝浇筑形象高程没有达到进度最低要求的437m,围堰漫溃后,洪水主要通过的大坝5#与6#坝段高程不够,使大坝未能起到及时拦蓄洪水、有效削减水力的作用。

③围堰出险后防范措施不当。5月2日大坝因洪水而出险,施工单位本应该采取拆除上游围堰,或者加高加固上游围堰延长围堰挡水时间等防范措施,可是由于忽视安全问题,对防洪心存侥幸。电站上游围堰本次溃决前已拦蓄上游来水 1300 万 m^3,围堰随时可能漫溃的威胁如同一枚"定时炸弹"悬在大坝上方。

④缺乏度汛方案。项目有关技术规范规定:施工单位有权修改围堰等临时工程的,但须得到监理的审批;施工方应依据合同工程特性和《水利水电工程施工组织设计规范》选定安全度汛设计洪水标准,编制安全度汛措施,并将防汛中可能出现的种种问题书面报告报当地防汛部门。而实际上,这些工作都做得不扎实。25日,业主、施工、监理等参建各方还召开了防汛工作会议,但各方都没有提到围堰溃决可能对下游及施工的影响。2月和4月,施工单位曾两次编制2004年度防汛预案,经监理批准后上报业主,但均被退回。防汛预案两次被否决,是因为预案没有对上游围堰的加固和大坝缺口的防护提出有效措施,都没考虑自溃式围堰可能漫溃的后果和影响。直至事故发生,施工与监理单位也未再修改防汛预案后上报。因此,业主单位没考虑制订围堰漫溃的防汛抢险预案,也不曾告知当地防汛指挥部门。

××工程监理部负责人承认,没有想到要制订针对围堰溃决的防范措施与预案。施工单位则强调,没人要求他们做关于围堰溃决的防汛预案,且事故当天他们口头通知了在厂房和发电引水隧洞中施工的40多名工人撤离。但在发电引水隧洞内施工的民工说并没接到撤离通知,他们是听到异常洪水声响后才向外逃,摔了四五跤,才捡回一条命。管理上的混乱也是事故发生的隐患之一。

案例二:围堰溃决

一、事故经过

××水电站电站装机容量4万千瓦,拦河坝为混凝土拱坝,坝高57m,库容1000万 m^3。

由于2007年5月8日至17日全市范围内普降小到中雨,局部大到暴雨,导致南河水位不断上涨,至2007年5月17日21点,南河流量达150m^3/s,导流洞不能满足过流要求。2007年5月17日23点10分,围堰发生溃决。由于抢险救灾准备及时充分,未造成人员伤亡及大的经济损失。

二、事故原因分析

经调查,发生此次围堰溃决事件的主要原因是:

①工程建设单位违反水电站基本建设工程验收规程,在未向审批机关报请截流验收请示的前提下,私自实施截流。

②工程建设单位在大坝施工进度滞后,施工围堰不能满足度汛要求的情况下,未提前按实际建设进度及时调整施工度汛方案,初步拟定的度汛方案未按有关防洪条例的要求报批,而且

未能实际实施。

 思考题

1. 施工导流的不同方式各适用什么样的情况？
2. 最常用的截流方法有哪些？如何减小截流难度？
3. 土石围堰和混凝土围堰的接头方式有哪些异同？
4. 初期排水和经常性排水在组成方面有何异同？
5. 结合一个水利水电工程实例，叙述该工程如何进行导截流、围堰施工和基坑排水。

情景二
土石方工程

情景导入

某水利工程料场储量 10 万方，进行开挖作业。在进行土石方调配时应注意哪些问题？对料场和弃渣场该如何选择？

土石方工程施工是对土或岩石进行松动、破碎、装运、卸料、填筑、压实和加固处理，以实施建筑施工的工程。任何建设工程都离不开土石方工程。

模块一　土石的物理性质及分级

一、土的物理性质及分级

土体是岩石风化后的产物，是一种松散的颗粒堆积物。土的密度小、孔隙率大、压缩性大、抗剪强度低，在工程上常将土体分为三类，如表 2-1 所示。

表 2-1　土的分级

土的等级	土的名称	自然湿重度（kN/m³）	外观及其组成特性	开挖工具
Ⅰ	砂土、种植土	16.5～17.5	疏松、黏着力差或易进水，略有黏性	用揪或略加脚踩开挖
Ⅱ	壤土、淤泥、含根种植土	17.5～18.5	开挖时能成块，并易打碎	用揪需用脚踩开挖
Ⅲ	黏土、干燥黄土、干淤泥、含少量砾石的黏土	18.0～19.5	粘手、看不见砂粒，或干硬	用镐、三齿耙开挖或用揪需用力加脚踩开挖

二、岩石的物理性质及分级

与土体相比,岩石的密度、强度都比较大,但不同岩石表现出来的性质差异却极大。工程中根据重度、极限抗压强度、坚固系数等,常将岩石分为十二级,如表2-2所示。

表2-2　岩石的分级

岩石级别	岩石名称	天然湿度下平均重度(kN/m³)	凿岩机钻孔(用直径30mm合金钻头)(min/m)	极限抗压强度R(MPa)	坚固系数 f
V	1.硅藻土及软的白垩岩	15.5		20以下	1.5~2.0
	2.硬的石炭纪的黏土	19.5			
	3.胶结不紧的砾岩	9.0~22.0			
	4.各种不坚实的页岩	20.0			
VI	1.软的有孔隙的节理多的石灰岩及贝壳石灰岩	12.0		20~40	2.0~4.0
	2.密实的白垩岩	26.0			
	3.中等坚实的页岩	27.0			
	4.中等坚实的泥灰岩	23.0			
VII	1.水成岩、卵石经石灰质胶结而成的砾岩	22.0		40~60	4.0~6.0
	2.风化的节理多的黏土质砂岩	22.0			
	3.坚硬的泥质页岩	28.0			
	4.坚实的泥灰岩	25.0			

岩石级别	岩石名称	天然湿度下平均重度(kN/m³)	凿岩机钻孔(用直径 30mm 合金钻头)(min/m)	极限抗压强度 R(MPa)	坚固系数 f
Ⅷ	1. 角砾状花岗岩	23.0	6.8(5.7~7.7)	60~80	6.0~8.0
	2. 泥灰质石灰岩	23.0			
	3. 土质砂岩	22.0			
	4. 云母页岩及砂质页岩	23.0			
	5. 硬石膏	29.0			
Ⅸ	1. 强风化的花岗岩、片麻岩及正长岩	25.0	8.5(7.8~9.2)	80~100	8.0~10.0
	2. 滑石质的蛇纹岩	24.0			
	3. 密实的石灰岩	25.0			
	4. 水成岩、卵石经硅质胶结的砾岩	25.0			
	5. 砂岩	25.0			
	6. 砂质石灰质的页岩	25.0			
Ⅹ	1. 白云岩	27.0	10(9.3~10.8)	100~120	10~12
	2. 坚实的石灰岩	27.0			
	3. 大理石	27.0			
	4. 石灰质胶结的致密的砂岩	26.0			
	5. 坚硬的砂质页岩	26.0			

岩石级别	岩石名称	天然湿度下平均重度（kN/m³）	凿岩机钻孔（用直径30mm合金钻头）（min/m）	极限抗压强度 R（MPa）	坚固系数 f
XI	1.粗粒花岗岩 2.特别坚实的白云岩 3.蛇纹岩 4.火成岩、卵石经石灰质胶结的砾岩 5.石灰质胶结的坚实的砂岩 6.粗粒正长岩	28.0 29.0 26.0 28.0 27.0 27.0	11.2(10.9~11.5)	120~140	12~14
XII	1.有风化痕迹的安山岩及玄武岩 2.片麻岩、粗面岩 3.特别坚硬的石灰岩 4.火成岩、卵石经硅质胶结的砾岩	27.0 26.0 29.0 29.0	12.2(11.6~13.3)	140~160	14~16
XIII	1.中粗花岗岩 2.坚实的片麻岩 3.辉绿岩 4.玢岩 5.坚实的粗面岩 6.中粒正长岩	31.0 28.0 27.0 25.0 28.0 28.0	14.1(13.4~14.8)	160~180	16~18
XIV	1.特别坚实的细粒花岗岩 2.花岗片麻岩 3.闪长岩 4.最坚实的石灰岩 5.坚实的玢岩	33.0 29.0 29.0 31.0 27.0	15.6(14.9~18.2)	180~200	18~20

岩石级别	岩石名称	天然湿度下平均重度(kN/m³)	凿岩机钻孔(用直径 30mm 合金钻头)(min/m)	极限抗压强度 R(MPa)	坚固系数 f
XV	1. 安山岩、玄武岩、坚实的角闪岩	31.0	20(18.3~24.0)	200~250	20~25
	2. 最坚实的辉绿岩及闪长岩	29.0			
	3. 坚实的辉长岩及石英岩	28.0			
XVI	1. 钙钠长石玄武岩和橄榄石质玄武岩	33.0	24 以上	250 以上	25 以上
	2. 特别坚实的辉长岩、辉绿岩、石英岩及玢岩	30.0			

三、围岩的分类

地下洞室的围岩可以围岩强度、岩体完整度、结构面状态、地下水和主要结构面产状等五项因素之和的总评分为依据,以围岩强度应力比为参考依据,进行工程地质分类。如表2-3所示。

表 2-3　围岩的分类

围岩类别	围岩稳定性	围岩总评分 T	围岩强度应力比 S	支护类型
Ⅰ	稳定。围岩可长期稳定,一般无不稳定块体	T>85	>4	不支护或局部锚杆或喷薄层混凝土。大跨度时,喷混凝土、系统锚杆加钢筋网
Ⅱ	基本稳定。围岩整体稳定,不会产生塑性变形,局部可能产生掉块	85≥T>65	>4	
Ⅲ	稳定性差。围岩强度不足,局部会产生塑性变形,不支护可能产生塌方或变形破坏。完整的较软岩,可能暂时稳定	65≥T>45	>2	喷混凝土、系统锚杆加钢筋网。跨度为 20～25m 时,浇筑混凝土衬砌

续表 2 - 3

围岩类别	围岩稳定性	围岩总评分 T	围岩强度应力比 S	支护类型
IV	不稳定。围岩自稳时间很短,规模较大的各种变形和破坏都可能发生	$45 \geqslant T > 25$	> 2	喷混凝土、系统锚杆加钢筋网,并浇筑混凝土衬砌。V类围岩还应布置拱架支撑
V	极不稳定。围岩不能自稳,变形破坏严重	$T \leqslant 25$	—	

模块二　土石方施工特点及平衡调配原则

一、土石方施工的特点

土石方工程施工具有较强的实践性、复杂性、多样性、风险性和不连续性的特点,总体表现在以下几个方面:

(1)土石方工程一般都具有规模浩大、施工强度高、施工对象复杂、施工范围大的特点,它的实施好坏会对整个工程产生十分重大的影响。要特别注意设备选型配套、运输线路规划、挖填同步操作、料物及土石方平衡实施等环节。

(2)土石方施工贯穿于整个工程的施工过程,且一般都是单项、单位工程的前期工序,与其他工程项目多有干扰,也占直线工期,从系统管理的角度,注意精心筹划、安排,减少对后续工作的影响,将会产生可观的经济效益和社会效益。

(3)土石方工程与自然条件的关系极为密切,施工设计和施工过程中必须全面考虑气象、水文、地质条件及其动态变化,包括可能发生的自然灾害以及由于施工影响而造成的危害,必须特别重视调查研究,做好勘察工作。

(4)岩土性质与埋藏条件复杂多变,岩土参数因不同的测试方法会得到不同的测试值,与岩土相关的工程科学技术还有待进一步发展。由于水电建设面临的地质条件更为复杂,即便是最优的前期地质工作,也不能完全弄清地质问题。要重视施工过程中的地质工作,注意借鉴和积累工程经验。

(5)由于设计参数和计算方法不精确,原位测试、实体试验、原型观测对于检验岩土工程(地下工程、边坡处理、地基处理、土石爆破等)设计的合理性和监测施工的质量与安全,有特殊重要的意义。

(6)水利水电工程往往涉及江河截流,截流土石方工程量大、可变因素多、难度高,实施结果关系到工程主体的顺利施工,方案确定、计划安排要注意留有充分的余地,施工机械选型配套,必须注意满足截流施工的需要。

(7)水利水电工程的土石方施工一般都和深基坑、高边坡、地下洞室、江河湖海等复杂环境以及爆破作业、大型机械群体运作密切相连,注意施工安全是施工管理极为重要的环节。

(8)土石方施工将对周围环境造成长时段、大范围的影响,环境保护工作量越来越大,对环保工作要给予足够的重视。

二、土石方平衡调配方法及原则

水利水电工程施工,一般有土石方开挖料和土石方填筑料,以及其他用料,如开挖料作混凝土骨料等。在开挖的土石料中,一般有废料,还可能有剩余料等,因此要设置堆料场和弃料场。开挖的土石料的利用和弃置,不仅有数量的平衡(即空间位置上的平衡)要求,还有时间的平衡要求,同时还要考虑质量和经济效益等。

1.土石方平衡调配的方法

土石方平衡调配是否合理的主要判断指标是运输费用,费用花费最少的方案就是最好的调配方案。土石方调配可按线性规划进行。对于基坑和弃料场不太多时,可用简便的"西北角分配法"求解最优调配数值。

土石方调配需考虑许多因素,如围堰填筑时间、土石坝填筑时间和高程、厂前区管道施工工序、围堰拆除方法、弃渣场地(上游或下游)、运输条件(是否过河、架桥时间)等。

2.土石方平衡调配原则

土石方平衡调配的基本原则是在进行土石方调配时要做到料尽其用、时间匹配和容量适度。

(1)料尽其用。

开挖的土石料可用来作堤坝的填料、混凝土骨料或平整场地的填料等。前两种利用质量要求较高,场地平整填料一般没有太多的质量要求。

(2)时间匹配。

土石方开挖应与用料在时间上尽可能相匹配,以保证施工高峰用料。

(3)容量适度。

堆料场和弃渣场的设置应容量适度,尽可能少占地。开挖区与弃渣场应合理匹配,以使运费最少。

①堆料场。堆料场是指堆存备用土石料的场地,当基坑和料场开挖出的土石料需作建筑物的填筑用料,而两者在时间上又不能同时进行,就需要堆存。堆存原则是易堆易取,防止水、污泥杂物混入料堆,致使堆存料质量降低。当有几种材料时应分场地堆存,如堆在一个场地,应尽量隔开,避免混杂。堆存位置最好在用料点或料场附近,减少回取运距。

如堆料场在基坑附近,一般不容许占压开挖部分。由于开挖施工工艺问题,常有不合格料混杂,对这些混杂料应禁止送入堆料场。

②弃渣场。开挖出的不能利用的土石料应作为弃渣处理,弃渣场选择与堆弃原则是:尽可能位于库区内,这样可以不占农田。施工场地范围内的低洼地区可作为弃渣场,平整后可作为或扩大为施工场地。弃渣堆置应不使河床水流产生不良的变化,不妨碍航运,不对永久建筑物与河床过流产生不利影响。在可能的情况下,应利用弃土造田,增加耕地。弃渣场的使用应做好规划,开挖区与弃渣场应合理调配,以使运费最少。

土石方调配的结果对工程成本、工程进度,以及工区景观、工区水土流失、噪声污染、粉尘污染等环境因素有着显著的影响。

模块三 土石方明挖

一、概述

在水利水电工程施土中,土石方明挖主要是指按照建筑物设计体型、范围和对周边及建基面的要求进行的露天开挖,是水利水电工程施工的先行工序,它不仅直接影响后续工序的进行,而且事关工程整体的进度、质量、安全及运行的稳定性。

1.土石方明挖工程分类

土石方明挖工程,按不同的分类方法,分为以下几类:

(1)按开挖项目分类。

①挡水建筑物开挖,如坝、闸等;

②泄水建筑物开挖,如溢洪道、泄洪隧洞的进出口段等;

③引水建筑物开挖,如明渠、引水隧洞进出口段等;

④发电厂工程开挖,如厂房、尾水渠等。

(2)按开挖部位分类。

①基坑开挖;

②岸坡开挖;

③建基面开挖。

(3)按开挖断面特征分类。

①大面积开挖;

②沟渠开挖;

③边坡开挖。

2.土石方明挖施工的特点

(1)工程量大,部位集中,工期紧。

(2)开挖深度大,高边坡施工难度大。

(3)露天作业受气候和水文条件的影响较大。

(4)工程地质复杂多变,开挖揭示的地质情况常和设计依据的地质条件不符,有较大变化时,就要修正设计,影响到工程进度。

(5)为了加快工程进度,在施工部署中,常采取多工种平行作业,施工干扰大。

(6)水工建筑物基础开挖,轮廓复杂,对基岩开挖的要求十分严格,施工技术要求高,制约开挖进度。

3.土石方明挖的施工程序及方法

(1)开控原则。

选择施工程序的原则,应从整个枢纽工程施工的角度考虑,需要比较、选择并确定不同单位工程合理的明挖施工顺序;就某一单位工程而言,则需要结合该工程明挖的特点(工程量、边坡、岩性、建基面的要求等),选择合理的施工程序。土石方明挖应综合考虑以下原则:

①根据地质、地形条件、枢纽布置、导流方式和施工条件等具体情况合理安排。

②在保证安全及质量的前提下,合理安排开挖程序,重点部位重点考虑,如不良地质地段及不稳定边坡要求措施得当,尽可能避免上下层作业及工序间的干扰。

③按照施工导流、截流、拦洪度汛、蓄水发电以及施工期通航等工程进度要求,分期、分阶段地安排好开挖程序,并注意开挖施工的连续性和后续工程的施工要求。

④对受洪水威胁,与导截流有关及有提前交面要求的部位,应优先安排开挖;对不适宜在雨、雪天或严寒季节开挖的部位,应尽量避开在这种气候条件下施工。

(2)开挖程序及其适用条件。

①自上而下开挖。开挖步骤为:先开挖边坡,后开挖底板。此开挖方式安全性好,可适用于各种场地。

②上、下结合开挖。开挖步骤为:边坡与底板上、下结合开挖。此开挖方式适用于较宽阔的施工场地和可以避开施工干扰的工程部位,有技术、安全保障措施。

③分期或分段开挖。开挖步骤按照施工时段或开挖部位高程等进行安排。此开挖方式适用于较开阔的施土场地及分期导流的基坑开挖或有临时过水要求、岸坡(边坡)较低缓或岩石条件许可的工程项目。

(3)基本要求。

①保证开挖质量和施工安全,符合施工工期和开挖强度的要求。

②有利于保证岩体完整和边坡稳定性。

③辅助工程量小,可以充分发挥施工机械的生产能力。

④满足下道工序施工的规范要求,减少施工干扰。

(4)开挖方法及适用条件。

①土方开挖。

a.人工及半机械化开挖。该方法开挖质量有保证,但开挖强度低,用工量大,适用于土方、全风化岩石或靠近建基面的开挖。

b.水力开挖。该方法是利用高压水将水冲运,所投入的机械设备较少,但用水量大,适用于土方、水源充足的地方,且要借助有利地形。

c.机械开挖。该方法施工强度高,生产力高,但机械投入量大,适用于场地开阔、方量大的土方及软弱岩石。

②石方开挖。

a.分层开挖。该开挖方法按层作业,几个工作面可以同时作业,生产能力高,但需在每一层上都布置风、水、电和出渣道路。

b.全断面开挖。当断面面积较小时可将断面一次开挖成型,该方法钻爆占用时间较长。

c.高梯段开挖。该方法一次开挖量大,生产能力高,集中出渣,辅助工作量小,但需要相应的配套设施,适用于高陡岸坡的开挖。

d.薄层开挖。该方法爆破规模小,钻爆灵活,不受地形限制,但生产能力低,适用于开挖深度小于4m的情形。

二、土方开挖施工

1.施工方法

(1)一般要求。

①在进行土方开挖施工之前,除做好必要的工程地质、水文地质、气象条件等调查和勘察工作外,还应根据所要求的施工工期,制定切实可行的施土方案,即确定开挖分区、分段、分层,开挖程序及施工机械选型配套等。

②严格执行设计图纸和相关施工的各项规范,确保施工质量。

③做好测量、放线、计量等工作,确保设计的开挖轮廓尺寸。

④对开挖区域内妨碍施工的建筑物及障碍物,应有妥善的处置措施。

⑤切实采取开挖区内的截水、排水措施,防止地表水和地下水影响开挖作业。

⑥开挖应自上而下进行。如某些部位确需上、下同时开挖,应采取有效的安全技术措施。严禁采用自下而上的开挖方式。

⑦充分利用开挖弃土,尽量不占或少占农田。

⑧慎重确定开挖边坡,制定合理的边坡支护方案,确保施工安全。

(2)主要施工机械及作业方法。

开挖的主要挖土机械有挖掘机、装载机、推土机和铲运机等。

①挖掘机。挖掘机用斗状工作装置挖取土壤或其他物料,剥离土层,是土石方工程开挖的主要施工机械设备。从工作装置方面,挖掘机分为循环单斗式(正铲、反铲、索铲和抓斗)和连续多斗式(链斗式、斗轮式)。

a.正铲挖掘机是土石方开挖中最常用的机械,具有强力推力装置,能挖各种坚实土和破碎后的岩石,适用于开挖停机面以上的土石方,也可挖掘停机面以下不深的土方,但不能用于水下开挖。正铲挖掘机的开行方式和它的开挖工作面的布置主要决定于开挖和运输条件。正铲与运输工具配合时,其开挖工作面的布置有侧向挖掘与正向挖掘两种方式。侧向挖掘布置方式适用于挖方宽度较大,运输工具停在正铲一侧的同一高程或略高于停机面高程上,因而运输工具来往方便,能较快地停在装车位置,正向铲的生产能力能较好地发挥。正向挖掘布置方式适用于挖方高度较大的情况,运输工具停在正铲后侧的同一平面高程上,运输工具要倒车进入指定的装车地点,从而使装车的转角增大,影响正铲挖掘机的效率。

b.反铲挖掘机的基本作业方式有沟端挖掘、沟侧挖掘、直线挖掘、曲线挖掘、保持一定角度挖掘、超深沟挖掘和沟坡挖掘等。反铲挖掘机每一作业循环包括挖掘、回转、卸料和返回等四个过程。

c.索铲挖掘机又称拉铲挖掘机,主要用于开挖停机面以下的土料,适用于坑槽挖掘,也可水下掏掘土石料。拉铲挖掘机根据挖方宽度的大小,也有正向开行与侧向开行两种开挖方式。当挖方宽度较小时,挖掘机可沿挖方轴线移动进行挖掘,并将土卸在挖方体两侧,这种开挖方式称为正向开行。当挖方宽度较大,可采用侧向开行法进行挖掘,此时挖掘机分别沿挖方两侧开行,并将挖出的土直接卸在堆放的地方,不再转运。这种开挖方式中,根据挖方宽度的不同,又有侧向一次开行、侧向二次开行及侧向开行转运等基本方法。

d.抓斗挖掘机又称抓铲挖掘机,它用钢绳牵拉,灵活性较差,工效不高,不能挖掘坚硬土;可以装在简易机械上工作,使用方便。

抓斗挖掘机作业特点为:开挖直井或沉井土方;可装车或甩上;排水不良也能开挖;吊杆倾斜角度应在45°以上,距边坡应不小于2m。

②装载机。装载机是应用较广泛的土石方施工机械,与挖掘机比较,它不仅能进行挖装作业,而且能进行集渣、装载、推运、平整、起重及牵引等工作,生产率较高,购置费用低。

③推土机。推土机是工地上用得最多的一种机械。它能平整场地、边坡与道路,开挖基坑、骨料与浅沟渠,回填沟槽,以及推树拔根等。

推土机用于开挖与推运土料时,其运距以不超过60m为宜。

推土机的开行方式基本上是穿梭式的,为了提高其生产率,应力求减少由推土刀两侧散失的土方,一般采取在推土刀两侧加挡板,或利用沟槽法推土,或几台推土机并列推土等措施。

④铲运机。铲运机是集开挖、运输和铺填三项工序于一身的设备,其施工简单、管理方便、

费用低,适用于开挖有黏性的土壤。铲运机有拖式和自行式两类。它是一种铲土、装土、运土、铺土和整平的综合机械,可用于铲除腐殖土,开采土料,修筑渠道与路基,以及软基的开挖等。

铲运机适用于挖方深度和填方高度均不大,开挖工Ⅰ~Ⅱ类土(Ⅲ、Ⅳ类土需翻松),运距不远(600~1500m)的情况。

铲运机是一种循环作业机械,由铲土、运土、卸土、回驶四个过程组成。它的开行方式有环形和"8"字形两种。当挖填方靠近(如修渠道和路基等),且挖填方高差在1.5m以内时,常用环形开行,高差超过1.5m时,可采用"8"字形开行。

布置铲运机开行路线时,应使铲土和卸土能在直线段进行,运土时的转弯半径不得小于铲运机的最小转弯半径,并尽量缩短运土距离,欠挖要少,修筑车道的工作量要小。

⑤机械设备配套原则。

选择挖土和运输机械时,应考虑工程量的大小。此外,在选择土方开挖运输机械时,应尽可能选用容量大、数量少、型号规格单一的机械,便于管理和修配。

在土方开挖过程中,挖掘机械往往是主导机械。因此,开挖机械的选择配套及数量,主要是如何合理地选择挖土机械和与之相匹配的运输机械的类型和数量。其他各种辅助设备的类型和数量应根据主导机械的需要合理配置。

2.土质边坡开挖及支护

(1)土质边坡开挖。

①边坡开挖应采取自上下、分区、分段、分层的方法依次进行,不允许先下后上切脚开挖。

②对于不稳定边坡的开挖,尽量避免采取爆破方式施工(冻土除外),边坡加固应及时进行。永久性高边坡加固,按设计要求进行。

③坡面开挖时,应根据土质情况,间隔一定的高度设置永久性戗台,戗台宽度视用途而定,台面横向应为反向排水坡,同时在坡脚设置护脚和排水沟。

④应严格施工过程质量控制,避免超、欠挖或倒坡。

⑤采用机械开挖时,应距设计坡面留有不小于20cm的保护层,最后用人工进行坡面修整。

(2)边坡支护。

受施工条件等因素的制约,施工中经常会遇到不稳定边坡,应采取适当措施加以支护,以保证施工安全。支护主要由锚固、护面和支挡几种形式。其中,护面又有喷护混凝土、石(或混凝土块)砌护、二合土挡护等方法,支挡又有扶壁、支墩、挡土墙(板、桩)等形式。合理的支护设计就是根据边坡稳定计算结果,提出合理的支撑结构,同时要特别注意对地表水、地下水的处理。

3.坑槽开挖

(1)施工前做好地面外围截、排水设施,防止地表水流入基坑而冲刷边坡。

(2)基坑开挖前,首先根据地质和水文情况,确定坑槽边坡坡度(直立或放坡),然后进行测量放线。

(3)当水文地质状况良好且开挖深度在1~2m以内(因土质不同而异)时,可直立开挖而不加支护。当开挖深度较大,但不大于5.0m时,应视水文地质情况进行放坡开挖。

(4)较浅的坑槽最好一次开挖成型,如用反铲开挖,应在底部预留不小于30cm的保护层,用人工清理。对于较深基坑,一次开挖不能到位时,应自上而下分层开挖。

（5）地下水较为丰富的坑槽开挖，应在坑槽外围设置临时排水沟和集水井，将基坑水位降低至坑槽以下再进行开挖。

（6）对于开挖较深的坑槽，如施工期较长，或土质较差的坑壁边坡，应采取护面或支挡措施。

（7）如因施工需要，欲拆除临时支护时，应分批依次、从下自上逐层拆除，拆除一层，回填一层。

4. 软基开挖

软基指主要由淤泥、淤泥质土、冲填土、杂质土或其他高压缩性土层构成的地基。

对于软基开挖工程，通常采用换填法处理。换填法是将开挖范围内的软弱土层利用人工、机械或其他方法清除，分层置换为强度较高的砂、碎石、灰土等，并夯实至要求密度。按施工方法不同，换填法又可分为以下几种：

（1）机械换填法：包括机械碾、重锤夯实、振动压实等，包括可分层回填，又可一次性回填。

（2）爆破排淤法：即先爆后填，先填后爆两种。先爆后填是用炸药将软土爆出一条沟槽然后填土，适用于液限较小、回淤较慢的软土。采用这种方法应事先做好充分的准备，爆破后立即回填，以免回淤。

（3）抛石挤淤法：采用该方法施工，不用抽水、挖淤，施工简单、迅速。此法适用于湖塘、河流等积水洼地，且软土液限大、层厚小、石块能下卧底层。石块直径一般小于 0.3m。抛石时应自中部开始，逐次向两旁展开，使淤泥向两旁挤出。当石块高出水面后，用重碾碾压，然后在其上铺设反滤料或黏土即可。

三、石方开挖施工

石方明挖施工主要是指坝闸等建筑物地基开挖、边坡开挖以及料场开挖等。石方开挖普遍使用的方法是爆破开挖法。

1. 坝基开挖

（1）坝基开挖的施工内容。

①布置施工道路。基本要求是必须考虑永久开挖边坡开门线和基坑开挖高程，边坡地形，后续施工继续与否，机械设备的自重。

②选择开挖程序。

③确定施工方法。开挖程序是选择考虑的主要因素，另外考虑设计规范要求，并结合自有设备情况和施工企业的实力。在施工方法中必须对所确定方法的有关要素做出描写，如石方爆破的梯段高度、布孔方式、单位消耗量、线装药密度及设备型号、数量等。

④土石方平衡。在一个工程中，开挖和回填一般都会有，从控制施工成本上进行考虑都应将符合要求的开挖料进行土石方回填，不能直接利用的料渣要考虑中转料场。

⑤爆破安全控制及施工安全措施。爆破安全控制主要包括远距离飞石，爆破振动及爆破有害气体、粉尘；安全措施应包括安全机构的设置、安全制度的建立及安全设施的投入等。

⑥质量控制要求。根据爆破的主要目的确定，对于一般石方开挖爆破，要求超径石少、块度均匀、爆破率高、堆渣集中等；对于基础开挖上要包括超、欠挖控制及基础面、边坡的平整度等。

⑦环境污染的治理措施。包括治理弃渣料对江河的污染、减轻开挖对植被的破坏、农田耕

地恢复等措施。

（2）坝基开挖程序。

坝基开挖的一般原则是自上而下的顺坡开挖。坝基开挖程序的选择与坝型枢纽布置、地形地质条件、开挖程度以及导流方式等因素有关，其中导流方式及导流程序是主要因素。

（3）坝基开挖方式。

开挖程序确定以后，开挖方式的选择主要取决于开挖深度、具体开挖部位、开挖量、技术要求以及投入的施工机械设备类型等。

①薄层开挖。

基岩开挖深度小于4m，一般采用浅孔爆破的方法开挖。根据不同部位，采取的开挖方式有劈坡开挖、大面积浅孔爆破开挖、结合保护层开挖、一次爆除开挖等。以上几种方式在一个工程中并非单独使用，一般情况下都要结合使用。

②分层开挖。

开挖深度大于4m，一般采用分层开挖。开挖方式有自上而下逐层开挖，台阶式分层开挖，竖向分段开挖，深孔与洞室组合爆破开挖以及洞室爆破开挖等。

（4）开挖方法。

一般石方爆破开挖方法主要为浅孔、深孔梯段爆破，并尽可能采用控制爆破技术。除采用爆破开挖方法外，石方开挖还用一种"凿裂法"施工，即用大功率推土机带裂土器（松土器）将岩层裂松成碎块，然后用推土机集料装运。能否采用凿裂法开挖，要考虑岩石的风化程度、岩层的倾角和节理发育状况以及裂土器的切入力等因素，并进行了现场试验后方能确定。

2. 边坡开挖

（1）边坡开挖程序。

边坡开挖时，一般采用自上而下的次序。当场面宽阔、边坡较缓时，在上层开挖形成台阶后，利用开挖的渣料修建防止滚石的挡渣平台。这样下层可以增开一个工作面，两个工作面可以同时作业。对于必须进行支护的边坡，应边开挖边支护，或先开挖后支护。

（2）边坡开挖方法。

一般稳定边坡开挖方法，可以参照理深较厚的坝基开挖方法进行，对于存在卸荷带、大断层、滑坡体及较高边坡的开挖方法要分析选择。

①一次削坡开挖。主要是开挖边坡较低的不稳定岩体，如溢洪道或渠道边坡。

②分段跳槽开挖。主要用于有支护要求的边坡开挖，施工特点是开挖一段就支护一段。

③分台阶开挖。在坡高较大时，采用分层留出平台或马道的方法，一般马道宽度2~4m。

④坡面保护性开挖。边坡开挖时，不允许采用对坡面产生破坏性的方法，而采取保护性开挖方法。在坡面3~5m以外主体上石方开挖可采取大孔径炮孔进行正常的爆破作业；在坡面3~5m以内即保护层范围，每一梯段的开挖，当设备能力不够时，可先进行坡面预裂爆破再进行主体土石方开挖爆破，一般主体石方和保护层可用"梯段—预裂爆破法"进行一次开挖。

（3）边坡支护与监测。

边坡支护的时间可根据边坡稳定性、高度、施工工期安排及其他因素而决定，要做到适时支护。具体可采取边开挖、边支护的方法，这种方法用于高边坡或边坡稳定性存在问题等情况；也可采用开挖结束后再进行支护的方法，这种方法主要是用于低边坡或边坡面开挖暴露以后出现新问题的情况。

工程案例学习

　　东北某抽水蓄能电站厂房,建在河道右岸山洞洼地上,该地段覆盖层厚0.8～5m,基岩为白色花岗岩,表层全风化厚度0.5～1.5m,土方明挖工程量19.9万 m³。设计最大开挖深度17.0m,其中大部分为厚度在8m左右的黏土和淤泥,致使大型施工机械无法进场开挖,只能采用先垫后挖的方式进行,即在每一层开挖之前,先在基坑范围内回填风化砂,厚度为1.0～1.5m,宽度4.5～5.0m,并用推土机平整压实,形成纵横交错的网状方格。然后利用反铲退挖,直接装车外运。每次实际开挖层厚2.5～3.0m,分3层开挖至设计高程。

 思考题

　　1.岩石和洞室围岩这两个概念有什么区别?各自分别从哪几个方面进行分类?

　　2.土石方平衡调配的原则是什么?

　　3.土方开挖从开挖方式上来说分几种?

　　4.边坡开挖方法有哪些?

情景三
地基处理

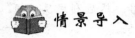 情景导入

　　某工程地基为砂砾石地基,在进行灌浆钻孔时应用什么方法?灌浆材料的选择跟基岩灌浆时有什么不同?

　　一般来说,地基分岩基、土基和砂砾石地基。土基和砂砾石地基又统称为软基。因为大多数天然地基都存在缺陷,所以要经过人工处理之后,才能成为水工建筑物的基础。基础处理是采用特定的技术,改善和提高地基的物理力学性能,使地基满足相应的强度、整体性、抗渗性和稳定性要求。基础处理不到位是导致很多水工建筑物失事的原因,因此,基础处理是水工建筑物施工中的关键环节。

模块一　岩石基础灌浆

一、岩石基础灌浆的概念

　　岩石基础,指由岩石构成的地基,又称硬基。岩石基础灌浆,是将水泥或化学浆液通过钻孔用灌浆设备压入岩层的孔隙或裂隙中,经过硬化后提高基岩的强度、整体性和抗渗性,修补天然岩基的缺陷,使基岩满足水工建筑物建设的要求,达到设计标准。灌浆技术是水工建筑物岩石基础处理的基本措施。

二、岩石基础灌浆的分类

　　岩石基础灌浆按灌浆目的不同分为帷幕灌浆、固结灌浆和接触灌浆。

1. 帷幕灌浆

　　帷幕灌浆是指在靠近上游迎水面的坝基和坝肩内,通过贯穿坝基和坝肩岩层的深部灌浆,形成一道连续的防渗幕墙,用以减少坝基渗流量和坝底扬压力的灌浆工程。帷幕灌浆深度高,灌浆压力比较大,通常安排在水库蓄水前完成,这样有利于提高灌浆质量。帷幕灌浆的防渗面积较之可见的坝体挡水面要大得多。图 3-1 为帷幕灌浆示意图。

　　灌浆过程中,发现冒浆漏浆现象,应根据具体情况采用嵌缝、表面封堵、低压、浓浆、限流、限量、间歇灌浆等方法进行处理。发生串浆时,如串浆孔具备灌浆条件,可以同时进行灌浆,应一泵灌一孔,否则应将串浆孔用塞塞住,待灌浆孔灌浆结束后,再对串浆孔并行扫孔、冲洗,而后继续钻进和灌浆。

　　灌浆工作必须连续进行,若因故中断,应及早恢复灌浆,否则应立即冲洗钻孔,而后恢复灌浆。若无法冲洗或冲洗无效,则应进行扫孔,而后恢复灌浆。恢复灌浆时,应使用开灌比级的水泥浆进行灌注。如注入率与中断前的相近,即可改用中断前比级的水泥浆继续灌注;如注入率较中断前的减少较多,则浆液应逐级加浓继续灌注。恢复灌浆后,如注入率较中断前的减少很多,且在短时间内停止吸浆,应采取补救措施。

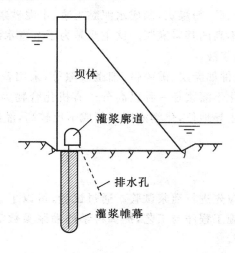

图 3-1　帷幕灌浆示意图

2. 固结灌浆

固结灌浆是用来提高基础的整体性、强度和降低基础透水性的灌浆方式。固结灌浆孔的布设应根据地质条件的好坏来确定。地质条件好时,只在坝基上下游应力较大的地方布设灌浆孔即可;地质条件差时,需要对坝基的各部位进行全面彻底的灌浆。固结灌浆孔的深度一般为 5~8m,也有更深的,各孔在平面上呈网格交错布置。为了防止冒浆和提高灌浆质量,固结灌浆应当在有一定的混凝土压重的情况下进行。

有盖重的坝基固结灌浆应在混凝土达到要求强度后进行。基础灌浆宜按照先固结、后帷幕的顺序进行。水工隧洞中的灌浆宜按照先回填灌浆、后固结灌浆、再接缝灌浆的顺序进行。

对混凝土重力坝,多进行坝基全面积固结灌浆;对混凝土拱坝,还要对受力较大的坝肩拱座岩体进行固结灌浆。

3. 接触灌浆

基岩和混凝土两种材料在结合的过程中,难免会出现接触面结合不牢固的现象。接触灌浆就是为了加强坝体混凝土与坝基或岸肩之间的结合能力,提高坝体的抗滑稳定性。一般是通过混凝土钻孔压浆或预先在接触面上埋设灌浆盒及相应的管道系统,也可结合固结灌浆进行。接触灌浆应安排在坝体混凝土达到稳定温度以后进行,以防止混凝土收缩产生拉裂。

三、灌浆的材料

灌浆材料应在一定压力下,能灌入到裂隙、空隙或孔洞中,这就需要浆液有一定的流动性,硬化后有一定黏结性、强度和防渗性。

基岩灌浆以水泥灌浆应用最普遍。灌入基岩的水泥浆液,由水泥与水按一定配比制成,水泥浆液呈悬浮状态,硬化后与素混凝土类似。水泥灌浆具有灌浆效果可靠、灌浆设备与工艺比较简单、材料成本低廉等优点。

在水泥浆液中掺入一些外加剂(如速凝剂、减水剂、早强剂及稳定剂等),可以调节或改善水泥浆液的一些性能,使其满足工程的特定要求,提高灌浆效果。外加剂的种类及掺入量应通过试验确定。

在水泥浆液里掺入黏土、砂、粉煤灰,制成水泥黏土浆、水泥砂浆、水泥粉煤灰浆等,可用于注入量大、对结石强度要求不高的基岩灌浆。这主要是为了节省水泥、降低材料成本。砂砾石地基的灌浆主要是采用此类浆液。

当遇到一些特殊地质条件如断层、破碎带、细微裂隙等,采用普通水泥浆液难于达到工程要求时,可采用化学灌浆。化学灌浆是一种以高分子有机化合物为主体材料的灌浆方法。在灌浆方法中,水泥灌浆占据主导地位,化学灌浆因其成本比较高,灌浆工艺比较复杂,且浆液往往带些毒性,仅起辅助作用。

四、水泥灌浆的施工

在基础灌浆进行之前,应先进行灌浆试验。通过试验,可以了解基础的可灌性、孔隙的大小及深浅,从而确定合理的施工程序与工艺,提供科学的灌浆参数等,为进行灌浆设计与编制施工技术文件提供主要依据。

水泥灌浆的施工工艺主要包括:钻孔、钻孔冲洗、压水试验、灌浆方法与工艺、灌浆的质量检查等。

1. 钻孔

帷幕灌浆对钻孔质量要求较高,宜采用回转式钻机和金刚石钻头或硬质合金钻头钻进。固结灌浆则可采用各类型合适的钻机与钻头。

钻孔质量要求有:

①钻孔位置与设计位置的偏差不得大于 10cm。

②孔深应符合设计规定。

③灌浆孔宜选用较小的孔径,钻孔孔壁应平直完整。

④钻孔必须保证孔向准确;钻机安装必须平正稳固;钻孔宜埋设孔口管;钻机立轴和孔口管的方向必须与设计孔向一致;钻进应采用较长的粗径钻具并适当地控制钻进压力。

⑤钻进过程中产生的岩粉细屑较少。

钻孔的方向与深度是保证帷幕灌浆质量的关键。如果钻孔方向有偏斜,钻孔深度达不到要求,则通过各钻孔所灌注的浆液不能连成一个完整的帷幕体,从而出现渗漏通道。

孔深的控制可根据钻杆钻进的长度推测。孔斜的控制相对较困难,特别是钻设斜孔,掌握钻孔方向会更困难。在工程实践中,按钻孔深度不同规定了钻孔偏斜的允许值,见表 3-1,当深度大于 60m 时,则允许的偏差不超过钻孔的间距。钻孔结束后,应对孔深、孔斜和孔底残留物等进行检查,不符合要求的应采取补救处理措施。

表 3-1 钻孔孔底最大允许偏差值

钻孔深度(m)	20	30	40	50	60
允许偏差(m)	0.25	0.50	0.80	1.15	1.50

2. 钻孔（裂隙）冲洗

钻孔后，进入冲洗阶段。冲洗工作通常分为：①钻孔冲洗，将残存在钻孔底和黏滞在孔壁的岩粉铁屑等冲洗出来；②岩层裂隙冲洗，将岩层裂隙中的充填物冲洗出孔外，以便浆液进入到腾出的空间，使浆液结石与基岩胶结成整体。在断层、破碎带、软弱夹层和细微裂隙等复杂底层中灌浆，冲洗程度直接影响浆液与岩体的胶结质量，并最终影响灌浆效果。

一般采用灌浆泵将水压入孔内循环管路进行冲洗，如图 3-2 所示。将冲洗管插入孔内，用阻塞器将孔口堵紧，用压力水冲洗。

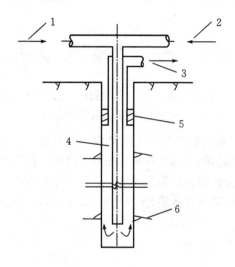

1—压力水进口；2—压缩空气进口；3—出口；
4—灌浆孔；5—阻塞器；6—岩层裂隙
图 3-2 钻孔冲洗方法

钻孔冲洗时，将钻杆下到孔底，从钻杆通入压力水进行冲洗。冲洗时流量要大，使孔内回水的流速足以将残留在孔内的岩粉铁末冲出孔外。冲孔一直要进行到回水澄清 5~10 分钟才结束。

岩层裂隙冲洗方法分为单孔冲洗和群孔冲洗两种。单孔冲洗适宜于岩层完整、裂隙少的地层；群孔冲洗适宜于岩层破碎、节理裂隙发育，且各孔之间相互串通的地层中。

3. 压水试验

在对钻孔完成冲洗之后，下一步就要进行压水试验。压水试验是为了测定地层的渗透特性。

灌浆施工时的压水试验，使用的压力通常为同段灌浆压力的 80%，但一般不大于 1MPa。试验时，可在预定压力下，每隔 5min 记录一次流量读数，直到流量稳定 30~60min，取最后的流量作为计算值，计算该地层的透水率 q。

帷幕灌浆孔压水试验结果符合下列标准之一时，即可结束，且以最终压入流量读数作为计算流量。

①当流量大于 5L/min 时，连续 4 次读数的最大值与最小值之差小于最终流量的 10%。

②当流量小于 5L/min 时，连续 4 次读数的最大值与最小值之差小于最终流量的 20%。

③连续 4 次读数流量均小于 0.5L/min。

压水试验应自上而下分段进行,分段的长度一般为 5m。对于透水性较强的岩层、构造破碎带、裂隙密集带、岩层接触带以及岩溶洞穴等部位,应根据具体情况确定试段的长度。同一试验段不宜跨越透水性相差悬殊的两种岩层,这样获得的试验资料更具代表性。如果地层比较单一完整,透水性又较小时,试验段长度可适当延长,但不宜超过 10m。

4. 灌浆的方法与工艺

（1）钻孔灌浆的次序。

单排帷幕孔的钻灌次序是先钻灌第 Ⅰ 序孔,然后依次钻灌第 Ⅱ、第 Ⅲ 序孔,如有必要再钻灌第 Ⅳ 序孔,如图 3-3 所示。

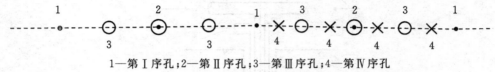

1—第 Ⅰ 序孔;2—第 Ⅱ 序孔;3—第 Ⅲ 序孔;4—第 Ⅳ 序孔

图 3-3　单排帷幕孔的钻灌次序

双排和多排帷幕孔,在同一排内或排与排之间均应按逐渐加密的次序进行钻灌作业。双排孔帷幕通常是先灌下游排,后灌上游排,多排孔帷幕是先灌下游排,再灌上游排,最后灌中间排。

帷幕灌浆各序孔的孔距视岩层完好程度而定,一般多采用第 Ⅰ 序孔孔距 8～12m,然后内插加密,第 Ⅱ 序孔孔距 4～6m,第 Ⅲ 序孔孔距 2～3m,第 Ⅳ 序孔孔距 1～1.5m。

（2）注浆方式。

注浆方式有纯压式和循环式之分。

①纯压式灌浆。

纯压式灌浆是指浆液注入孔段内和岩体裂隙中,不再返回的灌浆方式。这种方式设备简单,操作方便;但浆液流动速度较慢,容易沉淀,堵塞岩层缝隙和管路,多用于吸浆量大,并有大裂隙存在和孔深不超过 15m 的情况。图 3-4(a)为纯压式灌浆示意图。

②循环式灌浆。

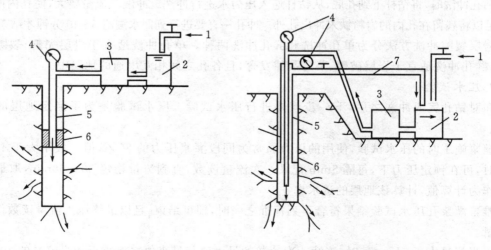

(a)纯压式灌浆　　　　　　　　　(b)循环式灌浆

1—水;2—拌浆桶;3—灌浆泵;4—压力表;5—灌浆管;6—灌浆塞;7—回浆管

图 3-4　纯压式和循环式灌浆示意图

循环式灌浆是指浆液通过射浆管注入孔段内,部分浆液渗入到岩体裂隙中,部分浆液通过回浆管返回,保持孔段内的浆液呈循环流动状态的灌浆方式。这种方式一方面使浆液保持流动状态,可防止水泥沉淀,灌浆效果好;另一方面可以根据进浆和回浆液比重的差值,判断岩层吸收水泥的情况。图3-4(b)为循环式灌浆示意图。

（3）钻灌方法。

灌浆方法按同一钻孔内的钻灌顺序分为全孔一次灌浆法和分段钻灌法。分段钻灌法又可分为自上而下分段灌浆法、自下而上分段灌浆法、综合灌浆法和孔口封闭灌浆法。

①全孔一次灌浆。

全孔一次灌浆是将孔一次钻完,全孔段一次灌浆。这种方法施工简便,多用于孔深不深,地质条件比较良好,基岩比较完整的情况。

②自下而上分段灌浆。

自下而上分段灌浆法是将灌浆孔一次钻进到底,然后从钻孔的底部往上,逐段安装灌浆塞进行灌浆,直至孔口的灌浆方法。如图3-5所示。

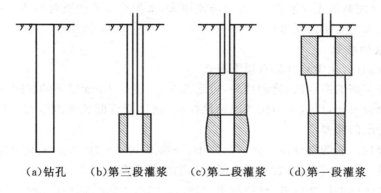

（a）钻孔　（b）第三段灌浆　（c）第二段灌浆　（d）第一段灌浆

图3-5　自下而上分段灌浆

③自上而下分段灌浆法。

自上而下分段灌浆法是从上向下逐段进行钻孔,逐段安装灌浆塞进行灌浆,直至孔底的灌浆方法。如图3-6所示。

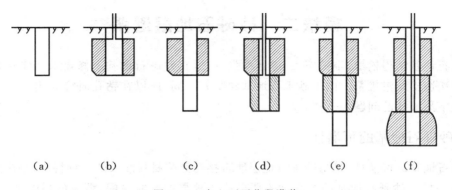

（a）　　（b）　　（c）　　（d）　　（e）　　（f）

图3-6　自上而下分段灌浆

5.灌浆质量检查

基岩灌浆属于隐蔽性工程,必须加强灌浆质量的控制与检查,为此,一方面,要认真做好灌浆施工的原始记录,严格灌浆施工的工艺控制,防止违规操作;另一方面,要在一个灌浆结束以后,进行专门的质量检查,做出科学的灌浆质量评定。基岩灌浆的质量检查结果,是整个工程验收的重要依据。

灌浆质量检查的方法很多,常用的有:①在已灌地区钻设检查孔,通过压水试验和浆液注入率试验进行检查;②通过检查孔,钻取岩芯进行检查,或进行钻孔照相和孔内摄像,观察孔壁的灌浆质量;③开挖平洞、竖井或钻设大口径钻孔,检查人员直接进去观察,并在其中进行抗剪强度、弹性模量等方面的试验。

五、化学灌浆

化学灌浆是将有机高分子化合物作为浆液的灌浆方法。将浆液通过灌浆设备灌入地层的裂隙中,经硬化胶结后达到增加基岩整体性、强度、防渗的目的。之所以采用化学灌浆,是因为有些裂隙太小,水泥浆液无法灌进,或者渗流流速大,水泥浆液不能及时封堵。一般来说,化学灌浆的质量要比水泥灌浆的质量好。

1.化学灌浆的特性

与水泥浆液相比,化学浆液具有以下特点:

①化学灌浆浆液的稠度低,流动性好,可灌性好,小于0.1mm以下的缝隙也能灌入。

②浆液的聚合时间,可以人为比较准确地控制,通过调节配比来改变聚合时间,以适应不同工程的不同情况的需要。

③浆液聚合后形成的聚合体的渗透系数小,一般为$10^{-8} \sim 10^{-6}$cm/s,防渗效果好。

④形成的聚合体强度高,与岩石或混凝土的黏结强度高。

⑤形成的聚合体能抗酸抗碱,也能抗水生物、微生物的侵蚀,因而稳定性及耐久性均较好。

⑥有一定的毒性。

2.化学灌浆的施工

化学灌浆的施工工艺与程序和水泥灌浆基本相同,但因为浆液不存在颗粒沉淀,所以化学灌浆一般选择纯压式。

模块二　砂砾石地层灌浆

砂砾石地基结构松散、空隙率大、渗透性强,所以在砂砾石地基上修建水工建筑物时应用灌浆的方法造出防渗帷幕。由于砂砾石地基和基岩不同,所以在钻孔时应采用一些特殊的技术来解决不易成孔的问题。

一、砂砾石地基的可灌性

砂砾石地基的可灌性,是指砂砾石地层能否接受灌浆材料灌入的一种特性,是决定灌浆效果的先决条件。砂砾石地基的可灌性主要取决于地层的颗粒级配、灌浆材料的细度、灌浆压力、浆液稠度及灌浆工艺等因素。

在工程实践中,常以可灌比值M来衡量地层的可灌性。可灌比值M越大,接受颗粒材料的可灌性越好。一般认为当 $M＝10\sim15$ 时,宜灌注水泥黏土液;当 $M\geqslant15$ 时,则可灌注水泥浆液。

二、灌浆材料

和基岩灌浆不同,砂砾石地基的灌浆材料以水泥黏土浆为主。水泥黏土浆结石后的强度虽然没有水泥浆高,但作为防渗帷幕,对强度的要求不是很高,水泥黏土浆足以胜任。水泥黏土浆稳定性好,价格低廉,但析水率低,排水固结时间长,抗冲性差。

三、钻孔方法

砂砾石地基结构松散、空隙率大,与基岩相比成孔困难。为此,出现了专门针对砂砾石地层的钻孔灌浆方法,主要有:①打管灌浆;②套管灌浆;③循环灌浆;④预埋花管灌浆。

1.打管灌浆法

打管灌浆就是将带有灌浆花管的厚壁无缝钢管,直接打入受灌地层中,并利用它进行灌浆,如图3-7所示。其施工程序是:先将钢管打入到设计深度,再用压力水将管内冲洗干净,然后用灌浆泵进行压力灌浆,或利用浆液自重进行自流灌浆。灌完一段后,将钢管起拔一个灌浆段高度,再进行冲洗和灌浆,如此自上而下,拔一段灌一段,直到结束。

该方法设备简单,操作方便,适用于沙砾石层较浅、结构松散、颗粒不大、容易打管和起拔的地层。此法所灌成的帷幕体,防渗性能一般,多用于一些临时工程。

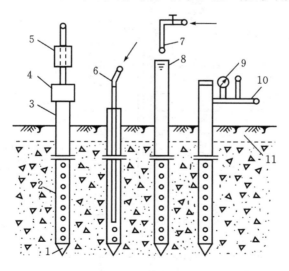

1—管锥;2—带孔花管;3—钢管;4—管帽;
5—打管锥;6—冲洗管;7—注浆管;8—浆液面;
9—压力表;10—进浆管;11—盖重层
图3-7 打管灌浆法施工程序

2. 套管灌浆法

套管灌浆的施工工序是:一边钻孔,一边跟着下护壁套管。或者,一边打设护壁套管,一边冲掏管内的砂砾石,直到套管下到设计深度。然后将钻孔冲洗干净,下入灌浆管,起拔套管到第一灌浆段顶部,安好止浆塞,对第一段进行灌浆。如此自下而上,逐段提升灌浆管和套管,逐段灌浆,直到结束。

采用这种方法灌浆,由于有套管护壁,不会产生坍孔埋钻等事故。但是,在灌浆过程中,浆液容易沿着套管外壁向上流动,甚至产生地表冒浆。如果灌浆时间较长,则又会胶结套管,造成起拔的困难。

3. 循环钻灌法

这是一种我国自创的灌浆方法。实质上是一种自上而下,钻一段灌一段,无需待凝,钻孔与灌浆循环进行的施工方法。钻孔时用黏土浆或最稀一级水泥黏土浆固壁。钻孔长度,即灌浆段的长度,视孔壁稳定和沙砾石层渗漏程度而定。对于容易坍孔和渗漏严重的地层,分段短一些,反之则长一些,一般为1~2m。灌浆时可利用钻杆作灌浆管。

用这种方法灌浆,必须做好孔口封闭,以防止地面抬动和地表冒浆,并有利于提高灌浆的质量。图3-8是循环钻灌法的施工布置图。

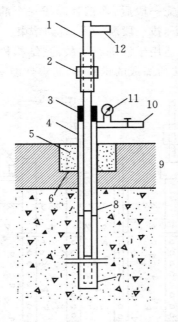

1—灌浆管;2—钻机竖轴;3—封闭器;4—孔口管;
5—混凝土封口;6—防浆环;7—射浆花管;
8—孔口管下部花管;9—盖重层;10—回浆管;
11—压力表;12—进浆管

图3-8 循环钻灌法

4. 预埋花管灌浆法

这种方法在国际上比较通用。其施工程序如下:

（1）用回转式或冲击式钻机钻孔，跟着下护壁套管，一次直达孔的全深。

（2）钻孔结束后，立即进行清孔，清除孔底残留的石渣。

（3）在套管内安设花管。花管的直径一般为73～108mm，沿管长每隔33～50cm钻一排3～4个灌浆孔，孔径1cm。射浆孔外面用橡皮圈箍紧，花管底部要封闭严实牢固，如图3-9所示。

（4）在花管与套管之间灌注填料，边下填料，边起拔套管，连续灌注，直到全孔填满套管拔出为止。填料由水泥、黏土和水配置而成。

（5）填料要待凝5～15d，达到一定强度，紧密地将花管与孔壁之间的环形圈封闭起来。

（6）在花管中下入双栓灌浆塞，灌浆塞的出浆孔要对准射浆孔。先用清水或稀浆压开花管上的橡皮圈，压穿填料，形成通路，为浆液进入地层创造条件，称为开环，然后通过花管的射浆孔进行灌浆。灌完一段，移动双栓灌浆塞，使其出浆孔对准另一排射浆孔，进入另一灌浆段的开环与灌浆。

用预埋花管法灌浆，由于有填料阻止浆液沿孔壁和管壁上升，很少发生冒浆、串浆现象，灌浆压力可相对提高。另外，由于双栓灌浆塞的构造特点，灌浆部位机动灵活，可以进行重复灌浆，对确保灌浆质量是有利的。这种方法的缺点是：花管被填料胶结后，不能起拔，耗用管材较多。

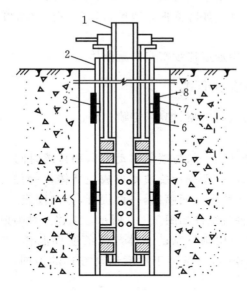

1—灌浆管；2—花管；3—射浆管；4—灌浆段；5—双栓灌浆塞；
6—防滑环；7—橡皮圈；8—填料
图3-9　预埋花管灌浆法

模块三　高压喷射灌浆

高压喷射灌浆是采用钻孔，将装有特制合金喷嘴的注浆管下到预定位置，然后用高压水泵或高压泥浆泵(20～40MPa)将水或浆液通过喷嘴喷射出来,冲击破坏土体,使土粒在喷射流束的冲击力、离心力和重力等综合作用下,与浆液搅拌混合,并按一定的浆土比例和质量大小,有规律地重新排列。待浆液凝固以后,在土内就形成一定形状的固结体。

通过各孔形成凝结体的连接,就在软弱的地层中形成板式或墙式的结构,不仅可以提高基础的承载力,而且成为一种有效的防渗体。

一、高压喷射灌浆的适用范围

高压喷射灌浆防渗和加固技术适用于软弱土层。实践证明,砂类土、黏性土、黄土和淤泥等地层均能进行喷射加固,效果较好。对粒径过大的含量过多的砾卵石以及有大量纤维质的腐殖土层,一般应通过现场试验确定施工方法。对含有较多漂石或块石的地层,应慎重使用。

二、高压喷射灌浆的作用

高压喷射灌浆对地层有如下几个方面的作用:

(1)高压喷射流对原地层产生强烈的扰动,使浆液与土体颗粒相互掺和,改变了原地层的结构,对地层进行了加固。

(2)对于地层中的小块石,由于喷射能量大,浆液可填满块石四周空隙,并将其包裹起来。

(3)对大块石或块石集中区,如降低提升速度,提高喷射能量,可对块石产生扰动,以便浆液深入到空隙中进行填充。

高压喷射灌浆可在地层中形成连续密实的凝结体。

三、高压喷射灌浆的喷射形式

高压喷射灌浆的喷射形式有旋喷、摆喷、定喷三种。

1.凝结体的形式

高压喷射灌浆形成凝结体的形状与喷嘴移动方向和持续时间有密切关系。喷嘴喷射时,一面提升,一面进行旋喷则形成柱状体;一面提升,一面进行摆喷则形成哑铃体;当喷嘴一面喷射,一面提升,方向固定不变,进行定喷,则形成板状体。三种凝结体如图3-10所示。上述三种喷射形式切割破碎土层的作用,以及被切割下来的土体与浆液搅拌混合,进而凝结、硬化和固结的机理基本相似,只是由于喷嘴运动方式的不同,凝结体的形状和结构有所差异。

2.结构布置形式

为了保证高压喷射防渗板(墙)的连续性与完整性,必须使各单孔凝结体在其有效范围内相互可靠连接,这与设计的结构布置形式及孔距有很大关系。其中柱摆结构和旋喷套接结构的防渗效果较好。

各喷射灌浆孔的孔距大小,对凝结体间的可靠连接和工程进度与造价影响较大。孔距应根据地层条件、防渗要求、施工方法与工艺、结构布置形式及孔深等因素综合考虑,重要的工程应通过现场试验确定。

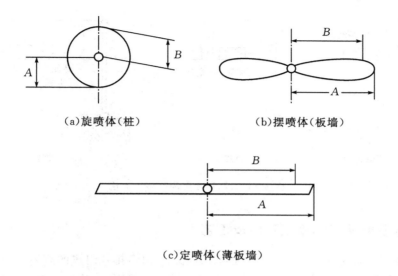

（a）旋喷体（桩）　　　　　（b）摆喷体（板墙）

（c）定喷体（薄板墙）

图 3-10　高喷凝结体的形式

四、高压喷射灌浆的施工方法

高压喷射灌浆的基本方法有单管法、双管法、三管法及新三管法等几种，如图 3-11 所示。它们各有特点，应根据工程要求和地层条件选用。

1. 单管法

单管法是用高压泥浆泵以 20～25MPa 或更高的压力，从喷嘴中喷射出水泥浆液射流，冲击破坏土体，同时提升或旋转喷射管，使浆液与土体上剥落下来的土石掺搅混合，经一定时间后凝固，在土中形成凝结体。这种方法形成凝结体的范围（桩径或延伸长度）较小，一般桩径为 0.5～0.9m，板状凝结体的延伸长度可达 1～2m。其加固质量好，施工速度快，成本低。

2. 双管法

双管法是用高压泥浆泵等高压发生装置产生 20～25MPa 或更高压力的浆液，用压缩空气机产生 0.7～0.8MPa 压力的压缩空气，浆液和压缩空气通过具有两个通道的喷射管，在喷射管底部侧面的同轴双重喷嘴中同时喷射出高压浆液和空气两种射流，冲击破坏土体，其直径达 0.8～1.5m。

3. 三管法

三管法是使用能输送水、气、浆的三个通道的喷射管，从内喷嘴中喷射出压力为 30～50MPa 的超高压水流，水流周围环绕着从外喷嘴中喷射出一般压力为 0.7～0.8MPa 的圆状气流，同轴喷射的水流与气流冲击破坏土体。由泥浆泵灌注压力为 0.2～0.7MPa、浆量 80～100L/min、密度 1.6～1.8g/cm³ 的水泥浆液进行充填置换，其直径一般为 1.0～2.0m，较双管法大，较单管法要大 1～2 倍。

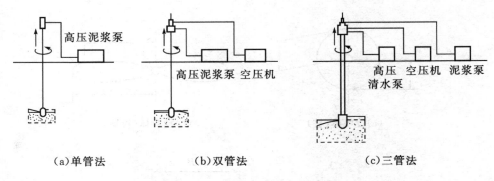

（a）单管法 （b）双管法 （c）三管法

图 3-11 高压喷射灌浆施工方法

五、高压喷射灌浆的施工程序及工艺

高喷灌浆应分排分序进行。在坝、堤基或围堰中，由多排孔组成的高喷墙应先施工下游排孔，后施工上游排孔，最后施工中间排孔。在同一排内如采用钻、喷分别进行的程序施工时，应先施工Ⅰ序孔，后施工Ⅱ序孔。导孔应最先施工。图 3-12 所示为施工流程示意图。

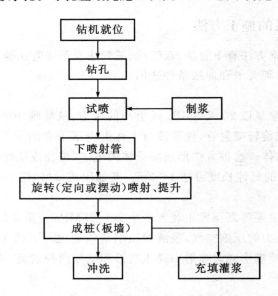

图 3-12 高压喷射灌浆施工流程示意图

高压喷射灌浆的施工程序主要有造孔、下喷射管、喷射提升（旋转或摆动）、成桩板或墙。

1. 造孔

在软弱透水的地层进行造孔，应采用泥浆固壁或跟管（套管法）的方法确保成孔。造孔机具有回转式钻机、冲击式钻机等。为保证钻孔质量，孔位偏差应不大于 1～2cm，孔斜率小于 1%。图 3-13 为高压喷射灌浆钻孔示意图。

2.下喷射管

在泥浆固壁条件下的钻孔,可以将喷射管直接下入孔内,直到孔底。用跟管钻进的孔,可在拔管前向套管内注入密度大的塑性泥浆,边拔边注,并保持液面与孔口齐平,直至套管拔出,再将喷射管下到孔底。将喷嘴对准设计的喷射方向,不偏斜,是确保喷射灌浆成墙的关键。图3-14为高压喷射灌浆下置喷射管示意图。

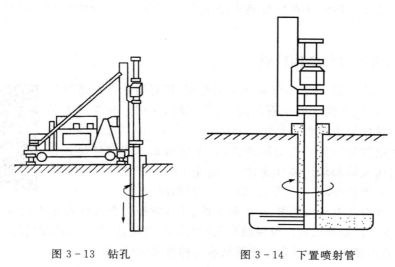

图 3-13　钻孔　　　　　　　图 3-14　下置喷射管

3.喷射提升

根据设计的喷射方法与技术要求,将水、气、浆送入喷射管,喷射1～3分钟;待注入的浆液冒出后,按预定的速度自上而下边喷射边转动、摆动,逐渐提升到设计高度。图3-15和图3-16分别为高压喷射灌浆喷射提升和成板桩或墙的示意图。

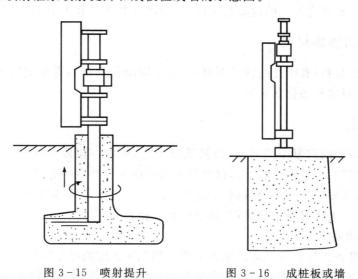

图 3-15　喷射提升　　　　　　图 3-16　成桩板或墙

六、高压喷射灌浆的质量检查

(1)检验内容:包括凝结体的整体性、均匀性和垂直度,有效直径或加固长度、宽度,强度特性（包括轴向压力、水平推力、抗酸碱性、抗冻性和抗渗性等），溶蚀和耐久性等几个方面。

（2）检测方法：有开挖检查、室内试验、钻孔检查、荷载试验以及其他非破坏性试验方法。

模块四　混凝土防渗墙

混凝土防渗墙是一种修建在松散透水地层和土石坝、堤及围堰中起防渗作用的地下连续墙。

一、防渗墙的作用与结构特点

防渗墙作为一种防渗结构，不仅有防渗的作用，还有防止泄水建筑物下游的冲刷，以及加固有病害的土石坝及堤防工程的作用。防渗墙主要有槽孔防渗墙和桩柱型防渗墙两大类。

混凝土防渗墙作为一种垂直防渗措施，其立面布置形式有悬挂式和封闭式两种。封闭式防渗墙的墙体深度大，能完全阻断渗流。悬挂式防渗墙仅能起到延长渗径，减小建筑物底部扬压力的作用。

防渗墙的厚度由防渗水头要求、抗渗耐久性、墙体的应力与强度及施工设备等因素确定，其中，防渗墙的耐久性是指抵抗渗流侵蚀和化学溶蚀的性能，这两种破坏作用均与水力梯度有关。目前，防渗墙厚度 $\delta(m)$ 的确定主要是从水力梯度考虑的，即

$$\delta = H/J_P$$

$$J_P = J_{max}/P$$

式中：H 为防渗墙的工作水头；J_P 为防渗墙的允许水力梯度；J_{max} 为防渗墙破坏时的最大水力梯度；P 为安全系数。

不同的墙体材料具有不同的抗渗耐久性，其允许水力梯度值 J_P 也就不同。

二、防渗墙的墙体材料

防渗墙的墙体材料，有刚性的普通混凝土、黏土混凝土和掺粉煤灰混凝土等，也有柔性的塑性混凝土、自凝灰浆和固化灰浆等。

三、施工工艺

水利水电工程中的混凝土防渗墙，以槽孔型为主，是由一段段槽孔套接而成的地下连续墙。尽管在应用范围、构造型式和墙体材料等方面存在各种类型的防渗墙，但其施工程序与工艺是基本类似的，其施工工艺主要包括：①造孔前的准备工作；②泥浆固壁与造孔成槽；③终孔验收与清孔换浆；④墙体混凝土浇筑；⑤质量检查与验收等过程。

1. 造孔前的准备

做好造孔前准备工作是保证防渗墙施工质量和施工速度的必要环节。

应根据防渗墙的设计要求和槽孔长度的划分，做好槽孔的测量定位工作，并在此基础上，布置和修筑好施工平台和导向槽。

2. 固壁泥浆和泥浆系统

在钻孔过程中，槽孔孔壁会在侧压力作用下产生变形，所以要想办法让孔壁保持稳定。泥

浆固壁经实践检验,稳定性十分可靠。泥浆固壁是将膨润土和一些外加剂的泥浆充灌在导向槽中,机械钻孔挖槽和混凝土浇筑均在泥浆中进行,直至墙体形成。泥浆对槽壁的静压力和泥浆在槽壁上形成的泥皮,可以有效地防止槽、孔壁坍塌。此外,泥浆还可作机具的润滑剂和冷却剂。

3.造孔成槽

造孔成槽工期长,对最终墙体质量的影响大,应选择合适的造孔机具与挖槽方法。所用机具有冲击钻机、冲击反循环钻机、回转钻机、钢绳或液压抓斗及液压铣槽机等。

造孔挖槽采用分槽段,每个槽段分主孔和副孔。采用钻劈法、钻抓法、分层钻进法或铣削法等方法成槽。

(1)钻劈法。钻劈法又称"主孔钻进,副孔劈打"法,如图3-17所示。它是利用冲击式钻机的钻头自重,首先钻凿主孔,当主孔钻到一定程度后,就为劈打副孔创造了临空面。使用冲击钻劈打副孔产生的碎渣,有两种出渣方式:利用泵吸设备将泥浆连同碎渣一起吸出槽外,通过再生处理后,泥浆可以循环使用;也可用抽砂筒及接砂斗出渣,钻进与出渣间歇性作业。这种方法一般要求主孔先导8~12m,适用于砂砾石地层。

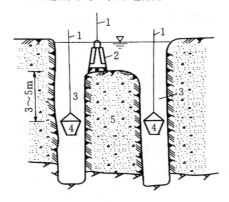

1—钢丝绳;2—钻头;3—主孔;4—接砂斗;5—副孔

图3-17　钻劈法造孔成槽

(2)钻抓法。钻抓法又称"主孔钻进,副孔抓取"法,如图3-18所示。它是利用冲击钻或回转钻钻凿主孔,然后用抓斗抓挖副孔,副孔的宽度要求小于抓斗的有效作用宽度。这种方法可以充分发挥两种机具的优势,抓斗的效率高,而钻机可钻进不同深度地层。具体施工时,可以两钻一抓,也可三钻两抓、四钻三抓形成不同长度的槽孔。钻抓法主要适合于粒径较小的松散软弱地层。

(3)分层钻进法。常采用回转式钻机造孔,如图3-19所示。分层成槽时,槽孔两端应领先钻进导向孔。它是利用钻具的重量和钻头的回转切削作用,按一定程序分层下挖,用砂石泵经空心钻杆将土渣连同

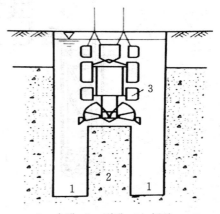

1—主孔;2—副孔;3—抓斗

图3-18　钻抓法成槽过程

泥浆排出槽外,同时不断地补充新鲜泥浆,维持泥浆液面的稳定。分层钻进法适用于均质细颗粒的地层,使碎渣能从排渣管内顺利通过。

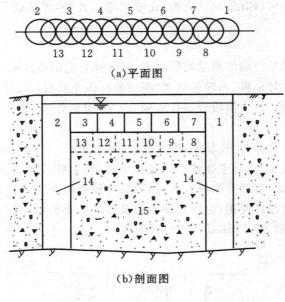

(a)平面图

(b)剖面图

图 3-19　分层钻进成槽法

　　(4)铣削法。采用液压双轮铣槽机,先从槽段一段开始铣削,然后逐层下挖成槽。液压双轮铣槽机是目前一种比较先进的防渗墙施工机械,它由两组相向旋转的铣切刀轮,对地层进行切削,这样可抵消地层的反作用力,保持设备的稳定。切削下来的碎屑集中在中心,由离心泥浆泵通过管道排出到地面(见图 3-20)。

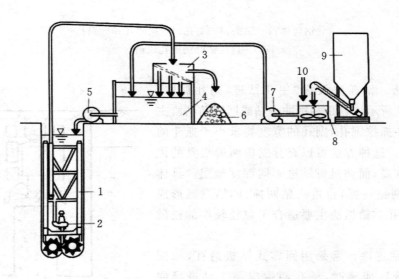

1—铣槽机;2—泥浆泵;3—除渣装置;4—泥浆罐;5—供浆泵;6—筛除的钻渣;7—补浆泵;8—泥浆搅拌机;9—膨润土储料罐;10—水源

图 3-20　液压铣槽机的工艺流程

铣削法多用于砾石以下细颗粒松散地层和软弱地层,其施工效率高、成槽质量好,但成本较高。

以上各种造孔挖槽的方法,都采用泥浆固壁,在泥浆液面下钻挖成槽。在造孔过程中,要严格按操作规程施工,防止掉钻、卡钻、埋钻等事故发生;必须经常注意泥浆液面的稳定,发现严重漏浆时,要及时补充泥浆,采取有效的止漏措施;要定时测定泥浆的性能指标,并控制在允许范围以内;应及时排除废水、废浆、废渣,不允许在槽口两侧堆放重物,以免影响工作,甚至造成孔壁坍塌;要保持槽壁平直,保证孔位、孔斜、孔深、孔宽以及槽孔搭接厚度、嵌入基岩的深度等满足规定的要求,防止漏钻漏挖和欠钻欠挖。

4.清孔换浆

清孔换浆须经终孔验收合格后进行。清孔换浆的目的,是在混凝土浇筑前,对留在孔底的沉渣进行清除,换上新鲜泥浆,以保证混凝土和不透水地层连接的质量。清孔换浆的方法主要采用泵吸法或气举法,前者适合槽深小于50m工况,后者可以完成100m以上的清孔。

5.混凝土墙体浇筑

地下混凝土防渗墙的浇筑和一般混凝土浇筑不同,是在泥浆液面下进行的。泥浆下浇筑混凝土的主要特点是:①不允许泥浆与混凝土掺混形成泥浆夹层;②确保混凝土与基础以及一、二期混凝土之间的结合;③连续浇筑,一气呵成。

泥浆下浇筑混凝土常用直升导管法。在正式浇筑前,应制定浇筑方案,包括:计划浇筑方量、浇筑高程、浇筑机具、人力安排、混凝土配合比、原材料品种及用量、浇筑方法、浇筑顺序等,并绘制槽孔纵剖面图及浇筑导管布置。

浇筑混凝土的导管一般由若干节20~25cm的钢管连接而成,沿槽孔轴线布置,相邻导管的间距在3.5~4.0m,一期槽孔两端的导管距端面以1.0m~1.5m为宜,开浇时导管口距孔底10~25cm。当孔底高差大于25cm时,导管中心应布置在该导管控制范围的最低处,如图3-21所示。这样布置导管,有利于全槽混凝土面的均衡上升,有利于一、二期混凝土的结合,并可防止混凝土与泥浆掺混。

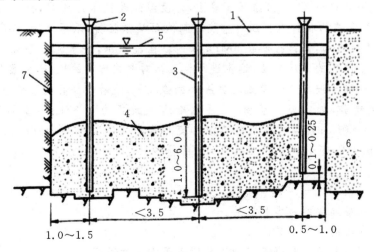

1—导向槽;2—受料斗;3—导管;4—混凝土;5—泥浆液面;6—已浇槽孔;7—未挖槽孔

图3-21 导管布置图(单位:m)

槽孔浇筑应严格遵循先深后浅的顺序,即从最深的导管开始,由深到浅一个一个导管依次开浇,待全槽混凝土面浇平以后,再全槽均衡上升。

每个导管开浇时,先下入导注塞,并在导管中灌入适量的水泥砂浆,准备好足够数量的混凝土,将导注塞压到导管底部,使管内泥浆挤出管外。然后将导管稍微上提,使导注塞浮出,一举将导管底端被泻出的砂浆和混凝土埋住,保证后续浇筑的混凝土不致与泥浆掺混。

在浇筑过程中,应保证连续供料,一气呵成;保持导管埋入混凝土的深度不小于 1m,但不超过 6m,以防泥浆掺入混合埋管;维持全槽混凝土面均衡上升,上升速度不应小于 2m/h,高差控制在 0.5m 范围内。

四、防渗墙的质量检查

对混凝土防渗墙的质量检查应按规范及设计要求进行,主要有如下几个方面:

(1)槽孔的检查,包括几何尺寸和位置、钻孔偏斜、入岩深度等。

(2)清孔检查,包括槽段接头、孔底淤泥厚度、清孔质量等。

(3)混凝土质量的检查,包括原材料、新材料的性能,硬化后的物理力学性能等。

(4)墙体的质量检测,主要通过钻孔取芯与压水试验、超声波及地震透射层析成像技术等方法全面检查墙体的质量。

 工程案例学习

长江三峡工程永久船闸基础的固结灌浆处理

在永久船闸南五竖井部位,存在 f_{1096} 断层,该断层宽度 5m 左右,内含软弱泥化的角砾岩、碎裂花岗岩及疏松软塑夹坚硬碎屑等,断层的规模大、性状差,对结构受力极为不利。为全面提高该部位岩层的力学强度和整体性,对其实施水泥化学复合技术固结灌浆施工,具体措施为:先采用高压旋喷灌浆技术处理松软物质;再用水泥灌浆充填挤压大裂隙,增加被灌岩体的强度;最后将化学浆液灌注到细微裂隙中,使多裂隙的断层胶结成一个整体。

水泥灌浆采用孔口封闭、孔内循环灌浆法,逐段灌注改性水泥浆材,全段灌浆压力控制在 5MPa 以内。化学灌浆的材料为长江科学院研制的 CW 系材料,采用分段阻塞、纯压式灌注的方式,各段压力逐级增加,最终控制在 5MPa 以内。在施工中,按水泥Ⅰ序孔、水泥Ⅱ序孔、化灌Ⅱ序孔及化灌Ⅰ序孔的分序方法,逐步进行钻灌。对灌浆质量的检查,主要是通过检查孔分别进行压水试验检测声波与变形模量。据压水试验成果,随着各序孔的灌浆完成,岩层的透水率呈明显的递减趋势,如在竖井北壁,其透水率递减过程为 2.87Lu→2.76Lu→1.15Lu→0.37Lu→0.22Lu→0Lu;就灌前灌后的声波和变形模量检测结果进行对比,岩体的弹性波速度平均提高了 46.3%,变形模量 E 超过 8GPa 的检测点达到 85%以上。

 思考题

1.简述岩石基础灌浆的种类和目的。

2.简述水泥灌浆的施工工艺。

3.简述砂砾石地基灌浆与岩石基础灌浆所采用方法的不同。

4.混凝土防渗墙有什么作用?

5.简述泥浆固壁的原理。

情景四
爆破工程

情景导入

　　某工程在进行钻孔爆破时，孔径60mm，孔深4m。该爆破属于浅孔爆破还是深孔爆破？装药量该如何计算？

　　爆破是利用炸药爆炸后产生的能量对周围岩石、混凝土或土体进行破碎、抛掷，以达到预定工程目标的作业。工程中的岩土爆破，各种建筑物拆除爆破等都属于这一类，它是以破坏的形式达到新的建设目的。水利水电工程施工中，一般都有大量土石方需要开挖，爆破则是完成土石方开挖最有效的方法。

模块一　起爆器材与起爆方法

　　炸药与起爆器材是爆破必须具备的两个基本条件。炸药为爆破提供能源，起爆器材则为安全引爆炸药提供保障。

一、炸药和起爆器材

1.炸药

炸药指在发生化学反应后能产生大量能量的物质。我国炸药由中华人民共和国成立初期以黑火药为主的少数品种发展到硝按类、硝化甘油类、芳香族硝基化合物类及其他工业炸药。

　　(1)炸药的性能指标。

　　①威力。炸药的威力是指其所具有的总能量，在理论上可以用炸药的做功能力近似地表示。炸药的威力，分别以爆力和猛度表示。前者又称静力威力，用定量炸药炸开规定尺寸铅柱体内空腔的容积(mL)来衡量，它代表炸药炸胀介质的能力；后者又称动力威力，用定量炸药炸塌规定尺寸铅柱体的高度(mm)来表示，它表征炸药粉碎介质的能力。

　　②敏感度。敏感度指炸药在外界起爆能的作用下发生爆炸的难易程度。起爆时所需的起爆能小，表示炸药的敏感度高；起爆时所需的敏感度大，表示炸药的敏感度低。

　　③安定性。安定性指炸药在长期储存中保持自身性质稳定不变的能力，包括物理安定性和化学安定性。

　　④殉爆距离。殉爆距离指炸药药包的爆炸引起相邻药包起爆的最大距离。该指标表征炸

药对爆轰的感度,是确定分段装药参数和盲炮处理等的基础。

(2)常用的工业炸药。

①TNT(三硝基甲苯):是一种烈性炸药,呈黄色粉末或鱼鳞片状,难溶于水,可用于水下爆破。由于此炸药威力大,常用来做副起爆药。爆炸后产生有毒的一氧化碳,不适用于地下工程爆破。

②铵油炸药:其主要成分是硝酸铵和柴油,是我国冶金、有色矿山应用最多的一种钝感猛性炸药。铵油炸药成本低、使用安全、易于生产,但威力和敏感度较低,容易吸湿和结块,不能用于水下爆破。铵油炸药的有效储存期仅为 7~15d,一般在施工现场拌制。

③乳化炸药:这是以硝酸铵水溶液与油类经乳化而成的油包水型乳胶体作爆炸基质,再添加少量敏化剂、稳定剂等添加剂而成的一种乳脂状炸药。乳化炸药的爆速较高,且随药柱直径增大、炸药密度增大而提高。乳化炸药有抗水性能强,爆炸性能好,原材料来源广,加工工艺简单,生产使用安全和环境污染小等优点,是目前应用最广泛的工业炸药。乳化炸药的有效储存期为 4~6 个月。

④铵梯炸药:是我国应用最广泛的工业炸药品种。它是一种以硝酸铵加少量的 TNT 和木粉混合而成的粉状混合炸药。这种炸药敏感度低,使用安全;其缺点是吸湿性强,易结块,使爆力和敏感度降低。由于该炸药含 TNT 会引起环保问题,我国民爆行业已禁止其生产和使用。

在水利水电工程建设中,较常用的工业炸药为乳化炸药和铵油炸药。

2.起爆器材

起爆器材分为起爆材料和传爆材料。常用的起爆器材包括雷管、用来引爆雷管或传递爆轰波的各种材料。

(1)雷管。

雷管是爆破工程的主要起爆材料,它的作用是产生起爆能来引爆各种炸药及导爆索、传爆管。工程爆破中常用的工业雷管有火雷管、电雷管和导爆索雷管。电雷管和导爆索雷管,又可分为瞬发、秒延期、毫秒延期等品种。工业雷管按其起爆药量的多少,可以分为 10 个等级,号数越大,其起爆药量越多,雷管的起爆能力越强。目前,工程爆破中常用的是 6 号和 8 号雷管。

①火雷管。火雷管是最简单的一种工业雷管,也是其他雷管的基本部分。火雷管的构造如图 4-1 所示。

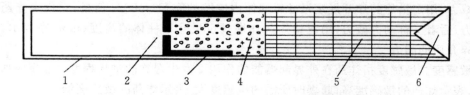

1—管壳;2—传火孔;3—加强帽;4—DDNP 正起爆药;5—加强药(副起爆药);6—聚能穴

图 4-1　火雷管结构示意图

火雷管的结构简单,使用方便,不受杂散电流和雷电引爆的威胁,可用于直接起爆和间接起爆各种炸药和导爆索,多用在采石场、隧道爆破中。

②电雷管。

a.瞬发电雷管。瞬发电雷管也称发电雷管,它是一种通电即爆炸的电雷管。瞬发电雷管的结构如图4-2所示。它的装药部分与火雷管相同,不同之处在于其管内装有电点火装置。

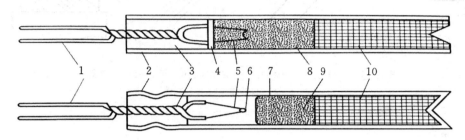

1—脚线;2—管壳;3—密封塞;4—纸垫;5—线芯;6—桥丝(引火药);
7—加强帽;8—散装 DDNP;9—正起爆药;10—副起爆药

图4-2　瞬发电雷管结构示意图

b.秒延期电雷管。秒延期电雷管就是通电后隔一段以秒为计量单位的时间才爆炸的电雷管。秒延期电雷管的结构如图4-3所示。

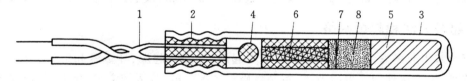

1—脚线;2—密封塞;3—管壳;4—引火头;5—副起爆药;6—导火索;7—加强帽;8—正起爆药

图4-3　秒延期雷管结构示意图

秒延期电雷管的组成与瞬发电雷管基本相同,不同的是引火头与加强帽之间多安装了一个延期装置。秒延期电雷管的延期装置是用精致导火索制成的,雷管的延期时间的多少由导火索的长短来控制。

c.毫秒延期电雷管。毫秒延期电雷管简称毫秒电雷管,它通电后延期的时间是以毫秒来计算的。毫秒延期电雷管的组成基本上与秒延期电雷管相同,不同点在于其延期装置是延期药,常用硅铁(还原剂)和铅丹(氧化剂)的混合物,并掺入适量的硫化梯,以调节反应速度。

(2)导火索。

导火索是以具有一定密度的粉状或粒状黑火药为索芯,外壳用棉线、纸条和防水材料等缠绕和涂抹而成,用来激发雷管的圆形索状起爆材料,如图4-4所示。工业导火索在外观上一般呈白色,其外径为 5.2～5.8mm,索芯药量一般为 7～8g/m,燃烧速度为 100～125s/m。

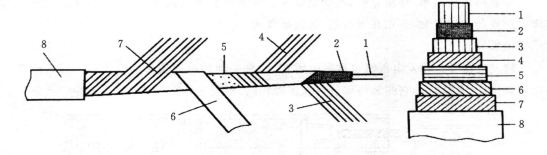

1—芯线；2—索芯；3—内线层；4—中线层；5—防潮层；6—纸条层；7—外线层；8—涂料层

图 4-4　导火索结构示意图

（3）导爆索。

导爆索可分为安全导爆索和露天导爆索。水利水电工程常用的为露天导爆索。导爆索构造类似于导火索，但其药芯为黑索金，外表涂成红色，以示区别。普通导爆索的爆速一般不低于 6500m/s，线装药密度为 12～14g/m。合格的导爆索在 0.5m 深的水中浸泡 24h 后，其敏感度和传爆性能不变。

（4）导爆管。

导爆管是一种内壁涂有混合炸药粉末的塑料软管，管壁材料是高压聚乙烯，外径 3mm，内径 1.5mm。混合炸药含量为 91％的奥克托金和 9％的铝粉，线敷药密度为 14～18mg/m。

二、起爆方法和起爆网络

炸药的基本起爆方法包括火花起爆、电力起爆、导爆管起爆、导爆索起爆等。当采用群药进行爆破时，为了达到增强爆破效果、控制爆破震动等目的，常采用齐发、延迟，或组内齐发、组间延迟等起爆方式，这就要求用起爆材料将各药包连接成既可统一赋能起爆，又能控制各药包起爆延迟时间的网络，即起爆网路。

1. 起爆方法

常用的起爆方法包括电力起爆和非电起爆两大类，后者又包括火花起爆、导爆管起爆和导爆索起爆。

①电力起爆。电力起爆是利用电雷管通电后起爆产生的爆炸能引爆炸药的方法。电力起爆法是通过电雷管、导线和起爆电源三部分组成的起爆网路来实施的。

②火花起爆。火花起爆是用导火索和火雷管引爆炸药的方法。

③导爆管起爆。导爆管起爆法是利用导爆管传递爆轰波引爆雷管，进而引爆炸药的一种起爆方式。

④导爆索起爆。导爆索起爆法是利用捆绑在导爆索一端的雷管爆炸引爆导爆索，然后由导爆索传爆，将绑在导爆索另一端的起爆药包起爆的一种起爆方法。

2. 起爆网络

多点起爆时按不同技术要求而设计连接线路组成的方式，叫起爆网络。工程爆破中采用的起爆网络按起爆方法可分为电力起爆网路、导爆管起爆网路、导爆索起爆网路、电子雷管起爆网路和混合起爆网路等。

模块二　爆破漏斗及药量计算

一、爆破漏斗

炸药爆轰后,在瞬间产生高温高压气体,对相邻介质产生极大的冲击作用,并以冲击波的形式向四周传播能量。当爆破在有临空面的半无限介质表面附近进行时,若药包的爆破作用使部分破碎介质具有抛向临空面的能量时,往往形成一个倒立圆锥形的爆破坑,形如漏斗,称为爆破漏斗,如图4-5所示。

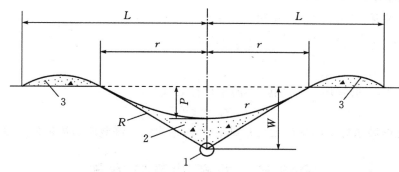

1—药包;2—碎渣填充体;3—坑外堆积体

图4-5　爆破漏斗示意图

爆破漏斗的几何特征参数有:药包中心至临空面的最短距离,即最小抵抗线 W,爆破漏斗底半径 r,可见漏斗深度 P 和抛掷距离 L。爆破漏斗的几何特征反映了药包重量和埋深的关系,反映了爆破作用的影响范围。

系数 r/W 称为爆破作用指数,用 n 表示。爆破作用指数能反映爆破漏斗的几何特征,它是爆破设计中最重要的参数。工程应用中,通常根据 n 值的大小对爆破进行分类。

①当 $n=1$,即 $r=W$ 时,称为标准抛掷爆破;

②当 $n>1$,即 $r>W$ 时,称为加强抛掷爆破;

③当 $0.75≤n<1$ 时,称为减弱抛掷爆破;

④当 $n<0.5$ 时,称为松动爆破。

松动爆破无岩块抛掷,漏斗半径范围内可见岩石破碎后的鼓胀现象。抛掷爆破中,破碎后的岩块部分抛掷于漏斗以外,抛起的部分渣料回落到漏斗坑内,形成可见漏斗,其深度 P 称为可见漏斗深度,可按下式计算:

$$P=CW(2n-1)$$

式中:C 为介质系数,对岩石 $C=0.33$,对黏土 $C=0.4$。

抛掷堆积体距药包中心的最大距离 L 称为抛掷距离,可按下式计算:

$$L=5nW$$

二、药包种类和装药量计算的基本方法

装药量是工程爆破设计中的重要参数,其计算方法随药包类型的不同而不同,而且与岩性、炸药品种、爆破方法和临空面条件等因素有关。

在爆破实践中,人们通常按照形状将爆破所用药包分为集中药包和延长药包。若药包的长边和短边的长度分别为 L 和 a,当 $L/a \leqslant 4$ 时,为集中药包;当 $L/a > 4$ 时,为延长药包。对单个集中药包,其装药量计算公式为:

$$Q = KW^3 f(n)$$

式中:K 为规定条件下的标准抛掷爆破的单位耗氧量(kg/m^3);W 为最小抵抗线(m);$f(n)$ 为爆破作用指数函数。

标准抛掷爆破:$f(n) = 1$;

加强抛掷爆破:$f(n) = 0.4 + 0.6n^3$;

减弱抛掷爆破:$f(n) = \left(\dfrac{4+3n}{7}\right)^3$;

松动爆破:$f(n) = n^3$。

对钻孔爆破,一般采用延长药包,其药量计算公式为:

$$Q = qV$$

式中:q 为钻孔爆破条件下的单位耗药量(kg/m^3);V 为钻孔爆破所需爆破的方量(m^3)。

模块三 爆破的基本方法

工程爆破方法中最为常用的是钻孔爆破。此外,为了得到平整的轮廓面、控制超欠挖和减少爆破对保留岩体的损伤,预裂爆破和光面爆破也必不可少。

一、钻孔爆破

根据钻孔的深度,钻孔爆破有浅孔爆破和深孔爆破之分。浅孔爆破的孔径在 75mm 以下,孔深在 5m 以下。浅孔爆破操作简单,有利于控制爆破面的形状,但生产效率不高。深孔爆破的孔径在 75mm 以上,孔深超过 5m。深孔爆破多用于大规模爆破。钻孔爆破的炮孔布置如图 4-6 所示。

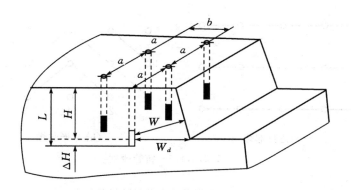

图 4－6　钻孔台阶爆破炮孔布置示意图

1. 浅孔爆破

(1)炮孔布置参数。

开挖过程中宜根据开挖范围、开挖深度和钻孔长度分成数级台阶施工。每级台阶沿长度方向可分为数个工作段,沿宽度方向则可布置多排炮孔,但一般不宜超过 3～4 排。炮孔在平面上一般采用矩形或梅花形布置。

①最小抵抗线 W:

$$W = K_w d$$

式中:K_w 为岩质系数,一般取 $15～30$,坚硬岩石取小值,松软岩石取大值;d 为钻孔直径(mm)。

②台阶高度 H:

$$H = (1.2 \sim 2.0)W$$

③炮孔深度 L:

$$L = (0.85 \sim 1.15)H$$

对坚硬岩石,K_w 取大值,松软岩石取小值。

④孔距 a 和排距 b:合理的孔距和排距是保证形成平整的新台阶面及爆后岩块均匀的前提。一般有:

$$a = (1.0 \sim 2.0)W$$

$$b = (0.8 \sim 1.0)W$$

⑤堵塞长度 L_1:浅孔台阶爆破多采用连续装药,装药长度应控制在孔长的 $1/3～1/2$ 范围,因此孔口堵塞长度一般不小于孔长的一半。

(2)装药量计算。

浅孔爆破药量按延长药包计算,单孔药量为:

$$Q = qaWH$$

式中:q 为潜孔台阶爆破单耗,一般为 $0.2～0.6 \text{ kg/m}^3$。

(3)起爆网络。

浅孔台阶爆破一般采用电力起爆或导爆管网络,进行毫秒延迟起爆。常用的毫秒延迟起爆方法包括逐排起爆和 V 形起爆,如图 4－7 所示。

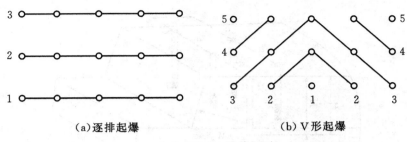

（a）逐排起爆　　　　　　　　（b）V形起爆

1，2，3，4，5—雷管段别

图 4－7　台阶爆破的微差间隔起爆方式

2.深孔爆破

深孔台阶爆破的炮孔布置与参数选择的原则与浅孔爆破类似。

（1）炮孔布置参数。

①台阶高度 H：H 值的选取应综合考虑地质与岩性，开挖强度与进度要求，钻孔、装渣和运输设备的性能及合理配套等条件。我国水利水电工程基坑开挖中采用的深孔爆破台阶高度一般为 6～16m，以 8～12m 居多。

②钻孔直径 d：在水工建筑物基础开挖中，钻孔直径一般不超过 150mm；在临近建基面、设计边坡轮廓处，孔径一般不大于 110mm。

③底盘抵抗线 W_d：底盘抵抗线是指炮孔中心线至台阶坡脚的水平距离，如图 4－6 所示。其计算公式为：

$$W_d = HD\eta \frac{d}{150}$$

式中：D 为岩石硬度影响系数，一般取 0.46～0.56，硬岩取小值，软岩取大值；η 为台阶高度影响系数，参见表 4－1 确定。

表 4－1　高度影响系数 η 的确定

$H(m)$	10	12	15	17	20	22	25	27	30
η	1.0	0.85	0.74	0.67	0.60	0.56	0.52	0.47	0.42

④超钻深度 ΔH：超钻的作用在于克服底盘阻力，避免残埂，获得符合设计标高且较平整的底盘。超深可按下式确定：

$$\Delta H = (0.15 \sim 0.35)W_d$$

式中的系数在台阶高度大、岩石坚硬时取大值。

⑤孔长 L：

$$L = \frac{H + \Delta H}{\sin\alpha}$$

式中：α 为钻孔倾斜角，一般与台阶坡面角相同，对于垂直钻孔，$\alpha = 90°$。

⑥孔距 a 和排距 b：

$$a = (1.0 \sim 2.0)W_d$$
$$b = (0.8 \sim 1.0)W_d$$

⑦堵塞长度 L_1：

$$L_1 \geqslant 0.75W_d$$
$$L_1 = (20 \sim 30)d$$
$$L_1 = (0.2 \sim 0.4)L$$

（2）装药量计算。

前排炮孔的单孔药量为：

$$Q = qaW_dH$$

后排炮孔的单孔药量为：

$$Q = qabH$$

式中：q 为深孔台阶爆破单耗，q 的大致范围为：软岩 $0.15 \sim 0.3 \text{kg/m}^3$，中硬岩 $0.3 \sim 0.45 \text{kg/m}^3$，硬岩 $0.45 \sim 0.6 \text{kg/m}^3$。

实际运用中，无论是深孔爆破还是浅孔爆破，最终确定的装药量必须满足药量平衡原理，即每个炮孔爆除其所承担的一定体积岩石所需的药量，必须与最佳堵塞条件下孔内所装入的药量相等。

二、预裂爆破和光面爆破

预裂爆破和光面爆破均为轮廓爆破。预裂爆破是在主炮孔爆破之前在开挖面上先爆破一排预裂炮孔，在相邻炮孔之间形成裂缝，从而在开挖面上形成断裂面，以减弱主爆区爆破时爆破地震波向岩体的传播，控制爆破对保留岩体的破坏影响，且沿预裂面形成一个超挖很少或没有超挖的平整壁面。

光面爆破是在主炮孔爆破之后，利用布设在设计开挖轮廓线上的光爆孔，准确地把预留的"光爆层"从保留岩体上爆切下来，形成平整的开挖面。该种爆破技术能控制光爆层爆破时对保留岩体不产生过大的破坏，减少超挖和欠挖，它在坚硬岩石中使用较多。

预裂孔、光面孔应按照设计图纸的要求钻凿在一个布孔面上，钻孔偏斜误差不超过 $1°$。布置在同一个平面上的预裂孔、光面孔，宜用导爆索连接并同时起爆，如环境限制单段药量时，也可以分段起爆。

1. 质量控制标准

（1）开挖壁面岩石的完整性用岩壁上炮孔痕迹率来衡量，炮孔痕迹率也称半孔率，为开挖壁面上的炮孔痕迹总长与炮孔总长的百分率。在水电部门，对节理裂隙极发育岩体，一般要求炮孔痕迹率达到 $10\% \sim 50\%$；节理裂隙中等发育者应达 $50\% \sim 80\%$；节理裂隙不发育者应达 80% 以上。围岩壁面不应有明显裂隙。

（2）围岩壁面不平整的允许值为 $\pm 15 \text{cm}$。

（3）在临空面上，预裂缝宽度一般不宜小于 1cm。实践证明，对软岩，预裂缝宽度可达到 2cm 以上，而且只有达到 2cm 以上时，才能起到有效的隔震作用；但对坚硬岩石，预裂缝宽度难以达到 1cm。地下工程预裂缝宽度比露天工程小得多，一般仅达 $0.3 \sim 0.5 \text{cm}$。因此，预裂缝的宽度标准与岩性及工程部位有关，应通过现场试验最终确定。

2. 装药结构与起爆

（1）装药结构。

合理的装药结构应满足下列要求：从孔口到孔底线装药密度的变化应与岩性的变化相适

应;导爆索上的药卷应均匀分布,药卷间的中心距离不大于 50cm。设计的线装药密度 q,可作为中段装药密度 $q_中$。在岩性均匀部位,装药结构分为三段,如图 4-8 所示。

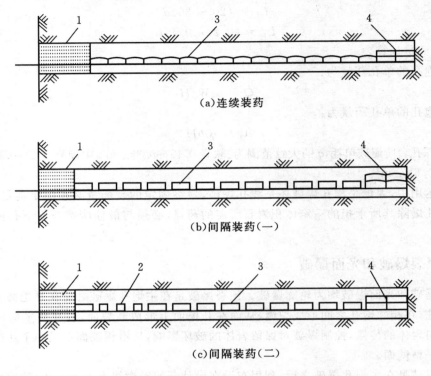

(a)连续装药

(b)间隔装药(一)

(c)间隔装药(二)

1—堵塞段;2—孔口段;3—中间段;4—孔底段

图 4-8 预裂孔结构示意图

①孔口段。根据地面岩石风化程度确定线装药密度。一般 $q_{孔口} = (1/3 \sim 1/2)q_中$,装药长度 1~2m。在地面岩石坚硬完整部位,$q_{孔口} = q_中$。

②中间段。该段为预裂爆破的主要装药段,对预裂缝的形成和预裂缝的宽度起控制作用,$q_中 = q$。

③孔底段。段长大体等于堵塞段。由于孔底受岩石夹持作用,故需用较大的线装药密度,线装药密度随着孔深的增大而增大,一般为(1~4) $q_中$。

(2)起爆。

为保证同时起爆,预裂爆破和光面爆破一般都用导爆索起爆,并通常采用分段并联法。由于光面爆破孔是最后起爆,导爆索有可能遭受超前破坏。为保证周边孔准爆,对光面爆破孔可采用高段延期雷管与导爆索的双重起爆法。预裂孔若与主爆区炮孔组成同一网路起爆,则预裂孔应超前第一排主爆孔 75ms 起爆。

模块四　岩石开挖爆破技术

一、岩石基础开挖

水工建筑物岩石基础的开挖即基坑开挖。基坑开挖一般遵循自上而下分层开挖的原则,并广泛运用深孔台阶爆破方法。设计边坡轮廓面开挖,应采用预裂爆破和光面爆破方法。由于爆炸荷载的作用,在完成岩体破碎、开挖的同时,爆破不可避免地对保留岩体产生损伤,形成所谓的爆破损伤影响区。因此在建基面以上一定范围内须保留保护层,采用严格的爆破控制措施,以防止施工建筑物岩石基础的整体性遭到破坏,保证建基面有足够的承载力和良好的稳定性与抗渗性。

1.保护层厚度的确定

采用预留保护层时,其层厚须通过现场爆破试验确定,并应采取控制爆破技术进行开挖。保护层厚度主要与岩体特性、爆破方式和规模、爆破材料性能、炮孔装药直径等有关,一般都对保护层土一层梯段的单响最大段的起爆药量做出限制。无试验条件时可允许采用工程类比方法确定保护层厚度。表4-2所列数据可供参考。

表4-2　保护层厚度与炮孔底部装药直径之比值

岩体特性	节理裂隙不发育和坚硬的岩体	节理裂隙较发育、发育和中等坚硬的岩体	节理裂隙极发育和软弱的岩体
H/D	25	30	40

2.一般开挖方法

保护层一般开挖方法即逐层开挖方法。常采用浅孔小炮爆破方式。可分层开挖:第一层,采用梯段爆破方法,炮孔不得穿入距建基面1.5m的范围,炮孔装药直径不得大于40mm。第二层,对节理不发育、较发育、发育和坚硬的岩体,炮孔不得穿入距建基面0.5m的范围,对节理裂隙极发育和软弱岩体,炮孔不得穿入距水平建基面0.7m的范围。炮孔与水平建基面的夹角不应大于60°,炮孔装药直径不应大于32mm,可采用火雷管起爆或其他雷管组成的孔间微差起爆网络起爆。第三层,对节理裂隙不发育、较发育、发育和坚硬、中等坚硬的岩体,炮孔不得穿过水平建基面;对节理裂隙极发育和软弱的岩体炮孔,不得穿过距水平建基面0.2m的范围,剩余0.2m厚的岩体应进行撬挖。炮孔角度、装药直径和起爆方法均同第二层的规定。

传统的一般保护层开挖钻爆次数多、成本高、质量难以控制,岩体完整性得不到保证。近年国内不少工程采用水平预裂或孔底设柔性垫层的一次爆除方法,以代替传统的预留保护层方法。

3.水平预裂爆破方法

水平预裂爆破方法应遵循下列规定:

(1)临近建基面最后一个梯段的爆破孔孔底距设计开挖线不得小于3m,也不小于通常选定保护层的厚度。

（2）临近建基面的主炮孔孔径不宜大于 90mm。炮孔孔底距建基面距离：孔径 90mm 时不宜小于 0.7m，孔径 40mm 时不宜小于 0.3m，并应通过试验确定。

（3）水平预裂孔的孔径按岩性及进度要求选定，但不宜大于 90mm。当岩体较完整时，孔径可采用 75～90mm；如岩体节理裂隙发育，钻孔有一定难度时，可用 40～50mm 孔径进行浅孔多循环预裂。孔深较大时须设置扶正器。

（4）水平预裂一次不能全部完成时，宜在端部设置空孔限裂。

（5）水平预裂一般按钻爆程序分区段、分块进行，分次爆破的界面须进行预裂施工隔离。

4. 一次爆除开挖方法

该方法主要是在孔底设置柔性垫层（或空气层），以缓解爆破对孔底岩体的破坏作用，爆破作业应遵循下列规定：

（1）采用微差梯段爆破方式；

（2）炮孔孔径不得大于 60mm；

（3）柔性垫层厚度不小于 20mm；

（4）药包直径宜控制在 40mm 以内；

（5）爆破参数应通过试验确定。

该梯段爆破方法同一般情况下的梯段爆破，在钻孔质量控制上有严格要求，应保证高精度。根据当地材料供应情况选用垫层材料，垫层厚度根据试验确定。

二、岩石高边坡爆破开挖

高边坡的施工工序与道路布置，往往由于坝址两岸地形陡峻，坝肩开挖或缆机平台开挖工程量大、工期长，且两岸不具备布置坝肩开挖道路的条件时，场内交通工程量大，工期长，坝肩开挖采用截流以后开挖出渣推至河床，从基坑运输出渣的施工方法。采用这种方法减少了开挖出渣道路布置工程量，有利于施工期的环保、水保，但增加了截流以后坝肩开挖时间和工期。

岩石高边坡开挖遵循"自上而下、分层开挖"的程序。钻孔爆破开挖过程中，如何有效控制钻孔爆破对边坡岩体的影响，确保边坡在施工期和运行期的稳定性，是岩石高边坡开挖中的关键技术之一。钻孔爆破对边坡岩体的影响包括炮孔近区爆炸冲击波的冲击损伤及爆源中远区爆破震动对岩体结构面的振动影响等方面。

为控制爆破对岩石高边坡的影响，在水电工程建设中广泛采用了预裂爆破、光面爆破、缓冲爆破和深孔梯段微差爆破技术，图 4-9 是典型的边坡开挖炮孔布置示意图。

在边坡的设计轮廓面上采用预裂爆破或光面爆破等轮廓爆破技术，可最大限度地降低对保留表层边坡岩体的损伤影响。采用预裂爆破技术还能起到隔震作用。在轮廓孔和主爆孔之间的缓冲孔的作用是防止主爆孔对保留岩体的破坏与损伤。另外，通过选择合理的微差延迟时间，控制最大单响药量，可达到控制振动强度的目的。

三、定向爆破筑坝

定向爆破筑坝是利用炸药爆炸后产生的能量，将陡峻岸坡上的岩石定向抛掷到指定部位，并大致形成所需形状，再经过人工修整，从而形成坝体的一种爆破技术。

1. 适用条件

定向爆破筑坝，不是每一个地方都可以用。它在地形上要求河谷狭窄，岸坡陡峻，最好为

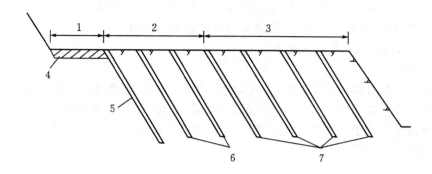

1—马道；2—缓冲爆破区；3—主爆区；4—马道保护层；5—轮廓爆破孔；6—缓冲孔；7—主爆孔

图4-9 边坡开挖炮孔示意图

对称河谷。对于双岸爆破，要求山高为坝高的2～2.5倍以上；对于单岸爆破，要求山高为坝高的3～3.5倍以上。地质上要求爆区岩性均匀、强度高、风化弱、构造简单、覆盖层薄、地下水位低、渗水量小。

2.药包布置

定向爆破筑坝的药包布置可以采用一岸布药或两岸布药。当河谷对称，两岸地形、地质条件较好时，则应采用两岸爆破，有利于缩短抛距，节约炸药，增加爆堆方量，减少人工加高工程量。当一岸不具备以上条件，或河谷特窄，一岸山体雄厚，爆落方量能满足要求时，则一岸爆破也是可行的，如图4-10所示。药包位于正常水位以上，且大于垂直破坏半径。药包与坝肩的水平距离应大于水平破坏半径。坝轴线处在河湾段时，药包应设在凹岸；坝轴线处在平直河段时，应利用前排药包的爆炸为后排药包形成定向坑。

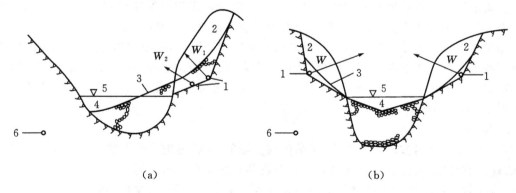

(a)   (b)

1—药包；2—爆破漏斗；3—爆破顶部轮廓线；4—鞍点；5—坝顶高程；6—导流隧洞

图4-10 定向爆破筑坝药包布置示意图

四、岩塞爆破

岩塞爆破是一种水下控制爆破。在已建成水库或天然湖泊中，若拟通过引水隧洞或泄洪洞达到取水、发电、灌溉、泄洪和放空水库或湖泊等目的，为避免隧洞进水口修建时在深水中建造围堰，采用岩塞爆破是一种经济而有效的方法。施工时，先从隧洞出水口逆水流方向开挖，待掌子面到达水库或湖泊的岸坡或底部附近时,预留一定厚度的岩塞,待隧洞和进水口控制闸门井全部完建后,再一次将岩塞炸除,使隧洞和水库或湖泊连通。

1.岩塞布置及爆落石渣的处理

(1)岩塞布置。

岩塞布置应根据隧洞的使用要求、地形、地质等因素确定,宜选择在覆盖层薄、岩石坚硬完整且层面与进口中心交角大的部位,特别应避开节理、裂隙、构造发育的地段。岩塞的开口尺寸应满足进水流量的要求。岩塞厚度一般为岩塞底部直径的 1~1.5 倍,太厚则难以一次爆通,太薄则不安全。岩塞的布置如图 4-11 所示。

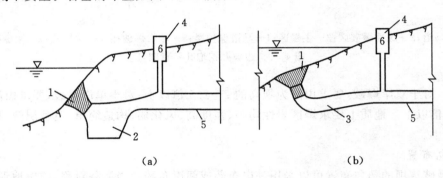

1—岩塞;2—集渣坑;3—缓冲坑;4—闸门井;5—引水隧洞;6—操纵室

图 4-11　岩塞爆破岩塞布置示意图

(2)石渣处理。

岩塞爆破石渣常采用集渣和泄渣两种处理方式。

①集渣处理。爆破前在洞内正对岩塞的下方挖一容积与岩塞体积相当的集渣坑,让爆落的石渣大部分抛入坑内,且保证运行期中坑内石渣不被流水带走,如图 4-11(a)所示。

②泄渣处理。对于灌溉、供水、防洪隧洞取水口岩塞爆破,爆破时闸门开启,借助高速水流将石渣冲出洞口。为避免瞬间石渣堵塞,正对岩塞可设一流线型缓冲坑,其容积相当于爆落石渣总量的 1/5~1/4。当岩塞尺寸小,爆落渣量小时,也可不设缓冲坑。不设缓冲坑的岩塞爆破如图 4-11(b)所示。

2.起爆

岩塞爆破根据岩塞的尺寸大小,可采用洞室爆破、钻孔爆破或两者的结合。为控制进水口形状、保证洞脸围岩稳定,岩塞爆破周边宜布设预裂爆破孔。当采用洞室与钻孔相结合的爆破方案时,在岩塞中心线居中稍微偏上的位置布置一个集中药包,而在其外圈则布置扩大爆破钻孔。该方案集中了洞室爆破和钻孔爆破两种方案的优点而克服了两者的缺点,适合于任意断面岩塞的爆破。

岩塞爆破的起爆顺序依次为周边预裂孔、中间集中药包和扩大药包。起爆网络采用复式并联—串联—并联电爆或电爆加导爆索复式网路。施工中所用的炸药和雷管需做好防水处理。

五、土石坝填筑级配料的开采

在进行土石坝填筑级配料开采时,多用深孔台阶爆破法,但必须控制爆破后石料的最大直径符合设计要求,并尽量增大爆破料的不均匀系数,以便坝料在碾压时能更密实。深孔台阶爆破法是进行坝料开采时常用的一种爆破方法,在爆破时,应结合地质条件,通过现场爆破试验,确定合理的单位耗药量及爆破孔网参数。

六、围堰的拆除爆破

混凝土围堰的拆除一般采用爆破的方法,分留渣爆破和泄渣爆破两类。留渣爆破指爆破后利用机械水下清渣;泄渣爆破指爆破后利用水流将残渣冲向下游。爆破多采用钻孔爆破或钻孔爆破和洞室爆破相结合的方法,起爆网路用塑料导爆管双复式交叉接力起爆。爆破时,确保能一次成功,同时应确保邻近建筑物不受爆破的影响。

 工程案例学习

宝珠寺水电站坝基开挖。宝珠寺水电站混凝土重力坝坝高 132m,坝址河床呈不对称"V"形,右岸稍缓,左岸较陡。坝址区地质情况复杂。坝基从右岸向左岸排列,共分 27 个坝段。其中 11～13 号为导流明渠段,坝基开挖是随着导流明渠削坡开始的。

导流明渠引渠边坡开口高程 570m,明渠地板高程 485m,边坡高达 85m。第一个台阶高差为 10m,往下均为 15m,明渠引渠段和明渠坝体段同时分层下挖,边坡开挖采用预裂爆破,钻孔设备为 KQD-80 和 KQ-150 潜孔钻机。

两岸坝基(边坡)开挖。右岸导流明渠以上坝段和左岸坝段均自上而下进行开挖,开挖后坝基呈台阶状,台阶宽度 16～70m,边坡坡度为 1:0.3～1:0.5。采用边坡预裂爆破和梯段爆破同时施爆,分层开挖的方法。预裂孔隙为 90mm,孔距为 0.8～1.0m,孔深根据每层的梯段高度和边坡坡度的要求而定,一般为 7.5～9.0m(每节钻杆长度为 1.5m)。距预裂孔 1.5m 打一排预裂辅助孔,孔距 2.0m,向外再布 2～3 排孔距 3m×2.5m 的梯段孔,孔径均为 90mm。再向外侧,为 ϕ170mm 的梯段孔,孔距为 5.0m,排距为 4.0m,孔深为 9.0m,孔斜 75°。装药量单耗为 0.59kg/m³ 左右。预裂辅助孔的装药量为同直径梯段孔的 1/3～1/2。用非电毫秒微差导爆雷管,一般按单响药量不超过 300kg 要求联网。

 思考题

1. 简述常用的炸药和雷管的种类。
2. 爆破参数有哪些?
3. 常用的爆破方法有哪些?
4. 预裂爆破和光面爆破有何不同?

情景五

地下工程施工

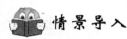 **情景导入**

××地下厂房系统（主副厂房、安装间、主变室、尾闸室、尾水洞、交通洞、母线洞、出线洞、排风洞、出线场等）三大动室群的所有工程项目施工，其具体内容包括覆盖层洞挖、石方洞挖和喷混凝土、锚杆、锚索工程施工及土石方回填。该地下厂房施工时应考虑些什么？如何进行施工？

本章主要结合平洞的施工，介绍地下建筑工程施工中的洞室开挖、衬砌施工和喷锚支护等主要问题。

模块一　地下工程的施工程序

施工程序问题涉及整个地下施工的全过程，要求在总体规划的基础上，安排各部位、各工种的先后施工顺序，以保证均衡、连续、有节奏地完成各项作业。

一、平洞的施工程序

开挖和衬砌（支护）是平洞施工的两个主要施工过程。处理好平洞开挖与临时支撑、平洞开挖与衬砌或支护的关系，以便各项工作在狭小的工作面上有条不紊地进行。

1. 平洞施工工作面

工作面的数目可按下式进行估算：

$$\left(\frac{L}{NV}+\frac{l_{max}}{v}\right)\leqslant[T]$$

式中　$[T]$——平洞施工的限定工期（月）；

　　　L——平洞的全长（m）；

　　　N——工作面的数目；

　　　V——平洞施工的综合进度指标（m/月）；

　　　l_{max}——施工支洞（或竖井）的最大长度（或高度）（m）；

　　　v——施工支洞（或竖井）的综合进度指标（m/月）。

2. 平洞的开挖程序

平洞开挖有全断面开挖、断面分部开挖和导洞开挖等方法。

（1）全断面开挖。

全断面开挖是将平洞整个断面一次开挖成洞。衬砌或支护施工,须待全洞贯通以后或掘进相当距离以后进行,并视围岩开挖后允许暴露时间和总的施工安排而定。全断面开挖示意图如图 5-1 所示。

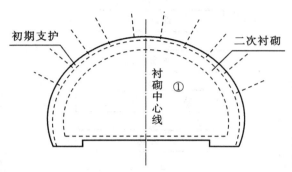

图 5-1　全断面开挖示意图

全断面开挖一般适用于围岩坚固稳定,有大型开挖衬砌设备的情况。目前国内外的全断面开挖高度一般为 8~10m,主要由使用的多臂钻凿岩机或全断面掘进机的工作高度(直径)控制。采用全断面开挖方法,洞内工作场面比较大,施工组织因工作面宽而比较容易安排,施工干扰也较易解决,有利于提高平洞施工速度。

全断面法的特点是施工净空大,可布置大型高效施工机械,便于机械化施工,施工组织比较简单。对于一个进尺深度的岩体爆破而言,炸药用量多于分部开挖的用量,因此爆破震动相对也较大,但完成一个进尺只扰动围岩一次,而分部开挖每次用药量虽较少,但完成一个进尺深度的开挖需要多次钻爆,对围岩的扰动次数增多。全断面开挖之后,如支护不及时,则围岩变位往往较大,因此对中软质且裂隙发育的岩体的围岩稳定不利;若能采取科学合理的技术措施,严格遵循开挖与支护协调进行,在中软质岩体中进行较大断面的全断面开挖,也是可行的。

全断面开挖对洞轴线方向岩体性状的预见性较差,这就要求事先做好地质勘测工作。

全断面法施工工艺流程图如图 5-2 所示。

（2）断面分部开挖。

断面分部开挖是将整个断面分成若干层(通常为二层或三层),分层开挖推进。分部开挖适用于围岩较差、洞径过大的平洞开挖。

如果围岩比较稳定,洞线又不太长,可先分部开挖掘进,贯通以后再进行衬砌;在地质条件较差,围岩允许暴露时间不宜过久条件下,可以采用上部开挖一段以后,将顶拱衬砌支护好,再进行下部开挖,以策安全。

分部开挖的主要优点是不一定需要大型设备,就能进行大断面洞室的开挖,比较机动灵活,能适应地质条件的变化。采用分部开挖、分部衬砌支护的措施,使施工组织比较复杂,施工速度受到影响。

断面分部开挖从开挖形态上通常分为台阶法开挖和导洞法开挖,台阶法又分正台阶法和反台阶法。

①正台阶法。

当隧洞断面较高时,常把断面分成 1~3 个台阶,自上而下施工,以满足钻机的工作高度。

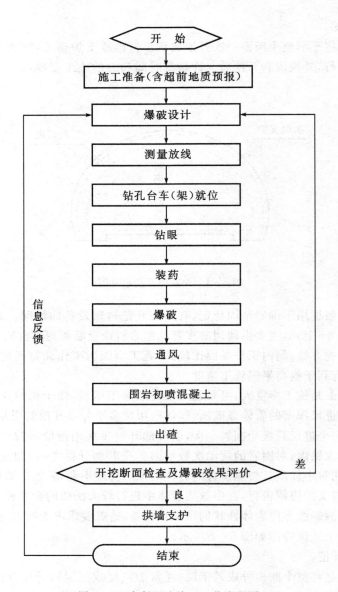

图 5-2 全断面法施工工艺流程图

一般顶部第一层最小高度应不小于 3m,超前掘进的距离为 3～4m 左右,如超前过长,上部爆破堆渣过多,清渣不便,亦影响上部钻孔工作。下部台阶的钻爆,因有两个临空面,爆破效果较好。上部断面掌子面钻爆布孔与全断面法基本相同,下部台阶的布孔,用水平钻机和垂直钻机相结合进行钻孔,如图 5-3 所示。

正台阶法施工的特点是:变高洞为若干个中低洞;可利用台阶钻上部炮孔而一般不需搭设脚手架;上部钻孔与下部出碴可以平行作业,施工管线路可在底部一次敷设,工序比较简单,施工速度较快;爆破时临空面增多,爆破效率高,装药量比全断面开挖时要少,但爆破震动次数增多,应注意加强对洞室围岩软弱破碎地段及时的支护及仪器设备的防护。

②反台阶法。

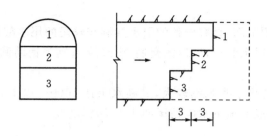

1、2、3—台阶序号

图5-3　正台阶法(单位:m)

反台阶法是一种自下而上的分部开挖方法,在形态上与正台阶法相反。反台阶法用于稳定性较好的岩层中施工,也将整个坑道断面分为几层,在坑道底层先开挖宽大的下导坑,再由下向上分部扩大开挖。进行上层的钻眼时,须设立工作平台或采用漏斗棚架,后者可供装碴之用。

3.平洞衬砌或支护施工

平洞开挖以后,除地质条件特别好,一般都要进行衬砌或支护。

若地质和设备条件允许,应尽量减少断面衬砌的分缝分块数目。

断面衬砌的顺序,常见的有自下而上、自上而下两种方式。前者先衬砌底拱(底板),后衬砌边拱(边墙)、顶拱,或边拱、顶拱一次衬砌;后者先衬砌顶拱,在顶拱防护下衬砌边拱(边墙)、底拱(底板)。自下而上衬砌多用于地质条件较好的场合,自上而下衬砌适合于围岩自承能力较差的情况。

一般说来,当平洞沿线地质条件较好,断面不大,洞线不长时,多采用一次开挖或分部开挖成洞,然后进行衬砌支护的方式。如果开挖时遇到局部危岩,可用锚杆、挂网、喷混凝土或其他措施如木支架进行临时支撑。对于围岩较差的平洞,通常是按先拱后墙,先分部开挖拱部,随即在拱部断面中修筑拱圈,然后在拱圈的防护下开挖中部断面,修筑边拱(边墙)和底拱(底板)。

二、地下厂房的施工程序

地下厂房为地下工程中的大洞室,一般布置较集中,形成各种组合形式的洞室群。施工条件受工程地质和水文地质条件的影响较大,比其他形式的水电站厂房施工均较困难和复杂,对工程进度起控制作用。

1.首部式地下厂房

地下厂房位于电站引水系统的首部。这种布置方式的特点是有压引水隧洞较短,尾水隧洞较长,而尾水隧洞承压较小或为无压隧洞,造价相对便宜,并省去了造价较高的上游调压室。压力管道以单元供水方式向水轮机供水,可不设下端阀门,因而可以降低造价。

但这种地下厂房靠近水库,需注意处理水库渗水对厂房的影响。由于厂房的交通、出线及通风一般采用竖井,因而水电站水头过大时,采用首部式地下厂房会使厂房埋藏于地下过深,从而增加了交通、出线及通风等洞井的费用,也给施工和运行带来困难。另外,由于尾水隧洞较长,往往需设置尾水调压室。

2.尾部式地下厂房

厂房位于引水系统的尾部,具有较长的引水隧洞和较短的尾水隧洞,一般均设有上游调压室。尾部厂房靠近地表,尾水洞短,厂房的交通、出线及通风等辅助洞室的布置及施工运行比较方便,因而采用较多。

尾部式地下水电站适用水头范围较大,最高水头达 1000m 以上,目前高水头电站多采用尾部布置方式,我国已建成的地下水电站尾部式占 70% 以上。

3.中部式地下厂房

厂房位于引水系统的中部,同时具有较长的上游引水道和下游尾水道,当引水道和尾水道均为有压时,需要同时建引水调压室及尾水调压室。当水电站引水系统中部的地质地形条件适宜,对外联系如运输、出线以及施工场地布置方便时,可采用中部式地下厂房。

地下厂房的布置形式的选择,要结合水电站水能规划,当地的地形、地质、交通运输、出线条件、施工和运行条件,经过技术经济比较确定。

20 世纪 70 年代以前,大断面地下厂房开挖多采取多导洞分层施工方法。自从鲁布革水电站地下厂房开始,大都采用喷锚支护技术、岩锚吊车梁结构和大型施工机械,简化了分部开挖程序,加快了施工进度。

地下厂房施工时,通常可分为顶拱、主体和交叉洞等三大部分。

在松散破碎的不良地层中施工时,宜采用插钎、插板、喷锚支护或预灌浆等方法,先加固以后,再分部开挖,分部衬砌,并注意尽量减少对岩体的扰动。

三、竖井和斜井的施工程序

水利水电工程中的竖井和斜井包括调压井、闸门井、出线井、通风井、压力管道和运输井等。

1.竖井

竖井施工有全断面法和导井法。

(1)全断面法。

竖井的全断面施工方法一般按照自上而下的程序进行,该法施工程序简单,但施工时要注意以下几点:

①做好竖井锁口,确保井口稳定;

②起重提升设备应有专门设计,确保人员、设备和石碴等的安全提升;

③涌水和淋水地段要做好井内外防水排水设施;

④围岩稳定性较差或在不良地层中修筑竖井,宜开挖一段衬砌一段,或采用预灌浆方法加固后再进行开挖、衬砌;

⑤井壁有不利的节理裂隙组合时,要及时进行锚固。

(2)导井法。

导井法施工是在竖井的中部先开挖导井,其断面一般为 $4\sim5m^2$,然后再扩大开挖。扩大开挖时的石碴,经导井落入井底,由井底水平通道运出洞外,以减轻出碴的工作量。

(3)施工注意事项。

①土方开挖必须制定专项方案,取得业主的开挖许可证并对工人进行安全技术交底。

②挖掘土方时,必须由上往下进行,禁止采用掏洞、挖空底脚和挖"伸悬土"的方法,防止塌

方事故。

③多人同时挖土操作时,应保持足够的安全距离,横向间距不得小于 2m,纵向间距不得小于 3m。禁止面对面进行挖掘作业。

④用十字镐挖土时,禁止戴手套,以免工具脱手伤人。

⑤挖掘土方作业中,如遇有电缆、管道、地下埋藏物或辨识不清的物品,应立即停止作业,设专人看护并立即向施工负责人报告。严禁随意敲击、刨挖和玩弄。

⑥基坑、基槽的挖掘深度大于 2m 时,应在坑、槽周边设置防护栏杆。

⑦深基坑挖土时,操作人员应使用梯子或搭设斜道上下,禁止蹬踏固壁支撑或在土壁上挖洞蹬踏上下。

⑧从基坑、基槽内向外抛土时,应抛出离坑槽边沿至少 1m,堆土高度不得超过 1.5m。

⑨深基坑挖土时,应按设计要求放坡或采取固壁支撑防护。

⑩在设有支挡工程的地质不良地段作业时,除考虑分段开挖的同时,还应分段修建支挡工程。

⑪作业中,作业人员不得在阶坡及深坑和陡坎下休息。作业时,应随时观察边坡土壁稳定情况,如发现边坡土壁有裂缝、疏松、渗水或支撑断裂、移位等现象,作业人员应先撤离作业现场,并立即报告施工负责人及时采取有效措施,待险情排除后方可继续作业。

⑫在斜坡面上挖土作业,作业人员应系好安全带,坡面挖掘夹有石块的土方时,必须先清除较大石块,在清除危石前应先设置拦截危石的措施。作业时,坡下严禁车辆行人通行。

⑬在电杆附近挖土时,对于不能取消的拉线地垄及杆身,应留出土台。土台半径为:电杆 1.0~1.5m,拉线 1.5~2.5m,并视土质决定边坡坡度。土台周围应插标杆示警。

⑭在道路附近进行开挖土方作业时,应在作业区四周设置围栏和护板,设立警告标志牌,夜间设红灯示警。

⑮每日必须检查土壁及支撑稳定情况,在确保安全的情况下继续工作,并且不得将土和其他物件堆在支撑上,不得在支撑下行走或站立。

⑯机械操作中,进铲不应过深,提升不应过猛。

⑰机械设备运进现场时,应进行维护检查、试运转,使其处于良好的工作状态。

⑱机械挖土应分层进行,合理放坡,防止塌方、溜坡等造成机械倾翻、淹埋等事故。

⑲机械施工区域禁止无关人员进入场地内。挖掘机工作回转半径范围内不得站人或进行其他作业。

⑳挖掘机行走和汽车装土行驶听从现场指挥;所有车辆严格按规定的开行路线行驶,防止撞车撞人。夜间作业,机上及工作地点必须有充足的照明。开挖区域及周围的排水必须良好,不得有积水。

2.斜井

斜井是指倾角为 6°~48°的斜洞。倾角小于 6°的洞室,其施工条件与平洞相近,可按平洞的方法施工;倾角大于 48°的洞室,施工条件与竖井相近,可按竖井的要求考虑。

斜井开挖常应用于水电站通风井、出线井、排水井、压力管道、运输(交通)井以及为隧洞施工的斜支洞,一般用钻孔爆破法施工,有全断面开挖和反导井扩挖两种。

模块二 钻孔爆破法开挖

地下建筑物开挖,目前广泛采用钻孔爆破法。

一、钻孔爆破概述及设计

通过钻孔、装药、爆破开挖岩石的方法,简称钻爆法。这一方法从早期由人工手把钎、锤击凿孔,用火雷管逐个引爆单个药包,发展到用凿岩台车或多臂钻车钻孔,应用毫秒爆破、预裂爆破及光面爆破等爆破技术。施工前,要根据地质条件、断面大小、支护方式、工期要求以及施工设备、技术等条件,选定掘进方式。

钻爆设计的主要任务是:

①确定开挖断面的炮孔布置,包括各类炮孔的位置、深度及方向;

②确定各类炮孔的装药量、装药结构及堵孔方式;

③确定各类炮孔的起爆方法和起爆顺序。

1. 炮孔类型

开挖断面上的炮孔,按作用的不同,分为:①掏槽孔;②崩落孔;③周边孔。

2. 炮孔数目

初步计算常用公式为:

$$N = k_1 \times (f \times s)^{\frac{1}{2}}$$

式中 k_1——系数,一个临空面用 2.0;

f——岩石的坚固系数;

s——开控断面面积(m^2)。

3. 炮孔深度

炮孔深度的确定,主要与开挖断面的尺寸、掏槽形式、岩层性质、钻机型式、自有面数目和循环作业时间的分配等因素有关。

合理的炮孔深度,能提高爆破效果,降低开挖费用和加快掘进速度。

4. 钻孔设备及爆破器材的选择

(1)钻孔设备的选型。

由于水下钻孔爆破,加之水面上的限制,选用 KQ-100 潜孔钻机钻孔,孔径 φ90mm。

(2)钻孔附属机构。

水下爆破条件采用垂直钻孔作业。钻孔机具选用 KQ-100 型潜孔钻,药卷为 φ70mm,炸药选用抗水性能良好的乳化炸药。为保证钻孔后的装药和清孔,在钻孔之前,先将 1 根下端带有环形(钻径 φ117mm)的中空套管钻透覆盖层(淤泥层),并钻入基岩一定深度,然后在套管中下钻杆,在基岩中进行钻孔。为确保开挖达到设计深度,钻孔应有一定的超钻深度,超钻深度取 1.0~1.5m,即实际钻孔深度为 1.5m~4.5m。

(3)爆破器材的品种选取。

选用具有防水性能良好的乳化炸药,装入 φ80mmPVC 管中。非电雷管用"双高"雷管。起爆网络采用孔内高段位、孔外低段位毫秒微差复式起爆网络,以确保传爆的准确性。为确保安

全,用粗砂将炮孔堵满,防止冲炮。在每只爆孔孔口用沙袋封口覆盖,沙袋系一浮球露出水面,其作用如下:

①作为爆破孔位标记,便于集中装药;

②装药后形成起爆网络。

(4)导爆管的放置。

在水中放置浮胎,使其固定地漂浮在水面上,将"每船同排"的导爆管绑在一只轮胎上,按照"从后到前的顺序"将轮胎上的导爆管用"同段"非电雷管连接起来,为了不使传爆雷管将其他导爆管炸断造成拒爆现象,连接时应将雷管置于浮胎上面,并用泡沫盒包住扎紧,不能浮在水面随波漂移。

二、钻孔爆破开挖轮廓的控制

地下建筑物采用钻孔爆破法开挖,其轮廓控制主要取决于周边孔的布置及其爆破参数的选择。为了降低糙率,减少回填和整修工程量,目前洞挖作业的轮廓控制普遍推广光面爆破。其施工方法是沿设计开挖线布置小孔径、密间距的周边孔,采用低密度、低爆速、低猛度和高爆力的光爆炸药,不耦合连续装药或间隔装药,进行弱震爆破,炸除沿洞周留下的厚度为最小抵抗线的光爆层,形成光面。

三、钻孔爆破循环作业

钻孔爆破循环作业的主要工序一般有:钻孔准备、钻孔、装药、设备撤离、起爆、通风排烟、安全检查、临时支撑、出碴准备、出碴、延长运输线路和风水电管线等。

模块三　掘进机开挖

全断面隧道掘进机(Tunnel Boring Machine,简写为 TBM)是一种专用的开挖设备(见图 5 - 4)。它利用机械破碎岩石的原理,完成开挖、出碴及混凝土(钢)管片安装的联合作业,连续不断地进行掘进。

图 5 - 4　全断面隧道掘进机

欧美将全断面隧道掘进机统称为 TBM,日本则一般统称为盾构机,细分可称为硬岩隧道掘进机和软地层隧道掘进机。中国则一般习惯将硬岩隧道掘进机(硬岩 TBM)简称为 TBM,

将软地层掘进机称为盾构机。

①在岩石中开挖隧道的 TBM。

通常用这类 TBM 在稳定性良好、中—厚埋深、中—高强度的岩层中掘进长大隧道。这类掘进机所面临的基本问题是如何破岩，保持掘进的高效率和工程顺利。

②在松软地层中掘进隧道的 TBM（国内通常称为狭义盾构机）。

通常用这类 TBM 在具有有限压力的地下水位以下的基本均质的软弱地层中开挖有限长度的隧道。这类掘进机所面临的基本问题是空洞、开挖掌子面的稳定、市区地表沉降等。

一、掘进机的类型和工作原理

根据破碎岩石的方法，掘进机大致可分为挤压式和切削式掘进机两种类型。

根据掘进机的作业面是否封闭可分为开敞式、单护盾和双护盾掘进机。

掘进机一般由刀盘、机架、推进缸、套架、支撑缸、皮带机及动力间等部分组成。掘进时，通过推进缸给刀盘施加压力，滚刀旋转切碎岩体，然后由装在刀盘中的集料斗转至顶部通过皮带机将岩渣运至机尾，卸入其他运输设备运走。为了避免粉尘危害，掘进机头部装有喷水及吸尘设备，在掘进过程中连续喷水、吸尘。掘进机开挖方向的控制，多采用激光制导。

二、掘进机的应用及其优缺点

目前已生产的掘进机大多适用于圆形断面，地质条件良好、岩石硬度适中、岩性变化不大的隧洞。对于非圆形断面隧洞的开挖，通常通过调整刀盘倾角来实现。掘进机一般多用于平洞的全断面开挖。

掘进机开挖与传统钻爆法比较，具有许多优点。它利用机械切割、挤压破碎，一能使掘进、出碴、衬砌支护等作业平行连续地进行，工作条件比较安全，节省劳力，整个施工过程能较好地实现机械化和自动控制；二是在地质条件单一、岩石硬度适宜的情况下，可以提高掘进速度；三是掘进机挖掘的洞壁比较平整，断面均匀，超欠挖量少，围岩扰动少，对衬砌支护有利。

掘进机开挖的主要缺点有：

①设备复杂，设备昂贵，设备安装费时。

②掘进机不能灵活适应洞径、洞轴线的走向、地质条件与岩性等方面的变化。

③刀具更换、风管送进、电缆延伸、机器调整等辅助工作占用时间较长。

④掘进机掘进时释放大量热量，工作面上环境温度较高，因此要求有较大的通风设备。

由此可见，选择掘进机掘进方案，必须结合工程具体条件，通过技术经济比较确定。

三、掘进机安全操作规程

（1）非掘进机司机严禁操作掘进机。

（2）掘进机司机应加强安全意识、杜绝麻痹大意，严防掘进机漏电伤人事故、挤人事故、砸伤事故、高压油烫人伤眼事故、滑倒坠落事故等一切安全事故。

（3）掘进机司机应加强掘进机知识学习，熟练操作流程，掌握机械性能，确保掘进机保养维修到位，机械运行正常。

（4）当掘进机出现特殊故障或有临时性任务需及时完成时，所有掘进机司机应加强团结协作，随喊随到，不得推诿。

（5）掘进机司机上班前,必须正确穿戴劳动防护用品,严禁酒后上班操作。

（6）接班司机到达工作地点后,应与交班司机认真做好现场交接班工作,询问、了解上一班机械运行情况、有无异常、注意事项等,共同填写好交接班记录并签字确认。

（7）开机前的检查:

①首先检查掘进机周围巷道顶板、煤（岩）帮、水、瓦斯等情况,确认周围确实安全。

②检查电缆是否有外部损伤、漏电现象,各电气结合面螺丝是否齐全、坚固,电气系统裸露部分护罩是否安全可靠。

③检查各注油点油量是否合适、油质是否清洁;检查冷却（防尘）水是否畅通、压力足够。

④检查截齿是否活动并可旋转,检查截齿磨损情况。

⑤检查掘进机当班检查记录所规定的其他所有检查内容,认真填写当班检查记录。

（8）掘进机司机应根据检查情况,本着"轻重缓急"的原则,结合支护和设备运行情况,认真做好掘进机的保养、维修以及清洁工作。

（9）掘进机在掘进过程中,司机要精力集中、反应灵敏,随时注意掘进机本身及前方、两侧情况,如发现异常,应立即停止掘进。

（10）掘进机司机在操作过程中,应采用正确的操作方法,防止误操作,严禁超负荷运行,杜绝一切有可能损伤掘进机和加速掘进机磨损的不当操作。

（11）掘进过程中应确保掘进工程质量,做到断面规则、尺寸到位、中位上线、顶底板煤层截割干净。

（12）掘进工作结束,停止掘进机时应严格停机操作顺序,截割头应落在底板上。停机后,切断电源,取下电源开关手柄。严禁在不需要紧急停止的情况下,利用急停按钮停机。

（13）严格现场交接班制度,交班司机下班时应将当班检查记录和交接班记录一并上交到调度室。

模块四　衬砌施工

混凝土和钢筋混凝土衬砌的施工,有现浇、预填骨料压浆和预制安装等方法。现浇衬砌施工和一般混凝土及钢筋混凝土施工基本相同。下面仅就洞室施工的特点,作一些说明。

一、平洞衬砌的分缝分块及浇筑顺序

平洞由于很长,纵向通常要分段进行浇筑。当结构上设有永久伸缩缝时,可以利用永久缝分段。当永久缝间距过大或无永久缝时,则应设施工缝分段。分段长度一般为 4～18m,具体视平洞断面大小、围岩约束特性以及施工浇筑能力等因素而定。

分段浇筑的顺序有:①跳仓浇筑;②分段流水浇筑;③分段留空档浇筑等不同方式。参见图 5-5(a)、图 5-5(b)、图 5-5(c)。

衬砌施工在横断面上也常分块进行,一般分成底拱（底板）、边拱（边墙）和顶拱。横断面上浇筑的顺序,正常情况是先底拱（底板）,后边拱（边墙）和顶拱,其中边拱（边墙）和顶拱,可以连续浇筑,也可以分块浇筑,视模板形式和浇筑能力而定。连续浇筑和分块浇筑的浇筑顺序,由于在浇筑顶拱、边拱（边墙）时,混凝土体下方无支托,应注意防止衬砌的位移和变形,并做好分块接头处反缝的处理,必要时反缝要进行灌浆。

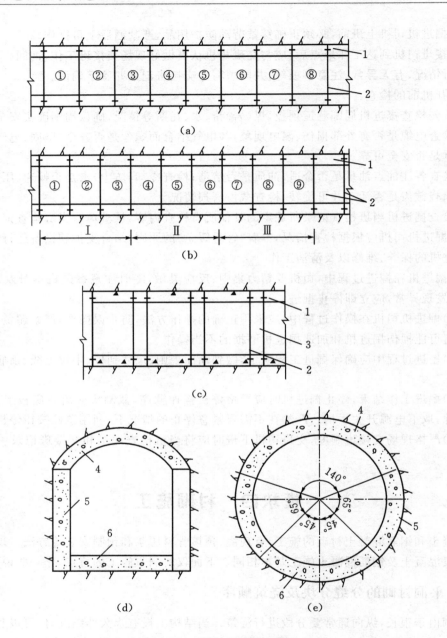

图 5-5 平洞衬砌浇筑顺序

二、平洞衬砌模板

平洞衬砌模板的形式依隧洞洞型、断面尺寸、施工方法和浇筑部位等因素而定。

对底拱而言,当中心角较小时,可以像底板浇筑那样,不用表面模板,只立端部挡板,混凝土浇筑后用型板将混凝土表面刮成弧形即可。当中心角较大时,一般采用悬挂式弧型模板(见图5-6)。施工时先立好端部挡板和弧形模板的桁架,以后随着混凝土的浇筑,逐渐从中间向两旁安上悬挂式模板。安装时,要注意运输系统的支撑不能与模板桁架支撑连在一起,以防施工运输产生震动,引起模板位移走样。目前,使用牵引式拖模连续浇筑或底拱模板台车分段浇筑底拱也获得了广泛应用。

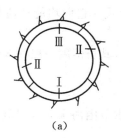 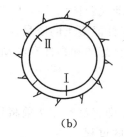 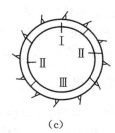

（a）　　　　　　　　（b）　　　　　　　　（c）

图5-6　悬挂式弧型模板

浇筑边拱(边墙)、顶拱时,常用桁架式或钢模台车。

桁架式模板,由桁架和面板组成(见图5-7)。通常是在洞外先将桁架拼装好,运入洞内安装就位后,再随着混凝土浇筑面的上升,逐块安设模板。

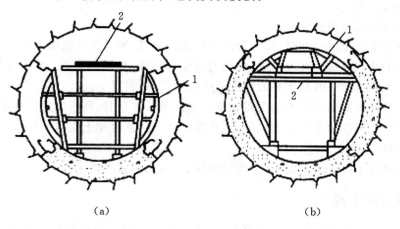

（a）　　　　　　　　　　　　　（b）

图5-7　桁架式模板

1.钢模台车

钢模台车是一种可移动的多功能隧洞衬砌模板。根据需要,它可作顶拱钢模、边拱(墙)钢模以及全断面模板使用。

2.针梁式钢模台车

圆形隧洞衬砌的全断面一次浇筑,可采用针梁式钢模台车。其施工特点是不需要铺设轨道,模板的支撑、收缩和移动,均依靠一个伸出的针梁。

模板台车使用灵活,周转快,重复使用次数多。用台车进行钢模的安

装、运输和拆卸时,一部台车可配几套钢模板进行流水作业,施工效率高。

三、衬砌的浇筑

隧洞衬砌多采用二级配混凝土。对中小型隧洞,一般采用斗车或轨式混凝土搅拌运输车将混凝土运至浇筑部位;对大中型隧洞,则多采用 $3\sim6m^3$ 的轮式混凝土搅拌运输车运输。在浇筑部位,通常用混凝土泵将混凝土压送并浇入仓内。

常采用的混凝土泵有柱塞式、风动式和挤压式等工作方式。它们均能适应狭窄的施工条件,完成混凝土的运输和浇筑,能够保证混凝土的质量。

泵送混凝土的配合比,应保证有良好的和易性和流动性,其坍落度一般为 8~16cm。

四、衬砌的封拱

平洞的衬砌封拱是指顶拱混凝土即将浇筑完毕前将顶拱范围内未充满混凝土的空隙和预留的进出口窗口予以浇筑、封堵填实的过程。

封拱方法多采用封拱盒法和混凝土泵封拱。

封拱盒封拱,在封拱前,先在拱顶预留一小窗口,尽量把能浇筑的两侧部分浇好,然后从窗口退出人和机具,并在窗口四周立侧模,待混凝土达到规定强度后,将侧模拆除,凿毛之后安装封拱盒。封堵时,先将混凝土料从盒侧活门转入,再用千斤顶顶起活动封门板,将盒内混凝土压入待封部位即告完成。

混凝土泵封拱的施工程序是:

①当混凝土浇至顶拱仓面时,撤出仓内各种器材,尽量筑高两端混凝土;

②当混凝土达到与进人孔齐平时,仓内人员全部撤离,封闭进人孔,同时增大混凝土的坍落度(达 14~16cm),加快混凝土泵的压进速度,连续压送混凝土;

③当排气管开始漏浆或压入的混凝土量已超过预计方量时,停止压送混凝土;

④去掉尾管上包住预留孔眼的铁箍,从孔眼中插入防止混凝土塌落的钢筋;

⑤拆除导管;

⑥待顶拱混凝土凝固后,将外伸的尾管割除,并用灰浆抹平。

五、压浆混凝土施工

压浆混凝土又称预填骨料压浆混凝土,它是将组成混凝土的粗骨料预先填入立好的模板中,尽可能振实以后,再利用灌浆泵把水泥砂浆压入,凝固而成结石。这种施工方法适用于钢筋稠密、预埋件复杂、不容易浇筑和捣固的部位。洞室衬砌封拱或钢板衬砌回填混凝土时,用这种方法施工,可以明显减轻仓内作业的工作强度和干扰。

压浆混凝土施工注意事项:

①压浆混凝土使用的模板,应有专门设计,能保证压浆时不漏浆,不产生位移和变形。

②压浆混凝土所用的粗骨料不应小于 2cm,并按设计级配填放密实,尽量减少孔隙率。

③压浆混凝土的砂浆,应掺加混合材和外加剂,使之具有良好的流动性,能顺利压入骨料孔隙中。为防杂质和粗颗粒混入砂浆,砂浆在入泵前应通过 5mm×5mm 的筛网。为保证砂浆充填密实,宜通过试验掺入适量的膨胀剂。

④压浆程序应由下而上,逐渐上升,不得间断。压浆压力可采用 $(2\sim5)\times10^5Pa$,浆体上升

速度以 50～100cm/h 为宜。压浆过程中,应加强观测,注意模板变形、管路堵塞等现象。

⑤压浆部位要埋设观测管、排气管,以检查和掌握压浆进展情况。

⑥压浆结束时,应在规定压力之下并浆 15min 左右。

⑦压浆工作必须连续进行。若因故中断,而短时间内又不能恢复时,须待砂浆凝固以后,重新钻孔,经压力水冲洗干净,才能继续压浆。

模块五　喷锚支护

喷锚支护是喷混凝土支护、锚杆支护、喷混凝土锚杆支护、喷混凝土锚杆钢筋网支护和喷混凝土锚杆钢拱架支护等不同支护型式的统称。它是地下工程支护的一种新型式,亦是新奥地利隧道工程法(新奥法)的主要支护措施。

一、喷锚支护原理

喷锚支护是充分利用围岩的自承能力和具有弹塑变形的特点,有效控制和维护围岩稳定的新型支护。它的原理是把岩体视为具有黏性、弹性、塑性等物理性质的连续介质,同时利用岩体中开挖洞室后产生变形的时间效应这一动态特性,适时采用既有一定刚度又有一定柔性的薄层支护结构与围岩紧密黏结成一个整体,以期既能对围岩变形起到某种抑制作用,又可与围岩"同步变形"来加固和保护围岩,使围岩成为支护的主体,充分发挥围岩自身承载能力,从而增加了围岩的稳定性。

1. 适用范围

根据岩体的性状,将围岩按大类分为整体、块状、层状和软弱松散等几类。不同结构类型的围岩,开挖洞室后力学形态的变化过程及其破坏机理各不相同,设计原则也有差别。

对于整体状围岩,可以只喷上一薄层混凝土,防止围岩表面风化和消除表面凹凸不平以改善受力条件,仅在局部出现较大应力区时才加设锚杆。在块状围岩中必须充分利用压应力作用下岩块间的镶嵌和咬合产生的自承作用;喷锚支护能防止因个别危石崩落引起的坍塌。通过利用全空间赤平投影的方法,查找不稳定岩石在临空面出现的规律和位置,然后逐个验算在危石塌落时的力作用下锚杆或喷射混凝土的安全度。在层状围岩中,洞室开挖后,围岩的变形和破坏,除了层面倾角较陡时表现为顺层滑动外,主要表现为在垂直层面方向的弯曲破坏,用锚杆加固可使围岩发挥组合梁的作用。软弱围岩近似于连续介质中的弹塑性体,采用喷锚支护时,宜将洞室挖成曲墙式,必要时加固底部,使喷层成为封闭环,用锚杆使周围一定厚度范围内的岩体形成"承载环",以提高围岩自承能力。

2. 主要特点

(1)作用及时。

喷锚支护的及时性主要体现在它可以在隧洞开挖后几小时内立即施工,从而迅速有效地为围岩提供支护抗力。由于岩石的峰值强度和残余强度均与侧压力成正比,而其强度的下降程度与侧压力成反比,因而,在开挖后及时地进行喷锚支护,能为围岩提供径向抗力,使围岩处于有利的三轴应力状态,有利于保持围岩的强度和稳定。喷锚支护的及时性还体现在它紧跟施工作业面进行,可以完全利用工作空间来限制开挖后支护前变形的进一步发展,防止围岩发生松弛。

(2)黏结性强。

喷锚支护具有黏结性主要是由于喷射混凝土与围岩之间的黏结强度一般可以保持在 1.0Mpa 以上。两者不仅黏结紧密,而且可以通过黏结面上的黏结力和抗剪力把被节理裂隙等切割的隧道表面的岩体连接起来,使岩块之间保持咬合和镶嵌。此外,喷射混凝土还可以将荷载从将要失稳的岩体传给周围稳定的岩体,防止岩石的滑落。

与传统混凝土衬砌相比,喷射混凝土具有可以改善荷载分布不均和降低支护层内弯矩值的作用。这是由于喷射混凝土能与周围岩体紧密黏结,使得在它们的接触面上既能承受径向荷载,也能承受切向荷载。统计多个采用喷锚支护的地下工程的现场实测数据显示,其平均径向应力一般能够稳定在 0.3~0.5Mpa 之间。这也从另一方面反映出了喷锚支护与围岩相互作用的实质就是调整两者之间的应力状态,充分发挥围岩自身的承载能力。

(3)深入性强。

喷锚支护的锚杆可以嵌入岩体内部,调整岩体应力分布,进而提高围岩整体强度。特别是经过预应力的锚杆,可以起到增大围岩受压区域、减小受拉区域的作用,其改善围岩应力的作用更加突出。若使用锚杆群进行加固,则可以形成具有一定范围的压缩带,加固效果尤为显著。

(4)柔性强。

喷锚支护的柔性方面体现在喷射的混凝土喷层厚度一般都比较薄,多在 5~10cm 之间,凝结后可立即作用于岩体;另一方面锚杆自身也具有强大的承载能力,可以承受较大变形或同加固的围岩一起移动。这个柔性支护的特点在控制岩体的塑性流变时显得更为重要。它使得围岩可以有一定的塑性区发展,避免出现应力高峰但却不出现有害的松散,充分发挥围岩自身的承载能力。

大量工程实践表明,喷锚支护的柔性卸压作用对于保持围岩稳定是有利的。如我国金川镍矿某巷道,由于水平构造应力大,最初采用各种刚度大的传统衬砌支护后却出现严重破坏。而后采用了喷锚支护作为初期支护,使围岩应力得以释放。初始支护后三个月,巷道的变形速率明显降低,其水平收敛值维持在 15~20cm 之间。

(5)灵活性好。

喷锚支护的灵活性主要指其支护类型、支护参数和施工步骤等的可变性。由于不同工程的岩体条件是不同且复杂的,传统支护方式往往无法做到随机应变。而喷锚支护则不同,其加固范围可以是局部也可以是整体,加固形式可以是单独使用锚杆或喷层,或采用喷锚联合支护,或与钢拱架等一起使用。此外,还可以根据不同部位的加固需求的不同,选择不同的加固方式。

喷锚支护的灵活性还表现为它既可以一次进行,也可以分多次进行。这样就可以满足塑性流变围岩对于支护结构要具有柔性的需要,用以调节支护柔性与抗力之间的平衡关系。

(6)密封性好。

喷射混凝土的水泥含量较高而水灰比较低,抗渗性能较高,几乎无施工缝使得喷层间黏结较好,因此具有较高的密封性能。而且与普通混凝土相比,喷射混凝土不透水性更好,这样能防止岩体受到潮湿空气或地下水的侵蚀及由此产生的潮解和变质,维持了围岩原有的强度。喷射混凝土还可以阻止断层或节理间填充物的流失,维持节理间的摩擦力。此外,喷层还可以防止具有腐蚀性的化学气体入侵并可以提高岩体的抗冻性能。

(7)经济性好。

大量工程实践统计显示,与传统的现浇混凝土支护相比,喷锚支护的厚度可减小 1/2～2/3,岩石开挖量可以节省 10％～15％,支护速度可以提高 2～4 倍,劳动力可节省一半,模板可节约 100％,混凝土可省一半,整个支护成本可节约 40％左右。因此,喷锚支护还具有良好的经济性。

二、喷锚支护型式

根据围岩不同的破坏形态采用不同的支护型式。围岩的破坏形态主要可归纳为局部破坏和整体破坏。

1.局部破坏

通常采用锚杆支护,有时根据需要加作喷混凝土支护。

2.整体破坏

常采用喷混凝土锚杆支护、喷混凝土锚杆钢筋网支护和喷混凝土锚杆钢拱架支护等不同支护型式。

三、锚杆支护

锚杆是锚固在岩体中的杆件,用以加固围岩,提高围岩的自稳能力。工程中常用锚杆有金属锚杆和砂浆锚杆,其锚固方式基本分为集中锚固和全长锚固,锚杆的布置有局部锚杆和系统锚杆。

四、喷混凝土施工

喷混凝土是将水泥、砂、石等集料,按一定配比拌和后,装入喷射机中,用压缩空气将混合料压送到喷头处,与水混合后高速喷到作业面上,快速凝固而成的一种薄层支护结构。

喷混凝土的施工方法有干喷和湿喷。

干喷时,将水泥、砂、石和速凝剂加微量水干拌后,用压缩空气输送到喷嘴处,再与适量水混合,喷射到岩石表面。也可以将干混合料压送到喷嘴处,再加液体速凝剂和水进行喷射。这种施工方法,便于调节水量,控制水灰比,但喷射时粉尘较大。

湿喷是将集料和水拌匀以后送到喷嘴处,再添加液体速凝剂,并用压缩空气补给能量进行喷射。湿喷法主要改善了喷射时粉尘较大的缺点。

五、操作要求

(1)进入施工现场必须戴安全帽,穿水鞋,做好自我保护。

(2)注意用电安全,正确、规范地操作机械,确保施工安全、文明、优质。

(3)钻孔前,找出孔位,做好标记。

(4)钻机就位后应保持平稳钻机立轴与锚杆倾角一致,并在同一轴线上。倾角 15°,用罗盘校准后方可进行钻进。

(5)钻孔直径为 φ130。事先备好膨润土,调好泥浆,以免塌孔,如遇坚硬岩层全面钻进进尺困难时,则改用取芯钻进。

（6）施工时，应挖好泥浆池及泥浆沟，不得让泥浆随意乱流。保持施工环境整洁。

（7）合理掌握钻进参数，主要钻进参数包括：

①钻进压力；

②钻杆转速；

③冲洗液泵量。

在钻进过程中，应精心操作，集中精神，并合理控制钻进速度，防止埋钻、卡钻等各种孔内事故，一旦发生孔内事故，应争取时间尽快处理，并备齐必要的事故打捞工具。钻进较松散地层时，应注意调节好泥浆比重及黏度，防止塌孔。当泥浆护壁难于奏效时，须用套管护壁。

（8）锚孔钻至岩层时，应及时通知现场管理人员，预应力锚杆锚孔钻孔深度为32m。

（9）协助下锚，锚杆不能下到孔底时，应立即扫孔。

（10）如遇特殊情况，应立即向现场管理人员反映，以便及时解决。

（11）准确做好原始记录，并将记录及时呈交给资料员，进行整理汇编。

模块六　地下工程施工辅助作业

通风、散烟、除尘、排水、照明和风水电供应等，是地下工程施工中的辅助作业。做好这些辅助作业可以改善施工人员作业环境，为加快地下工程施工，创造良好的条件。

一、通风、散烟及除尘

通风、散烟及除尘的目的是为了创造满足卫生标准的洞内工作环境，这在长洞施工中尤为重要。

1. 卫生标准

地下工程施工过程洞内空气质量应符合洞内作业的卫生标准，见表5-1。

表5-1　洞内空气卫生标准

气体名称	允许浓度		附注	
	体积（%）	重量（mg/m³）		
氧气（O_2）	≥20		一氧化碳的最高容许浓度与作业时间	
二氧化碳（CO_2）	≤0.5		作业时间	最高容许浓度（mg/m³）
甲烷（CH_4）	≤1		1h以内	50
一氧化碳（CO）	≤0.0024	≤30	0.5h以内	100
氮氧化合物换算成二氧化氮（NO_2）	≤0.00025	≤5	15~20min	200
二氧化硫（SO_2）	≤0.0005	≤15	反复作业时间的间隔应大于2h以上	
硫化氢（H_2S）	≤0.00066	≤10		
醛类（丙烯醛）		≤0.3		

气 体 名 称	允许浓度		附注
	体积(%)	重量(mg/m³)	
含有 10% 以上游离二氧化硅的粉尘		2	含有 80% 以上游离 SiO₂ 的生产粉尘不宜超过 1mg/m³
含有 10% 以下游离二氧化硅的水泥粉尘		6	
含有 10% 以下游离二氧化硅的其他粉尘		10	

同时,要求洞内的气温不能超过 28℃,并且洞内的风速也需满足表 5 - 2 中的规定。

表 5 - 2　洞内温度与风速的关系

温度(℃)	<15	15~20	20~22	22~24	24~28
风速(m/s)	<0.5	0.5~1.0	1.0~1.5	1.5~2.0	>2.0

2. 通风方式

(1)按通风换气范围分类。

通风方式按通风换气范围分为三种方式:

①局部排风。在有害物质散发地点及时排出局部受污染的空气,用较小的风量可得到较好的效果,设计时宜优先采用。

②局部送风。向局部地点送入新鲜空气或经处理(包括冷却、加热、净化)后的空气,在局部地点造成良好的空气环境。这也是一种经济有效的通风方式。

③全面通风。对整个工程内部或整个车间、大厅进行通风换气,创造良好的空气环境。它的造价和运营费用较高,只有在局部通风(包括送风和排风)不能满足要求时才采用。

(2)按通风动力分类。

通风方式按通风动力又分为两种:

①自然通风。利用工程外空气流通造成的风压和由工程内外空气温度与其出入口间的高差造成热压,这种自然形成的压差能作为通风换气的动力。自然通风比较经济,但受季节、风向和风速的影响,还受洞口朝向、高差和工程建筑形式等的限制,只能有条件地利用。当地下工程为通道式,且洞体不长,适用在长度不超过 40m 的短洞,对温湿度要求不高时,如短隧道、地下仓库、地下锅炉房和地下电厂等,可以考虑采用。

②机械通风。以机械设备(如通风机)产生的风压作为通风换气的动力,控制进、排风量,进行空气的加热、冷却、加湿、降湿和净化处理,充分发挥通风(包括空气调节)技术的效能,在空气环境要求高或通风阻力较大的场合采用。实际工程中多采用机械通风。

机械通风的基本形式有压入式、吸出式和混合式三种。

有时为了充分发挥风机效能,加快换气速度,施工中常利用帆布、塑料布或麻袋等制成帘幕,防止炮烟扩散,使排除污浊气体的范围缩小。帘幕设在靠近工作面处,但要有一定的防爆距离,一般为 12~15m。有条件时也可以设置水幕或压气水幕来代替帆布一类的帘幕。

机械通风方式的选择,取决于洞室形式、断面长度和隧洞长度。竖井、斜井和短洞开挖,可采用压入式通风;小断面长洞开挖时,宜采用吸出式通风;大断面长洞开挖时,宜采用混合式通风。

3.通风量计算

通风量的计算,可根据下列三种情况分别计算,取其中最大者,并应根据通风方式和长度考虑漏风增加值,漏风系数一般取 1.2~1.5。

(1)施工人员所需的通风量:

$$Q = mq$$

式中　Q——通风量(m^3/min);

　　　m——同时在洞内工作的最多人数;

　　　q——每人所需的通风量,取 $3m^3/min$。

(2)冲淡有害气体的通风量:

$$Q = \frac{AB}{(1000 \times 0.02\%)t} = \frac{5AB}{t} = 10A$$

式中　A——工作面上同时爆破的最大炸药量(kg);

　　　B——每千克炸药产生的一氧化碳气体量,按 40L 计算;

　　　1000——表示 $1m^3$ 等于 1000L;

　　　0.02%——爆破后连续通风使一氧化碳浓度降至 0.02% 时,即可进入工作面工作;

　　　t——通风时间,可采用 20min。

此外,在开挖过程中若有其他有害气体时,应保证将其冲淡至表 5-1 的规定。

(3)洞内使用柴油机械施工时,按每马力 $3m^3/min$ 风量,并与同时工作人员所需风量相加计算。

计算的通风量应按最大、最小容许风速和洞室温度所需的风速进行校核。

二、风、水、电及排水

在洞室开挖过程中,关于供风(压缩空气)、供水、供电、照明及排水等辅助作业,虽不像钻孔爆破、出碴运输等工作那样,直接影响开挖掘进的速度、质量和安全,但它们对于保证钻爆和运输作业的正常进行,都有影响,在整个开挖循环作业中,必须统筹考虑,不能疏漏。

对所有必要的辅助作业,不仅在循环作业图表中,要安排一定的时间,使风水电管线的延长或拆移有切实的保证,而且在制订开挖施工技术规程和措施计划时,对于各项辅助作业都要提出相应的技术标准和要求。

所有辅助作业都应与开挖掘进工作密切配合。输送到工作面的压缩空气,不仅风量要充足,而且风压不应低于 0.5MPa;施工用水的数量、质量和压力,应满足钻孔、喷水、喷锚作业、混凝土衬砌、灌浆、消防和生活等方面的要求。

1.临时用水管理

项目应贯彻执行绿色施工规范,采取合理的节水措施并加强临时用水管理。

(1)施工临时用水管理的内容。

①计算临时用水的数量。临时用水量包括:现场施工用水量、施工机械用水量、施工现场生活用水量、生活区生活用水量、消防用水量。在分别计算了以上各项用水量之后,才能确定总用水量。

②确定供水系统。供水系统包括:取水设施、净水设施、贮水构筑物、输水管和配水管管网,均需要经过科学计算和设计。

(2)配水设施。

①配水管网布置的原则如下:在保证不间断供水的情况下,管道铺设越短越好;考虑施工期间各段管网具有移动的可能性;主要供水管线采用环状,孤立点可设枝状;尽量利用已有的或提前修建的永久管道,管径要经过计算确定。

②管线穿路处均要套以铁管,并埋入地下 0.6m 处,以防重压。

③过冬的临时水管须埋在冰冻线以下或采取保温措施。

④排水沟沿道路布置,纵坡不小于 0.2%,过路处须设涵管,在山地建设时应有防洪设施。

⑤消火栓间距不大于 120m;距拟建房屋不小于 5m,不大于 25m;距路边不大于 2m。

⑥各种管道间距应符合规定要求。

2.临时用水计算

(1)用水量的计算。

①现场施工用水量。现场施工用水量可按下式计算:

$$q_1 = K_1 \sum \frac{Q_1 \times N_1}{T_1 \times t} \times \frac{K_2}{8 \times 3600}$$

式中　q_1——施工用水量(L/s);

　　　K_1——未预计的施工用水系数(可取 1.05~1.15);

　　　Q_1——年(季)度工程量;

　　　N_1——施工用水定额(浇筑混凝土耗水量 2400L/s、砌筑耗水量 250L/s);

　　　T_1——年(季)度有效作业日(d);

　　　t——每天工作班数;

　　　K_2——用水不均衡系数(现场施工用水取 1.5)。

②施工机械用水量。施工机械用水量可按下式计算:

$$q_2 = K_1 \sum Q_2 N_2 \times \frac{K_3}{8 \times 3600}$$

式中　q_2——机械用水量(L/s);

　　　K_1——未预计的施工用水系数(可取 1.05~1.15);

　　　Q_2——同一种机械台数(台);

　　　N_2——施工机械台班用水定额;

　　　K_3——施工机械用水不均衡系数(可取 2.0)。

③施工现场生活用水量。施工现场生活用水量可按下式计算:

$$q_3 = \frac{P_1 \times N_3 \times K_4}{t \times 8 \times 3600}$$

式中　q_3——施工现场生活用水量(L/s);

　　　P_1——施工现场高峰昼夜人数(人);

　　　N_3——施工现场生活用水定额,一般为 20~60L/(人·班),主要需视当地气候而定;

　　　K_4——施工现场用水不均衡系数(可取 1.3~1.5);

　　　t——每天工作班数(班)。

④生活区生活用水量可按下式计算:

$$q_4 = \frac{P_2 \times N_4 \times K_5}{24 \times 3600}$$

式中　q_4——生活区生活用水（L/s）；

　　　P_2——生活区居民人数（人）；

　　　N_4——生活区昼夜全部生活用水定额；

　　　K_5——生活区用水不均衡系数（可取 2.0～2.5）。

⑤消防用水量（q_5）。

最小 10L/s，施工现场在 25ha（250000m²）以内时，不大于 15L/s。

⑥总用水量（Q）。

总用水量可按下式计算：

当（$q_1 + q_2 + q_3 + q_4$）≤q_5 时，则 $Q = q_5 + (q_1 + q_2 + q_3 + q_4)/2$；

当（$q_1 + q_2 + q_3 + q_4$）>q_5 时，则 $Q = q_1 + q_2 + q_3 + q_4$；

当工地面积小于 5ha，而且（$q_1 + q_2 + q_3 + q_4$）<q_5 时，则 $Q = q_5$。

最后计算总用水量（以上各项相加）时，还应增加 10% 的漏水损失。

（2）临时用水管径计算。

供水管径是在计算总用水量的基础上按公式计算的。如果已知用水量，按规定设定水流速度，就可以进行计算。计算公式如下：

$$d = \sqrt{\frac{4Q}{\pi \times v \times 1000}}$$

式中　d——配水管直径（m）；

　　　Q——耗水量（L/s）；

　　　v——管网中水流速度（1.5～2m/s）。

3. 安全电压

洞内的供电线路，宜按动力、照明、电力起爆的不同需要，分开架设，并注意防水和绝缘的要求；洞内照明，应为安全低压电，保证洞室沿线和工作面的照明亮度。

安全电压是指为防止触电事故而采用的 50V 以下特定电源供电的电压系列，分为 42V、36V、24V、12V 和 6V 五个等级，根据不同的作业条件，可以选用不同的安全电压等级。

以下特殊场所必须采用安全电压照明供电：

①使用行灯，必须采用小于或等于 36V 的安全电压供电。

②隧道、人防工程、有高温、导电灰尘或距离地面高度低于 2.4m 的照明等场所，电源电压应不大于 36V。

③在潮湿和易触及带电体场所的照明电源电压，应不大于 24V。

④在特别潮湿的场所、导电良好的地面、锅炉或金属容器内工作的照明电源电压不得大于 12V。

4. 施工现场排水

洞内排水系统必须畅通，保证工作面和路面没有积水。

（1）大面积场地及地面坡度不大时：①在场地平整时，按向低洼地带或可泄水地带平整成缓坡，以便排出地表水。②场地四周设排水沟，分段设渗水井，以防止场地集水。

（2）大面积场地及地面坡度较大时：在场地四周设置主排水沟，并在场地范围内设置纵横向排水支沟,也可在下游设集水井,用水泵排出。

(3)大面积场地地面遇有山坡地段时:应在山坡底脚处挖截水沟,使地表水流入截水沟内排出场地外。

(4)基坑(槽)排水。

开挖底面低于地下水位的基坑(槽)时,地下水会不断渗入坑内。当雨期施工时,地表水也会流入基坑内。如果坑内积水不及时排走,不仅会使施工条件恶化,还会使土被水泡软后,造成边坡塌方和坑底承载能力下降。因此,为保安全生产,在基坑(槽)开挖前和开挖时,必须做好排水工作,保持土体干燥才能保障安全。

基坑(槽)的排水工作,应持续到基础工程施工完毕,并进行回填后才能停止。基坑的排水方法,可分为明排水和人工降低地下水位两种方法。

①明排水法。

a.雨期施工时,应在基坑四周或水的上游,开挖截水沟或修筑土堤,以防地表水流入坑槽内。

b.基坑(槽)开挖过程中,在坑底设置集水井,并沿坑底的周围或中央开挖排水沟,使水流入集水井中,然后用水泵抽走,抽出的水应予以引开,严防倒流。

c.四周排水沟及集水井应设置在基础范围以外,地下水走向的上游,并根据地下水量大小、基坑平面形状及水泵能力,每隔 20~40m 设置一个集水井。集水井的直径或宽度一般为0.6~0.8m,其深度随着挖土的加深而加深,随时保持低于挖土面 0.7~1.0m。井壁可用竹、木等进行简单加固。当基坑(槽)挖至设计标高后,井底应低于坑底1.2m,并铺设碎石滤水层,以避免在抽水时间较长时,将泥土抽出及防止井底的土被扰动。

明排水法由于设备简单和排水方便,所以采用较为普遍,但它只宜用于粗粒土层,因水流虽大,但土粒不致被抽出的水流带走,也可用于渗水量小的黏性土。当土为细砂和粉砂时,抽出的地下水流会带走细粒而发生流沙现象,造成边坡坍塌、坑底隆起、无法排水和难以施工,此时应改用人工降低地下水位的方法。

②人工降水。

人工降低地下水位,就是在开挖前,预先在基坑(槽)四周埋设一定数量的滤水管(井),利用抽水设备从中抽水,使地下水位降落到坑底以下;同时在基坑开挖过程中仍然继续不断地抽水,使所挖的土始终保持干燥状态,从根本上防止细砂和粉砂土产生流沙现象,改善挖土工作的条件;同时土内的水分排出后,边坡坡度可变动,以便减小挖土量。

人工降水的方法有轻型井点、喷射井点、管井井点、深井泵以及电渗井点等。具体采用何种方法,可根据土的渗透系数、降低水位的深度、工程特点及设备条件等确定,其中以轻型井点应用较广。

 工程案例学习

案例一

一、背景

某工程,建筑面积为 16122m²,占地面积为 4000m²。地下 1 层,地上 8 层。筏形基础,现浇混凝土框架—剪力墙结构,填充墙空心砌块隔墙。水源从现场北侧引入,要求保证施工生产、生活及消防用水。

二、问题

(1)施工用水系数 $K_1=1.15$,年混凝土浇筑量 $11639m^3$,施工用水定额 $2400L/m^3$,年持续有效工作日为 $150d$,两班作业,用水不均衡系数 $K_2=1.5$。要求计算现场施工用水。

(2)施工机械主要是混凝土搅拌机,共 4 台,包括混凝土输送泵的清洗用水、进出施工现场运输车辆冲洗等,用水定额平均 $N_2=300L/$台。未预计用水系数 $K_1=1.15$,施工不均衡系数 $K_3=2.0$,求施工机械用水量。

(3)设现场生活高峰人数 $P_1=350$ 人,施工现场生活用水定额 $N_3=40L/$班,施工现场生活用水不均衡系数 $K_4=1.5$,每天用水 2 个班。要求计算施工现场生活用水量。

(4)请根据现场占地面积设定消防用水量。

(5)计算总用水量。

三、分析与答案

(1)计算现场施工用水量:

$$q_1=K_1\sum\frac{Q_1\times N_1}{T_1\times t}\times\frac{K_2}{8\times3600}=1.15\times\frac{11639\times2400}{150\times2}\times\frac{1.5}{8\times3600}=5.577(L/s)$$

(2)求施工机械用水量:

$$q_2=K_1\sum Q_2N_2\times\frac{K_3}{8\times3600}=1.15\times4\times300\times\frac{2.0}{8\times3600}=0.0958(L/s)$$

(3)计算施工现场生活用水量:

$$q_3=\frac{P_1\times N_3\times K_4}{t\times8\times3600}=\frac{350\times40\times1.5}{2\times8\times3600}=0.365(L/s)$$

(4)设定消防用水量:

由于施工占地面积远远小于 $250000m^2$,故按最小消防用水量选用,为 $q_5=10L/s$。

(5)总用水量确定:

$q_1+q_2+q_3=5.577+0.0958+0.365=6.0378<q_5$,故总用水量按消防用水量考虑,即总用水量 $Q=q_5=10L/s$。若考虑 10%的漏水损失,则总用水量 $Q=(1+10\%)\times10=11(L/s)$。

案例二

一、背景

某项目经理部施工的某机械加工车间,位于城市的远郊区,结构为单层排架结构厂房,钢筋混凝土独立基础,建筑面积为 $5500m^2$。总用水量为 $12L/s$,水管中水的流速为 $1.5m/s$。干管采用钢管,埋入地下 $800mm$ 处,每 $30m$ 设一个接头供接支管使用。

二、问题

(1)计算本供水管径。

(2)按经验选用支管的管径。

三、分析与答案

(1)供水管径计算如下:

$$d=\sqrt{\frac{4Q}{\pi\times v\times1000}}=\frac{4\times12}{3.14\times1.5\times1000}=0.101(m)$$

按钢管管径规定系列选用,最靠近 $101mm$ 的规格是 $100mm$,故本工程临时给水干管选用 $\phi100mm$ 管径。

按经验,支管可选用 $40mm$ 管径。

思考题

1. 试述平洞的施工程序。
2. 试述地下厂房的施工程序。
3. 试述竖井和斜井的施工程序。
4. 掘进机的优点有哪些?
5. 隧洞衬砌的施工要求有哪些?
6. 喷锚支护的原理及优点是什么?
7. 地下工程施工辅助作业有哪些? 有什么必要性?

情景六

土石坝工程

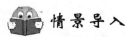 **情景导入**

　　某土石坝工程,坝高55m,采用黏土心墙坝。则对于该工程,如何进行选料、处理、碾压和修护? 另外,坝体土料分别处于雨季和旱季时,对于黏性土和非黏性土如何分别进行处理? 控制标准、碾压机械和压实参数又有哪些不同?

　　本部分内容主要从一般碾压式土石坝的料场勘察、使用,坝料的开采、运输,坝体填筑以及施工质量控制等几个方面进行详细论述,同时又对混凝土面板堆石坝的施工以及土石坝的季节施工进行了介绍,让大家对土石坝工程有一个更为详细的认识和理解。

模块一　概述

　　土石坝是利用坝址附近的土石料填筑,经过抛填、辗压等方法堆筑成的挡水建筑物,亦称当地材料坝。

　　当坝体材料以土和沙砾为主时,称土坝;以石渣、卵石、爆破石料为主时,称堆石坝;当两类当地材料均占相当比例时,称土石混合坝。土石坝是历史最为悠久的一种坝型。近代的土石坝筑坝技术自20世纪50年代以后得到发展,并促成了一批高坝的建设。目前,土石坝是世界大坝工程建设中应用最为广泛和发展最快的一种坝型。

一、分类

　　土石坝常按坝高、施工方法或筑坝材料分类。

　　1.按坝高分

　　土石坝有高中低之分。土石坝按坝高可分为低坝、中坝和高坝。高度在30m以下的为低坝;高度在30～70m之间的为中坝;高度超过70m的为高坝。

　　2.按施工方法分

　　土石坝按其施工方法可分为:干填碾压(碾压式)、水中填土、水力冲填(包括水坠坝)和定向爆破修筑等类型。其中,碾压式土石坝最为普遍,因此本书主要介绍碾压土石坝的施工方法和要求。

　　3.按筑坝材料分

　　按照土料在坝身内的配置和防渗体所用的材料种类,碾压式土石坝可分为以下几种主要类型:

（1）均质坝。坝体断面不分防渗体和坝壳，基本上是由均一的黏性土料（壤土、沙壤土）筑成。如图6-1所示。

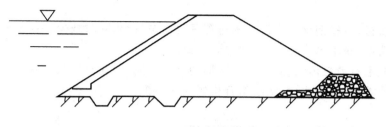

图6-1　均质坝示意图

（2）土质防渗体分区坝。即用透水性较大的土料作坝的主体，用透水性极小的黏土作防渗体的坝，包括黏土心墙坝和黏土斜墙坝。防渗体设在坝体中央或稍向上游且略为倾斜的称为黏土心墙坝。防渗体设在坝体上游部位且倾斜的称为黏土斜墙坝，是高、中坝中最常用的坝型。如图6-2所示。

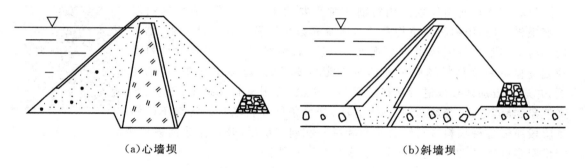

（a）心墙坝　　　　　　　　　　　　　（b）斜墙坝

图6-2　土质心墙坝示意图

（3）非土料防渗体坝。防渗体是由沥青混凝土、钢筋混凝土或其他人工材料建成的坝。按其位置也可分为心墙坝和面板坝。如图6-3所示。

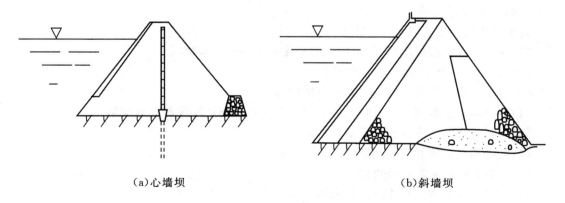

（a）心墙坝　　　　　　　　　　　　　（b）斜墙坝

图6-3　非土料防渗体示意图

二、优缺点

1.优点

(1)就地取材,节省钢材、水泥、木材等重要建筑材料,同时减少了筑坝材料的远途运输。

(2)结构简单,便于维修和加高、扩建。

(3)坝身是土石散粒体结构,有适应变形的良好性能,因此对地基的要求低。

(4)施工技术简单,工序少,便于组合机械快速施工。

2.缺点

(1)坝身不能溢流,施工导流不如混凝土坝方便。

(2)黏性土料的填筑受气候等条件影响较大,影响工期。

(3)坝身需定期维护,增加了运行管理费用。

模块二　料场复查与使用规划

料场复查与使用规划是用料前非常重要的工作。首先,应根据料场勘察报告、可利用枢纽建筑物开挖料质量和数量以及坝料设计要求,结合现场施工实际进行料场复查与规划。其次,若料场复查成果与设计料源规划资料不一致且料场质量和储量不满足要求时,应提出料源、料场变更,并进行级别详查或进行新料场勘察。再次,应根据料场地形、地质、水文气象、导流方式、交通道路、施工方法、开采条件和料场特性等对不同施工阶段所需各种坝料进行综合平衡和统一规划。最后,开采作业面数量应满足大坝连续上升的供料强度需求,并应合理布置挖、运机械运行线路。

一、料场复查

料场复查一般是在确定的开采范围内进行复查工作,首先对料场进行原始地形测绘,绘制地形图,然后进行复查工作。

1.物料复查的内容

料场复查的内容有以下几个方面:

(1)覆盖层或剥离层厚度、料层的地质变化及夹层的分布情况;

(2)坝料分布、开采、加工机运输条件;

(3)料场的水文地质条件与汛期水位的管理;

(4)料场的开采范围、占地面积、弃料数量以及可用料层厚度和有效储量;

(5)坝料的物理力学性质及压实特性;

(6)料场地质灾害和环境问题的调查和分析。

2.不同料场重点复查的内容

对于不同料场,重点复查的内容有所不同。

(1)黏性土、砾质土应重点复查天然含水率及其变化情况、颗粒组成等。上料黏粒、砾石含量偏大或含水率偏高时,宜补充针对施工性能的现场做碾压试验。

(2)软岩、风化料场应重点复查风化土层岩性变化情况,以核查其作为防渗体或坝壳料的适宜性，通过料场范围复查确定风化的可采深度。宜分层取样与沿不同深度混合取样，测定其在标准击实功能下的级配、小于 5mm 的含量、最大干密度、最优含水率、渗透系数等，并通过现场碾压试验加以验证。

（3）石料场应重点复查坡积物、覆盖层厚度、岩性、不利结构的组合（包括断层、节理、层理和软弱夹层等）、分布范围、强风化厚度及开采运输条件等。

（4）沙砾料场应重点复查级配、淤泥和细砂夹层、覆盖层厚度、水上与水下可开采厚度等。

同时，还应根据料源可能填筑顺序，在填筑前完成枢纽建筑物开挖利用料的工程特性、分布、运输及堆存回采条件以及有效挖方利用率等的复查或补充调查工作。

最后，料场复查完毕，还需做一个料场复查专题报告，内容主要包括料场地形图、试坑与钻孔平面图、地质剖面图、含水率及地下水位说明、试验分析成果、有效开采面积及可开采数量计算成果、所有可使用料的使用说明、不适用料的处理方法、开采运输条件等。

二、料场规划

料场规划时应满足施工方便、开采经济、质量合格、供料平衡以及符合施工阶段填筑部位的要求。

1.料场规划的原则

料场规划一般遵循以下原则：

（1）就地、就近取材的原则。优先选用距坝区较近、采运条件较好、覆盖层剥离量较小、施工干扰较小的料场，尽可能做到高料高用，低料低用，避免横穿坝体和交叉运输。

（2）少占耕地并充分利用代替料原则。应充分利用符合质量要求的水工建筑物基岩开挖的石渣，并尽可能使其直接上坝或堆存、加工后上坝。

（3）料源充足并有储备原则。规划料场实际可开采总量，需考虑勘察精度、料的天然与压实密度差值，开采、加工、运输以及坝面清理、返工和削坡等的损失，并按有关规定留有足够的储备。

（4）选择确定主料场的原则。选择场地宽阔、料层厚、储量集中、质量好的大料场作为施工的主料场，其他料场配合使用，并考虑一定数量的备用料场。

（5）料场使用程序原则。有计划地保留部分近料场，供施工高峰时段使用。

2.料场规划的基本内容

土石坝是一种充分利用当地材料的坝型。土石坝用料很大，在选址阶段需要对土石料场全面调查，施工前配合施工组织设计，要对料场作深入勘察，并从空间、时间、质与量诸方面进行全面规划。

（1）空间规划。

空间规划，是指对料场的空间位置、高程进行恰当选择，合理布置。

土石料场应尽可能靠近大坝。高程上有利于重车下坡，以减少运输机械功率的消耗。近料场不应因取料影响坝的防渗稳定和上坝运输，也不应使道路坡度过陡引起运输事故。坝的上下游、左右岸最好都有料场，以利于各个方向同时向大坝供料，减少施工干扰，保证坝体均衡上升。用料时，原则上低料低用、高料高用，当高料场储量有富裕时，亦可高料低用。同时，料场的位置应有利于布置开采设备、交通及排水通畅。对石料厂尚应考虑与重要建筑物、构筑物、机械设备等保持足够的防爆、防震安全距离。

（2）时间规划。

时间规划，是指料场的选择要考虑施工强度、季节和坝前水位的变化。在用料规划上力求做到近料和上游易淹的料场先用，远料和下游不易淹的料场后用；含水量高的料场旱季用，含水量低的料场雨季用。上坝强度高时充分利用运距近、开采条件好的料场，上坝强度低时利用运距远的料场，以平衡运输任务。在料场使用计划中，还应保留一部分近料场供合拢段填筑和拦洪度汛施工高峰时使用。

（3）质的规划。

料场质的规划，是指对料场的质量进行合理规划。在选择规划和使用料场时，应对料场的地质成因、产状、埋深、储量以及各种物理力学性能指标进行全面勘探试验。勘探精度应随设计深度加深而提高。

（4）量的规划。

料场量的规划，是指对料场的储料量进行合理规划。

在施工组织设计中，进行用料规划，不仅应使料场的总储量满足坝体总方量的要求，而且应满足施工各个阶段最大上坝强度的要求。对主要料场和备用料场的情况也应进行综合考虑。主要料场，是指质量好、储量大、运距近的料场，且可常年开采；备用料场，是指在淹没范围以外，当主要料场被淹没或因库区水位抬高而导致土料过湿或其他原因不能使用时，在备用料场取料，保证坝体填筑正常进行的料场。同时，应考虑到开采自然方与上坝压实方的差异，杂物和不合格土料的剔除，开挖、运输、填筑、削坡、施工道路和废料占地不能开采以及其他可能产生的损耗。

此外，为了降低工程成本，提高经济效益，料场规划时应充分考虑利用永久水工建筑物和临时建筑物的开挖料作为大坝填筑用料。如建筑物的基础开挖时间与上坝填筑时间不相吻合时，则应考虑安排必要的堆料场地储备开挖料。

3. 料场规划的基本要求

（1）料场规划应考虑充分利用永久和临时建筑物基础开挖的渣料。通过增加必要的施工技术组织措施等，确保渣料的充分利用。

（2）料场规划应对主要料场和备用料场分别加以考虑。前者要求质好、量大、运距近，且有利于常年开采；后者通常在淹没区外，当前者被淹没或因库区水位抬高，土料过湿或其他原因中断使用时，则用备用料场保证坝体填筑不致中断。

（3）在规划料场实际可开采总量时，应考虑料场查勘的精度、料场天然密度与坝体压实密度的差异，以及开挖运输、坝面清理、返工削坡等的损失。实际可开采总量与坝体填筑量之比一般为：土料 2～2.5；沙砾料 1.5～2；水下沙砾料 2～3；石料 1.5～2。反滤料应根据筛后有效方量确定，一般不宜小于 3。另外，料场选择还应与施工总体布置结合考虑，应根据运输方式、强度来研究运输线路的规划和装料面的布置。整个场地规划还应排水通畅，全面考虑出料、堆料、弃料的位置，力求避免干扰以加快采运速度。

（4）对因特殊原因需要一次性备存到位的材料，需要考虑工程实际条件。

加工工艺、施工运转、坝面作业等的损失，需保证一定的备料系数。高塑性黏土、土料、反滤料或垫层料存在备存、转运或再加工的损失，需要在备料时统一考虑。备料系数应按照工况具体确定。

经统计，高塑性黏土注水法加水时施工损耗为 6%～8%，坝面施工损耗为 10%～12%，转运一次损耗为 3％～5％,翻晒和平铺洒水法加水时施工损耗在 10％以上。一般情况下,高塑性黏土的施工损耗按照 15％～25％考虑。

(5)根据总体布置要求,在料场内布置施工场地,修建临时施工便道和临时性建筑时,其施工便道应按料场分期开采高程与场内交通干线道路相衔接,修建的临时性建筑物应不影响料场后续使用。料场临时便道道路纵坡一般不宜大于 8％,特殊部位的个别短距离地段最大纵坡不得超过 15％;最小转变半径不得小于 15m;路面宽度不得小于施工车辆宽度的 1.5 倍,且双车道路面宽度不宜窄于 7m,单车道不宜窄于 4m,单车道应在可视范围内设有会车位置等。

模块三　坝料开采与运输

一、坝料开采

1.坝料开采措施计划

料场复查与规划之后,在坝料开采之前应编制坝料开采措施计划。

坝料开采措施计划内容应包括:

①料场施工总体布置,包括料场分区、道路布置、辅助系统、排水系统、坝料堆存等布置;

②分区开采方法与程序,开采进度与平衡计划;

③爆破法作业方法及主要参数;

④分级储存与堆放措施;

⑤不合格料的处理方法;

⑥开采与挖装运设备;

⑦辅助设施及配置计划;

⑧劳动力投入及材料供应计划;

⑨质量检查与质量保证和安全生产、安全防护与环境保护;

⑩施工组织与管理等。

由于石坝的特点,不同部位的坝料要求指标不一样,而通过复核填筑指标、优化坝体结构及分区,可以将部分无用料填筑至设计指标较低的部位,达到利用和节约投资的目的,而且也不会降低坝体安全。

对不良地质条件料场而言,剥采比一般非常高,如某工程,主堆石料场剥采比接近 1:1。而新辟堆石料场开采条件较好,剥采比也达到了 1:3。无用料往往与有用料交错分布,剔除方案也是必须要考虑的因素,而无用料的转运、堆存、防护均是必须重点考虑的问题。

2.无用料的处理方式

根据有关资料,无用料的处理方式主要有以下几种:

①就地堆存;

②转运堆存;

③重新复核坝体指标,将部分无用料填至技术要求较低的部位;

④通过对料质的分析和论证,改为其他填筑料进行施工。

施工首选就地堆存处理,但由于不良地质条件下无用料较多,为防止造成泥石流等环境灾害问题,往往需设导水建筑物(如暗渠)和较高的防护挡墙,同时由于料场开采存在安全隐患需要防护施工,其费用不低。转运堆存,相对于就地堆存,增加了二次转送和卸料工序,需要场地,应结合工程布置,尽量将其用于工程上,否则增加的费用也是不小的数目。实际上,有许多工程新开辟料场的地质情况并不比原推荐料场好,只是在工程开工后,根据实际情况对指标进行了调整,新开辟料场的坝料才能满足坝体填筑要求,而开采条件较原推荐的料场略优而已。

四川凉山州瓦都水库维行料场开工后挖出大片风化岩,不能满足堆石料要求,后经论证,将其填筑到大坝下游干燥区,从而加快了施工进度,降低了工程造价,也解决了料场无用料的处理问题。

在料场复勘及开挖中,揭露出挤压破碎带等无用料,可通过试验论证将其作为筑坝材料加以综合利用,提高料场综合使用价值。

在四川攀枝花米易县晃桥水库施工中,在堆石料场发现有宽约45m的挤压破碎带,通过对破碎带的个面研究论证,破碎带石渣可满足工程反滤过渡料要求,确定其取代原设计采用人工破碎反滤过渡料。破碎带石渣单价约为人工破碎料的1/4,因此节省了资金,并且解决了大量无用料的处理问题。

3. 坝料开采应注意的问题

在开采过程中要注意以下问题:

①开采面的划分应与料场施工条件及填筑强度相适应,必要时,还应划定供调节使用的备用工作面。

②应根据坝料质量和使用情况在开采过程中及时对料场开采区进行调整。当发生重大变更时,应对料场重新规划。

③枢纽建筑物开挖利用料应采用合理的爆破及装运方法。

④坝料堆存场宜选择在距坝面较近交通方便的区域,周围宜设置泄洪、排水措施及防污染的隔离防护设施,人工备存料宜采取防雨、防雪、防尘、防蒸发、防冻等措施。

⑤人工制备料堆存前应检验合格,堆行过程中应防止成品料分离,分离料应处理合格后使用;对上料要选择合适的卸料及堆存方式。

⑥堆存料应标明编号、规格、数量、检验结果以及拟铺筑的工程部位。必要时,需设置专人进行现场管理。

⑦上砂料场开采结束后,应做好水土保持和环境保护工作,石料场应根据情况对危岩进行处理。

4. 坝料开采前应做的工作

在坝料开采之前应做好下列工作:

①划定料场的边界线并埋设界桩。

②清除树根、乱石及妨碍施工的所有障碍物。

③分区、分期清除无用层。

④设置截水沟、排水沟,排除料区积水。

⑤修好通往各采区的道路。

5. 不同土料开采的要求

(1)土料开采。

土料开采主要分为立面开采及平面开采。一般情况下,料层较厚而上下层土料不均匀时,宜采用立面开采;砾质土或坡、残积风化料宜斜面与立面结合混合开采。土料天然含水率接近或小于控制含水率下限时,宜采用立面开挖;天然含水率偏大,宜采用平面开挖,分层取土。其施工特点及适用条件见表 6-1。

表 6-1 土料开采方式比较表

开采方式	立面开采	平面开采
料场条件	土层较厚,料层分布不均	地形平坦,适应薄层开挖
含水率	损失小	损失大,适用于有降低含水率要求的土料
冬期施工	土温散失小	土温易散失,不宜在负温下施工
雨期施工	不利因素影响小	不利因素影响大
适用机械	正铲、反铲、装载机	推土机、铲运机或推土机配合装载机

(2)沙砾料开采。

沙砾料(含反滤料)开采施工特点及适用条件见表 6-2。

表 6-2 沙砾料开采方式比较表

开采方式	水上开采	水下开采
料场条件	阶地或水上沙砾料	水下沙砾料无坚硬胶结或大漂石
冬期施工	不影响	若结冰厚,不宜施工
雨期施工	一般不影响	要有安全措施,汛期一般停产
适用机械	正铲、反铲、推土机	采砂船、索铲、反铲

(3)防渗料开采应符合下列要求:

①应布置截水沟和排水沟,并应保持排水系统通畅。

②低温施工应选用含水率较低的料场,宜立面开采,工作面宜避风向阳,必要时可采取备料措施。

③雨季施工应选用含水率较低的料场,或提前储备合格土料。

④应根据开采运输条件和天气等因素对料场开采与坝面填筑含水率定期观测,并做适当调整。

(4)石料开采。

用作坝体的堆石料多采用深孔梯段微差爆破,这种方式也可以很好地进行级配控制。一定条件下,用洞室爆破也可获取合格的堆石料,并能加快施工进度。用作护坡及排水棱体的块石料,块体尺寸要求较高,且数量一般不大,多用浅孔爆破法开采,也有从一般爆破堆石料(侧重获取大块料进行爆破设计)筛分取得。开采过程中应符合下列要求:

①在爆破设计审批后进行,工作面数量、强度及储存料的调剂应满足上坝强度要求。

②岩性和风化程度不同的岩体宜分区开采,用于符合要求的坝体填筑部位。

③宜采用深孔梯段微差爆破或挤压爆破方法,自上而下、分层台阶开采;应根据钻孔和装料设备性能,经试验确定梯段高度,在 7m~15m 范围内选定。梯段布置应和马道设置匹配,在地形、地质和安全条件允许的情况下,亦可采用洞室爆破。

④宜优先采用非电导爆管网络技术,具备条件时可使用乳化炸药混装技术。

⑤石料质量应符合技术要求,开采过程中需要调整爆破参数;应按要求处理集中的软弱颗

粒,超径石宜在料场处理。

⑥应保持开挖边坡稳定,永久边坡应采用光面爆破或预裂爆破,不安全边坡应采取工程措施加固。

二、坝料加工

坝料开采后运输之前,还需要对坝料进行加工,主要包括土、石料含水率与级配的调整,反滤料、过渡料、排水料、垫层料等的制备和加工。

人工制备料宜采用破碎、筛分、掺配等工艺加工。备料过程中应严格遵循工艺流程进行生产;生产场地基、排水系统应正常有效,应采取必要的防水、防尘、保温措施。选择掺和工艺时,应简单可行、设备通用、费用低廉,可优先选用平铺立采法。

防渗土料与其他坝料不一样,对含水率非常敏感。对于土石坝,防渗土料的质量和储量有其特殊的地方,也是所有坝料中最受重视的,设计所做的勘察相对于其他坝料来说也非常详细,质量及储量一般出入不大,但其含水率往往与最优含水率有差距,故存在含水率调整的问题。若防渗土料含水率偏低,可采用坝面洒水或料场加水等措施对土料进行调整,含水率偏高时可采用翻晒、掺料等措施,应根据工艺试验成果确定含水率调整方法。例如,长河坝工程大坝碾压试验表明,上料含水率偏离设计要求填筑范围时,其偏离(偏高、偏低)对土料碾压效果存在的影响为40%左右。

对于所有坝料,均存在着级配问题。一般来说,堆石料主要是通过控制爆破参数进行级配控制,相对较为简单;防渗土料的级配由料本身性质确定,调整一般是剔除最大粒径和掺和粗、细料问题,加工工艺也不复杂;而作为反滤料、过渡料的砂石料级配关系到坝体的安全,需要进行人工破碎制备或天然砂石料进行级配调整,制备工艺及设备配置都较为复杂。根据反滤料既达到"滤"又达到"排水"的目的,级配需既满足 $D_{15}/d_{85} \leqslant 4 \sim 5$ 的条件,又满足 $D_{15}/d_{15} \geqslant 5$ 的条件,一般均将天然砂石料通过筛分系统筛分、冲洗甚至必要的破碎等加工生产而成,费用较经济。不具备合格条件的天然砂石料,可人工破碎石料制备反滤料。

三、坝料运输

坝料运输可以只采用运输机械,也可以采用挖装运组合机械。

1. 运输机械

运输机械有循环式和连续式两种。

①循环式运输机械有有轨机车和汽车。一般工程自卸汽车的吨位是
10～35t,汽车吨位大小应根据需要并结合道路桥梁条件来考虑。

②连续运输机械最常用的是带式运输机。

根据有无行驶装置,带式运输机分为移动式和固定式两种。前者多用于短程运输和散体材料的装卸堆存,后者多用于长距离运输。

带式运输机运行时驱动轮带动皮带连续运转。为防止皮带松弛下垂,在机架端部设有张紧鼓轮。沿机架设有上下托辊避免皮带下垂。为保证运输途中卸料,沿机架同时设有卸料小车,卸料小车沿机架上的轨道移到卸料位置卸料。

带式运输机的皮带有金属带和橡胶带,常用的是后者。带宽一般为 800～1200mm,最大带宽 1800mm,最大运行速度 240m/min,最大小时生产率达 12000t/h。这种运输设备不受地

形限制,结构简单,运行方便灵活,生产率很高。

2.挖装运组合机械

挖装运组合机械主要有推土机和铲运机,装运结合的机械则有装载机。

四、施工机械的配置方法

土石坝工程的施工,一般有多种方案可供选择。在拟定施工方案时,应首先选用基本工作的主要设备。即按照施工条件、工程进度和工作面的参数选择主要机械,然后根据主要机械的生产能力和性能选用配套机械。选择施工机械时,可参考类似工程的施工经验和有关机械手册。常用土方施工机械的经济运距如下:

(1)履带式推土机的推运距离为15～30m时,可获得最大的生产率。大型推土机的推运距离不宜超过100m。

(2)轮胎装载机用来挖掘和特殊情况下作短距离运输时,其运距一般不超过100～150m;而履带式装载机不超过100m。

(3)牵引式铲运机的经济运距一般为300m;自行式铲运机的经济运距与道路坡度大小、机械性能有关,一般为200～300m。

(4)自卸汽车在运距方面的适应性较强。

对于防渗涂料应保持其运输与开采、卸料、铺料等工序时间上的衔接,运输应采取防雨、防晒措施,而反滤料应控制卸料高度。

模块四　坝体填筑

一、碾压试验

1.试验目的

①复核设计要求及填筑标准的合理性;

②确定达到设计填筑标准的最佳压实方法(包括压实机械类型、机械参数、施工参数等)。

③研究填筑工艺。

2.压实机械

压实机械分为静压碾压、振动碾压、夯击三种基本类型。其中静压碾压设备有羊脚碾(在压实过程中,对表层土有翻松作用,无须刨毛就可以保证土料良好的层间结合)、气胎碾等;夯击设备有夯板、强夯机等。

静压碾压的作用力是静压力,其大小不随作用时间而变化,如图6-4(a)所示。

夯击的作用力为瞬时动力,有瞬时脉冲作用,其大小随时间和落高而变化,如图6-4(b)所示。

振动的作用力为周期性的重复动力,其大小随时间呈周期性变化,振动周期的长短,随振动频率的大小而变化,如图6-4(c)所示。振动碾压与静压碾压相比,具有重量轻、体积小、碾压遍数少、深度大、效率高的优点。

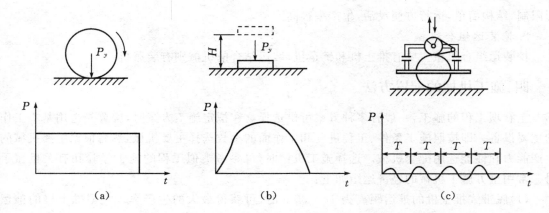

图 6-4　土料压实作用外力示意图

3.填筑标准

（1）黏性土的填筑标准。

含砾和不含砾的黏性土的填筑标准应以压实度和最优含水率作为设计控制指标。设计最大干密度应以击实最大干密度乘以压实度求得。

1 级坝、2 级坝和高坝的压实度应为 98%～100%，3 级中低坝及 3 级以下的中坝压实度应为 96%～98%。设计地震烈度为 8 度、9 度的地区，宜取上述规定的大值。

（2）非黏性土的填筑标准。

砂砾石和砂的填筑标准应以相对密度为设计控制指标。砂砾石的相对密度不应低于 0.75，砂的相对密度不应低于 0.7，反滤料宜为 0.7。

4.压实参数的确定

①土料填筑压实参数主要包括碾压机具的重量、含水量、碾压遍数及铺土厚度等，对于振动碾还应包括振动频率及行走速率等。

②黏性土料压实含水量可取 $w_1 = w_p + 2\%$、$w_2 = w_p$、$w_3 = w_p - 2\%$ 三种进行试验。w_p 为土料塑限。

③选取试验铺土厚度和碾压遍数，并测定相应的含水量和干密度，做出对应的关系曲线（见图 6-5），再按铺土厚度、压实遍数和最优含水量、最大干密度进行整理并绘制相应的曲线（见图 6-6），根据设计干密度 ρ_d，从曲线上分别查出不同铺土厚度所对应的压实遍数和对应的最优含水量。最后再分别计算单位压实遍数的压实厚度进行比较，以单位压实遍数的压实厚度最大者为最经济、合理。

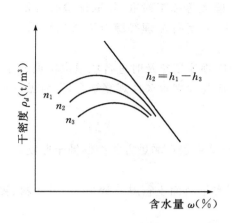

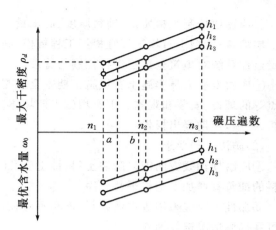

图6-5 不同铺土厚度、压实遍数土料含水量和干密度关系曲线

图6-6 铺土厚度、压实遍数、最优含水量、最大干密度的关系曲线

④对非黏性土料的试验,只需作铺土厚度、压实遍数和干密度 ρ_d 的关系曲线,据此便可得到与不同铺土厚度对应的压实遍数,根据试验结果选择现场施工的压实参数。

二、坝体填筑

坝体填筑应在坝基、岸坡及隐蔽工程验收合格后进行,根据施工方法、施工条件及土石料性质的不同,坝面施工程序包括铺料、整平、洒水、压实(对于黏性土料采用平碾,压实后尚需刨毛以保证层间结合的质量)、质检等工序。为了不使各工序之间相互干扰,可按流水作业进行组织,均衡上升。

1.铺料与整平

铺料宜平行坝轴线进行,铺土厚度要匀,超径不合格的料块应打碎,杂物应剔除。进入防渗体内铺料,自卸汽车卸料宜用进占法倒退铺土,使汽车始终在松土上行驶,避免在压实土层上开行,造成超压,引起剪力破坏。汽车穿越反滤层进入防渗体,容易将反滤料带入防渗体内,造成防渗土料与反滤料混杂,影响坝体质量。

按设计厚度铺料整平是保证压实质量的关键。一般采用带式运输机或自卸汽车上坝卸料,采用推土机或平土机散料平土。

黏性土料含水量偏低,主要应在料场加水,若需在坝面加水,应力求"少、勤、匀",以保证压实效果。对非黏性土料,为防止运输过程脱水过量,加水工作主要在坝面进行。石渣料和沙砾料压实前应充分加水,确保压实质量。

对于汽车上坝或光面压实机具压实的土层,应刨毛处理,以利层间结合。通常刨毛深度3~5cm,可用推土机改装的刨毛机刨毛,工效高、质量好。

2.填筑要求

(1)基本要求。

①应保证防渗体和反滤层的有效厚度;同一填筑区域内建基面不平时,防渗体应从低处开始填筑。不影响行洪的坝体部位可先行填筑,横向接坡坡度应符合设计要求。斜墙和心墙内不应留有纵向接缝,严禁在反滤层内设置纵缝。

②应逐层控制填料质量、铺料厚度、洒水量、碾压遍数等施工参数,经取样检查合格后,进行下层填筑;大型土石坝工程宜根据工程规模、施工工期、运行管理等综合因素确定采用实时质量监控系统对填筑全过程进行控制与管理。

③应由专职人员实施土石坝施工期安全监测,应随坝体填筑及时进行坝面位移观测标点、基点等的埋设、安装和观测。土石坝施工期坝体监测应与大坝永久性观测结合,及时做好资料分析、整编,定期提出报告。

(2)防渗土料要求。

①应沿坝轴线方向铺筑防渗土料,铺土应及时,宜采用定点测量方式控制铺土厚度。防渗土料的铺筑宜增加平地机平整工序。

②黏性土料应采用进占法卸料,汽车不应在已压实土料面上行驶。碎(砾)、风化料、掺和土可视具体情况选择铺料方式。

③当气候干燥、土层表面水分蒸发较快时,铺料前应适当洒水湿润压实土表面,严禁在其干燥状态下铺填新土。已压实表面形成光面的中高坝或窄心墙防渗体,铺土前应洒水湿润并将光面刨毛,对低坝洒水湿润即可。

④防渗体土料宜采用凸块振动碾压实。碾压应沿坝轴线方向进行。如特殊部位只能垂直坝轴线方向碾压时,铺料和碾压应现场监控,不得超厚、漏压或欠压。

⑤防渗体分段碾压时,相邻两段交接带碾迹应彼此搭接,垂直碾压方向搭接带宽度应为0.3~0.5m,平行碾压方向搭接带宽度应为1~1.5m。

⑥防渗体填筑过程中出现"弹簧土"现象、层间光面、松土层、干土层、粗粒富集层或剪切破坏等,应处理合格后铺填新土。

⑦防渗体的铺筑应连续作业,如因故需短时间停工,其表面土层应洒水湿润,保持含水率在控制范围之内。如需长时间停工,则应铺设保护层,复工时予以清除。

⑧防渗体及反滤层填筑面上散落的松土、杂物应于铺料前清除。

⑨穿越防渗体部位道路应经常更换位置,不同填筑层道路应错开布置,对超压土体应予以处理。

⑩心墙应同上下游反滤料及部分坝壳料平起填筑,骑缝碾压,宜采用先填反滤料后填土料的平起填筑法施工。斜墙宜与下游反滤料及部分坝壳料平起填筑,也可滞后于坝壳料填筑,但需预留斜墙、反滤料和部分坝壳料的施工场地,且已填筑坝壳料必须削坡至合格面。

(3)反滤料要求。

①反滤料的材质、级配、不均匀系数、含泥量及其铺筑位置和有效宽度应符合设计要求。

②反滤料加工生产过程中应随机抽检并及时调整其级配,经检验合格后方可使用。

③地基处理验收合格后,回填第一层反滤料。

④反滤料宜在挖装前洒水,保持湿润,挖装和铺筑过程中应避免反滤料颗粒分离,防其他杂物混入。

⑤反滤料铺筑应严格控制铺料厚度。

⑥与反滤料接触的过渡料的级配应符合设计要求,两者交界处超径石应清除。

⑦对已碾压合格的反滤层应做好防护,一旦发生土料混杂,应即时清除。

⑧反滤料宜采用自行式振动碾压实,压实过程中应和与其相邻的防渗料、过渡料骑缝碾压起压实。

⑨反滤层横向接坡必须清至合格面,使接坡反滤料层次清楚,不应发生层间错位、中断和混杂。

(4)坝壳料要求。

①坝壳料宜采用进占法卸料,推土机应及时平料,铺料厚度误差不宜超过碾压试验确定层厚的10%。坝壳料与岸坡及刚性建筑物的结合部位,宜回填1.50~2.50m宽过渡料。

②超径宜在石料场采用机械或爆破解小,填筑面上不应出现块石超径、集中和架空现象。

③坝壳料应用振动平碾压实,与岸坡结合处2.00m宽范围内宜采用垂直坝轴线方向碾压,不易压实的边角部位应减薄铺料厚度,用轻型振动碾压实或用平板振动器或其他压实机械压实。

④堆石料宜边填筑,边整坡、护坡。

⑤沥青混凝土面板坝上游坡面设置有反滤料、过波料或垫层料,削坡时应预留坡面碾压沉降量。应及时削坡、碾压并人工整平后及时喷涂乳化沥青或稀释沥青。

(5)接缝要求。

①心墙和斜墙内不应留有纵向接缝。

②防渗体及均质坝的横向接坡不宜陡于1∶3,需采用更陡接坡时,应论证后实施。

③随坝体填筑上升,接缝应陆续削坡全合格面后回填。

④防渗体及均质坝的接缝削坡取样检查合格后,应边洒水、边刨毛、边铺料压实,并宜控制其含水率为施工含水率的上限。

⑤沙砾料、堆石及其他无黏性坝壳料纵、横向接合部位,宜采用台阶收坡法,每层台阶宽度不小于1m。当不采用台阶收坡法时,则接坡坡度应不陡于稳定边坡,并削坡全合格后接坡。

(6)结合部位处理。

必须重视防渗体与坝基、两岸岸坡、溢洪道边墙、坝基廊道、坝下埋管、混凝土齿墙及复合土工膜等结合部位的填筑。

铺盖在坝体内与心墙或斜墙连接的部分,应与心墙或斜墙同时填筑。坝外铺盖的填筑,应于库内充水前完成。

防渗体与混凝土齿墙、坝下埋管、坝基廊道、混凝土防渗墙两侧及顶部一定宽度和高度内土料填宜选用黏性土,且含水率应调整至施工含水率上限,采用轻型碾压机械压实,两侧填土应保持均衡上升。

防渗体与岸坡结合带的填土宜选用黏性上,其含水率应调整至施工含水率上限,选用轻型碾压机具薄层压实,局部压不到的边角部位可使用小型机具压实,严禁漏压或欠压。

层与层之间的分段接头应错开一定距离,同时分段条带应与坝轴线平行布置,各分段之间不应形成过大的高差。接坡坡比一般缓于1∶3。为了保护黏土心墙或黏土斜墙不致长时间暴露在大气中遭受影响,一般都采用土、砂平起的施工方法。土、砂平起填筑,采用两种施工方法:一种是先土后砂法,即先填土料后填沙砾反滤料;另一种是先砂后土法,即先填沙砾反滤料后填土料。对于坝身与混凝土结构物(如涵管、刺墙等)的连接,靠近混凝土结构物部位不能采用大型机械压实时,可采用小型机械夯实或人工夯实,填土压实时,要注意混凝土结构物两侧均衡填料压实,以免对其产生过大的侧向压力,影响其安全。

3. 碾压

碾压方式主要取决于碾压机械的开行方式。碾压机械的开行方式通常有进退错距法和圈转套压法两种。

（1）进退错距法。

进退错距法操作简便，碾压、铺土和质检等工序协调，便于分段流水作业，压实质量容易保证，其开行方式如图6-7(a)所示。用这种开行方式，为避免漏压，可在碾压带的两侧来往复压够遍数后，再进行错距碾压。错距宽度b(m)按下式计算：

$$b = B/n$$

式中　B——碾滚净宽(m)；

　　　n——设计碾压遍数。

（2）圈转套压法。

圈转套压法要求开行的工作面较大，适合于多碾滚组合碾压。其优点是生产效率较高，但碾压中转弯套压交接处重压过多，易超压。当转弯半径小时，容易引起土层扭曲，产生剪力破坏，在转弯的四角容易漏压，质量难以保证，其开行方式如图6-7(b)所示。

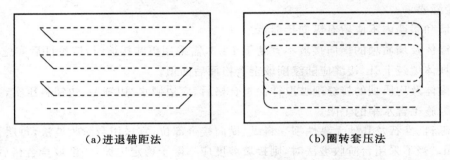

（a）进退错距法　　　　　　　　（b）圈转套压法

图6-7　碾压机械开行方式

三、坝坡的处理

土石坝两面的坝坡中迎水的一面称为上游坝坡，背水的一面称为下游坝坡。

1.护坡形式

上游坝面要有足够抗冲能力。已建造的土石坝，多采用以下几种形式：①堆石；②干砌石；③浆砌石护坡；④混凝土护坡。

下游坝坡工作条件相对上游坝坡好些，一般宜简化设置。下游护坡形式一般有：①草皮护坡；②单层干砌石护坡；③卵石或碎石护坡；④混凝土框格填石护坡；⑤其他形式。

其中，草皮护坡应选用易生根、能蔓延、耐旱草类草皮护坡，无黏性土护面上应先铺一层种植土，然后再种植草皮，草皮铺种后宜水护理。对于石料护坡，应选择质地坚硬，抗水性、抗冻性、抗压强度及排水能力均满足设计要求的石料，并严格控制细粒含量和含泥量，不得超出设计允许范围。现浇混凝土护坡应采用无轨滑模进行浇注施工，按设计要求分缝并做好排水工作。

2.初步放坡坡度选择

坝坡在选择时，初步放坡可以按照以下进行：

中、低均质坝，平均为1:3。

土质心墙坝，下游为堆石1:1.5～1:2.5，采用土料1:2.0～1:3.0；上游采用堆石

1：1.7～1：2.7,采用土料1：2.5～1：3.5。

斜墙坝下游可略陡;上游可略缓,石质放缓0.2,土质放缓0.5。

面板堆石坝,上游1：1.4～1：1.7;下游1：1.3～1：1.4,卵砾石1：1.5～1：1.6,若$H>110m$时,可适当放缓。

3.排水的设置

碾压式土石坝坝内设置排水设施,其目的在于有控制地排除坝体和坝基渗水,降低坝内浸润线,避免坝址下游发生管涌、流土,增加坝坡稳定。

均质土坝和宽心墙内设置竖式排水体时,可采用两种方式实施,既可以将排水体与防渗体同时平起填筑,也可以先填筑防渗体,然后按排水体位置将防渗体挖出,再回填排水体并压实。为了与防渗体填筑层次相结合,并保证排水体碾压质量,排水体每层可填厚度控制应不超过60cm。水平排水带铺筑的纵坡及铺筑厚度、透水性应符合设计要求。施工时,反滤料和排水料应严格按设计图纸施工。

坝内排水管路的地基应夯实,排水管材、管径、间距及排水管路纵坡应符合设计要求。排水管滤孔及接头部位应仔细铺设反滤层。

模块五　质量控制

施工质量检查和控制是土石坝安全的重要保证,它贯穿于土石坝施工的各个环节和施工全过程。在土石坝施工中应实行全面质量管理,建立健全质量保证体系。土石坝的质量控制应按工程设计、施工图、合同技术条款、国家行业颁发的有关标准要求进行,主要包括料场的质量检查和控制、坝面的质量检查和控制。

一、料场的质量检查和控制

各种筑坝材料应以料场控制为主,必须是合格的坝料方能运输上坝,否则应处理合格后上坝,若均不行则废弃。在料场应建立专门的质量检查站,按设计及规范要求对料场进行质量控制。土料不同,控制标准也不同,具体从土料和石料两个方面来说明。

1.土料

对土料场应经常检查所取土料的土质情况、土块大小、杂质含量和含水量等,其中含水量的检查和控制尤为重要。简单办法是"手检",即手握土料能成团,手指搓可成碎块,则含水量合适。更精确可靠的方法是用含水量测定仪测定,含水量测定仪使用快捷方便,测试结果直接从LCD(液晶显示屏)读取,即插即读。

(1)若土料的含水量偏高,一方面应改善料场的排水条件和采取防雨措施,另一方面需将含水量偏高的土料进行翻晒处理,或采取轮换掌子面的办法,使土料含水量降低到规定范围再开挖。若以上方法仍难满足要求,可以采用机械烘干法烘干。

(2)当含水量偏低时,对于黏性土料应考虑在料场加水。料场加水的有效方法是分块筑畦,灌水浸渍,轮换取土。地形高差大也可采用喷灌机喷洒。无论哪种加水方式,均应进行现场试验,对非黏性土料可用洒水车在坝面喷洒加水,避免运输时从料场至坝上的水量损失。

(3)当土料含水量不均匀时,应考虑堆筑"土牛"(大土堆),使含水量均匀后再外运。

2.石料

对石料场应经常检查石质、风化程度、石料级配大小及形状等是否满足上坝要求。如发现不合要求,应查明原因,及时处理。

二、坝面的质量检查和控制

在坝面作业中,应对铺土厚度、土块大小、含水量、压实后的干密度等进行检查,并提出质量控制措施。

对黏性土,含水量的检测是关键,可用含水量测定仪测定。干密度的测定,黏性土一般可用体积为 $200 \sim 500 \mathrm{cm^3}$ 的环刀取样测定;砂可用体积为 $500 \mathrm{cm^3}$ 的环刀取样测定;砾质土、沙砾料、反滤料用灌水法或灌砂法测定;堆石因其空隙大,一般用灌水法测定。当沙砾料因缺乏细料而架空时,也用灌水法测定。

根据地形、地质、坝料特性等因素,在施工特征部位和防渗体中,选定一些固定取样断面,沿坝高 $5 \sim 10 \mathrm{m}$,取代表性试样(总数不宜少于 30 个)进行室内物理力学性能试验,作为核对设计及工程管理之根据。此外,还须对坝面、坝基、削坡、坝肩接合部、与刚性建筑物连接处以及各种土料的过渡带进行检查。对土层层间结合处是否出现光面和剪力破坏应引起足够重视,认真检查。对施工中发现的可疑问题,如上坝土料的土质、含水量不合要求,漏压或碾压遍数不够,超压或跟压遍数过多,铺土厚度不均匀及坑洼部位等应进行重点抽查,不合格的应进行返工。

对于反滤层、过渡层、坝壳等非黏性土的填筑,主要应控制压实参数。在填筑排水反滤层过程中,每层在 $25 \mathrm{m} \times 25 \mathrm{m}$ 的面积内取样 $1 \sim 2$ 个;对条形反滤层,每隔 50m 设一取样断面,每个取样断面每层取样不得少于 4 个,均匀分布在断面的不同部位,且层间取样位置应彼此对应。对于反滤层铺填的厚度、是否混有杂物、填料的质量及颗粒级配等应全面检查。通过颗粒分析,查明反滤层的层间系数 (D_{50}/d_{50}) 和每层的颗粒不均匀系数 (d_{60}/d_{10}) 是否符合设计要求。如不符合要求,应重新筛选,重新铺填。

土坝的堆石棱体与堆石体的质量检查大体相同。主要应检查上坝石料的质量、风化程度、石块的重量、尺寸、形状、堆筑过程有无离析架空现象发生等。对于堆石的级配、孔隙率大小,应分层分段取样,检查是否符合规范要求。随坝体的填筑应分层埋设沉降管,对施工过程中坝体沉陷进行定期观测,并做出沉陷随时间的变化过程线。

对于坝体填料的质量检查记录,应及时汇总、编录、分析并妥善保存质量检查记录,严禁造假、涂改和自行销毁;对隐蔽工程和工程关键部位的摄影、录像等档案资料应妥善保存,供质量追溯和被查;最后整理编制数据库。该资料既作为施工过程全面质量管理的依据,也作为坝体运行后进行长期观测和事故分析的佐证。

模块六　混凝土面板堆石坝施工

混凝土面板堆石坝是以堆石体为支承结构,在其上游表面浇筑混凝土面板作为防渗结构的堆石坝,简称面板堆石坝或面板坝。

一、材料分区

面板堆石坝上游面有薄层防渗面板,面板可以是刚性钢筋混凝土的,也可以是柔性沥青混凝土的。坝体主要是堆石结构。良好的堆石材料,尽量减少堆石体的变形,为面板正常工作创造条件,是坝体安全运行的基础。

1.堆石材料的质量要求

①为保证堆石体的坚固、稳定,主要部位石料的抗压强度不应低于 78MPa,当抗压强度只有 49～59MPa 时,只能布置在坝体的次要部位。

②石料硬度不应低于莫氏硬度表中的第三级,其韧性不应低于 $2kg \cdot m/cm^2$。

③石料的天然重度不应低于 $22kN/m^2$,石料的重度越大,堆石体的稳定性越好。

④石料应具有抗风化能力,其软化系数水上不低于 0.8,水下不应低于 0.85。

⑤堆石体碾压后应有较大的密实度和内摩擦角,且具有一定渗透能力。

2.堆石坝坝体分区

堆石体的边坡取决于填筑石料的特性与荷载大小,对于优质石料,坝坡一般在 1:1.3左右。

坝体部位不同,受力状况不同,对填筑材料的要求也不同,所以应对坝体进行分区。堆石坝坝体分区基本定型,主要有垫层区、过渡区、主堆石区、下游堆石区(次堆石料区)等,如图6-8 所示。

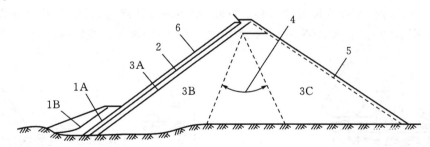

1A—上游铺盖区;1B—压重区;2—垫层区;3A—过渡区;3B—主堆石区;3C—下游堆石区;
4—主堆石区和下游堆石区的可变界限;5—下游护坡;6—混凝土面板

图 6-8 堆石坝坝体分区

(1)垫层区。

垫层区的主要作用是为面板提供平整、密实的基础,将面板承受的水压力均匀传递给主堆石体,并起辅助渗流控制作用。

高坝垫层料应具有良好的级配,最大粒径为 80～100mm,小于 5mm 的颗粒含量宜为30％～50％,小于 0.075mm 的颗粒含量不宜超过 8％。压实后应具有低压缩性、高抗剪强度、内部渗透稳,并具有良好施工特性。中低坝可适当降低对垫层料的要求。

(2)过渡区。

过渡区位于垫层区和主堆石区之间,主要作用是保护垫层区在高水头作用下不产生破坏。过渡区石料粒径、级配应符合垫层料与主堆石间的反滤要求,压实后应具有低压缩性和高抗剪强度,并具有自由排水性能,级配应连续,最大粒径不宜超过300mm。

（3）主堆石区。

主堆石区位于坝体上游区内,是承受水荷载的主要支撑体,其石质好坏、密度、沉降量大小,直接影响面板的安危。

主堆石区石料要求石质坚硬,级配良好,最大粒径不应超过压实层厚度,压实后能自由排水。

（4）下游堆石区。

下游堆石区位于坝体下游区,主要作用是保护主堆石体及下游边坡的稳定。

下游堆石区在下游水位以下部分,应用坚硬、抗风化能力强的石料填筑,压实后应能自由排水;下游水位以上的部分,对坝料的要求可以降低。

二、堆石坝填筑的施工质量控制

堆石坝填筑施工质量控制的关键是要对填筑工艺和压实参数进行有效控制。

1.填筑工艺

坝体堆石料铺筑宜采用进占法（见图6-9）,必要时可采用自卸汽车后退法（见图6-10）与混合法卸料（见图6-11）,应及时平料,并保持填筑面平整,每层铺料后宜测量检查铺料厚度,发现超厚应及时处理。

后退法的优点是汽车可在压平的坝面上行驶,减轻轮胎磨损;缺点是推土机摊平工作量大,且影响施工进度。

进占法卸料自卸汽车在未碾压的石料上行驶,轮胎磨损较严重,虽料物稍有分离,但对坝料质量无明显影响,并且显著减轻了推土机的摊平工作量,使堆石填筑速度加快。

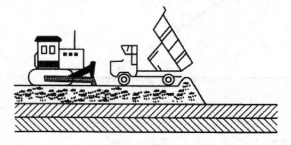

图6-9　进占法施工

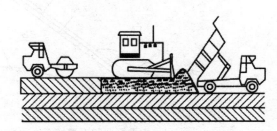

图6-10　后退法施工

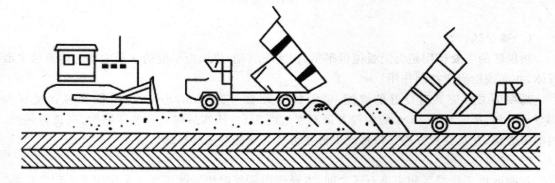

图6-11　混合法施工

　　垫层料的摊铺多用后退法,以减轻物料的分离。当压实层厚度大时,可采用混合法卸料,即先用后退法卸料呈分散堆状,再用进占法卸料铺平,以减轻物料的分离。垫层料粒径较小,又处于倾斜部位时,可采用斜坡振动碾或液压平板振动器压实。

　　坝体堆石料碾压应采用振动平碾,其工作质量不小于10t。高坝宜采用重型振动碾,振动碾行进速度宜小于3km/h。应经常检测振动碾的工作参数,保持其正常的工作状态。碾压应采用错距法,按坝料分区、分段进行,各碾压段之间的搭接不应小于1.0m。

　　压实过程中,有时表层块石有失稳现象。为改善垫层料碾压质量,可采用斜坡碾压与砂浆固坡相结合的施工方法。

　　(1)斜坡碾压与水泥砂浆固坡的优点是施工工艺和施工机械设备简单,既解决了斜坡碾压中垫层表层块石振动失稳下滚,又在垫层上游面形成坚固稳定的表面,可满足临时挡水防渗要求。

　　(2)碾压砂浆在垫层表面形成坚固的"结石层",具有较小而均匀的压缩性和吸水性,对克服面板混凝土的塑性收缩和裂缝发生有积极作用。这种方法使固坡速度大为加快,对防洪度汛、争取工期效果明显。

2. 堆石坝的压实参数和质量控制

　　(1)堆石坝的压实参数。

　　填筑标准应通过碾压试验复核和修正,并确定相应的碾压施工参数(碾重、行车速率、铺料厚度、加水量、碾压遍数)。

　　(2)堆石坝施工质量控制。

　　①坝料压实质量检查,应采用碾压参数和干密度(孔隙率)等参数控制,以控制碾压参数为主。

　　②铺料厚度、碾压遍数、加水量等碾压参数应符合设计要求,铺料厚度应每层测量,其误差不宜超过层厚的10%。

　　③坝料压实检查项目、取样次数见表6-3。

表6-3　坝料压实检查项目和取样次数

坝料		检查项目	取样次数
垫层料	坝面	干密度、颗粒级配	1次/(500~1000m³),每层至少1次
	上游坡面	干密度、颗粒级配	1次/(1500~3000m³)
	小区	干密度、颗粒级配	1次/(1~3层)
过渡料		干密度、颗粒级配	1次/(3000~6000m³)
沙砾料		干密度、颗粒级配	1次/(5000~10000m³)
堆石料		干密度、颗粒级配	1次/(10000~100000m³)

注:渗透系数按设计要求进行检测。

　　④坝料压实检查方法。

　　垫层料、过渡料和堆石料压实干密度检测方法,宜采用挖坑灌水(砂)法,或辅以其他成熟的方法。垫层料也可用核子密度仪法。

　　垫层料试坑直径不小于最大料径的4倍,试坑深度为碾压层厚。

过渡料试坑直径为最大料径的 3～4 倍,试坑深度为碾压层厚。

堆石料试坑直径为坝料最大料径的 2～3 倍,试坑直径最大不超过 2m。试坑深度为碾压层厚。

⑤按表 6-2 规定取样所测定的干密度,其平均值不小于设计值,标准差不宜大于 50g/m³。当样本数小于 20 组时,应按合格率不小于 90%,不合格点的干密度不低于设计干密度的 95% 控制。

三、面板的施工方法

1.混凝土面板的施工

混凝土面板(面板可划分为面板与趾板)是面板堆石坝的主要防渗结构,厚度薄、面积大,在满足抗渗性和耐久性条件下,要求具有一定柔性,以适应堆石体的变形。面板的施工主要包括混凝土面板的分块、垂直缝砂浆条铺设、钢筋架立、面板混凝土浇筑、面板养护等作业内容。

(1)混凝土面板的分块。

面板纵缝的间距决定了面板的宽度,由于面板通常采用滑模连续浇筑,因此,面板的宽度决定了混凝土浇筑能力,也决定了钢模的尺寸及其提升设备的能力。面板通常有宽、窄块之分。应根据坝体变形及施工条件进行面板分缝分块。中部受压区垂直缝的间距可为 12～18m,两侧受拉区的间距可为 6～9m。

(2)垂直缝砂浆条铺设。

垂直缝砂浆条一般宽 50cm,是控制面板体型的关键。砂浆由坝顶通过运料小车到达工作面,根据设定的坝面拉线进行施工,一般采用人工抹平,其平整度要求较高。砂浆强度等级与面板混凝土相同。砂浆铺设完成后,再在其上铺设止水,架立侧模。

(3)钢筋架立。

钢筋的施工方法一般采用人工在坝面上安装,加工好的钢筋从坝顶通过运料台车到达工作面,先安装架立筋,再用人工绑扎钢筋。

①面板宜采用单层双向钢筋,钢筋宜置于面板截面中部,每向配筋率为 0.3%～0.4%,水平向配筋率可少于竖向配筋率。

②在拉应力区或岸边周边缝及附近可适当配置增强钢筋。高坝在邻近周边缝的垂直缝两侧宜适当布置抵抗挤压的构造钢筋,但不应影响止水安装及其附近混凝土振捣质量。

③计算钢筋面积应以面板混凝土的设计厚度为准。

(4)面板混凝土浇筑。

①通常面板混凝土采用滑模浇筑。滑模由坝顶卷扬机牵引,在滑升过程中,对出模的混凝土表面要及时进行抹光处理,及时进行保护和养护。

②混凝土由混凝土搅拌车运输,溜槽输送混凝土入仓。12m 宽滑模用两条溜槽入仓,16m 的则采用三条,通过人工移动溜槽尾节进行均匀布料。

③施工中应控制入槽混凝土的坍落度在 3～6cm,振捣器应在滑模前 50cm 处进行振捣。

④起始板的浇筑通过滑模的转动、平移(平行侧移)或先转动后平移等方式完成。转动由开动坝顶的一台卷扬机来完成,平移由坝顶两台卷扬机和侧向手动葫芦共同完成。

(5)面板养护。

养护是避免发生裂缝的重要措施。面板的养护包括保温、保湿两项内容。一般采用草袋保温,喷水保湿,并要求连续养护。面板混凝土宜在低温季节浇筑,混凝土入仓温度应加以控制,并加强混凝土面板表面的保湿和保温养护,直到蓄水为止,或至少90d。

2. 沥青混凝土面板施工

沥青混凝土面板的施工方法有碾压法、浇筑法、预制装配法以及填石振动法。沥青混凝土施工过程中温度控制十分严格,必须根据材料的性质、配比、不同地区、不同季节,通过试验确定不同温度的控制标准。沥青混凝土防渗体施工过程中,各道工序的温度控制范围如图6-12所示。

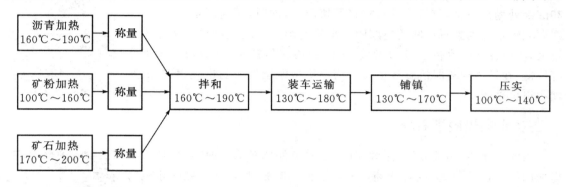

图6-12 沥青混凝土施工过程中温度控制

沥青在泵送、拌和、喷射、浇筑和压实过程中对其运动黏度值应加以控制。沥青的运动黏度值,与温度存在一定关系,因此,控制沥青的运动黏度的过程,也是控制温度的过程,二者应协调一致。

沥青混凝土面板的施工特点在于铺填及压实层薄,通常板厚10～30cm,施工压实层厚仅5～10cm,且铺填及压实均在坡面上进行。沥青混凝土的铺填和压实多采用机械化流水作业施工。沥青混凝土热料由汽车或装有料罐的平车经堆石体上的工作平台运至坝顶门式绞车前,由门式绞车的工作臂杆吊运料罐卸料入料车的料斗内。给料车供料,铺料宽度一般为3～4m。特制的斜坡振动碾压机械,在门式绞车的牵引下,尾随铺料车将铺好的沥青混凝土压实。采用这些机械施工的最大坡长达150m。当坡长超过范围时,须将堆石体分成两期或多期进行,每期堆石体顶部均须留出20～30m的工作平台宽度。机械化施工,每天可铺填压实300～500t沥青混凝土。

3. 接缝止水施工

接缝止水结构是面板堆石坝安全运行的关键问题之一,面板坝接缝包括趾板缝、周边缝、垂直缝(张性和压性缝)、防浪墙体缝、防浪墙底缝以及施工缝(水平缝)等,接缝止水材料包括金属止水片、塑料止水带、缝面嵌缝材料及保护膜等。

模块七 其他土石坝的施工简介

一、水坠坝

水坠坝是采用水力冲填方法修筑的一种土坝,与碾压土坝比较,挖、运、卸、压四道工序,均以水力冲填方法完成,节省劳力,造价较低,工效较高。

水是筑坝的动力,充填用水必须保证,总用水量大体等于坝体充填总土方量。筑坝土料的储量,应为坝体土方量的 $1\sim1.5$ 倍。应掌握早、稠、坚、排、匀五个要点。充填有一岸充填和两岸交替充填、一畦充填和多畦间歇充填等。合理泥浆的土水体积比一般应为 $2.2\sim2.6$。

二、抛填式堆石坝

抛填式堆石坝施工一般先建栈桥,将石块从栈桥上距填筑地面 $10\sim30\text{m}$ 高处抛掷下来,靠石块的自重将石块压实,同时,用高压水枪冲射,把细颗粒碎石充填到石块间的空隙中。采用抛填式填筑成的堆石体孔隙率较大,所以在承受水体后变形量大,石块尖角容易被压裂和剪裂,抗剪强度较低,在发生地震时沉降量更大。随着重型碾压机械的出现,目前此种坝型很少采用。

三、定向爆破堆石坝

当河谷狭窄,山体较厚,岸坡高陡,地质条件比较简单时,在两岸或一岸的山体中预挖药室,放置炸药,一次或分次爆破,使岩体按照一定的方向抛掷到河谷中,堆积形成坝。

定向爆破堆石坝是利用爆破后破碎石块沿最小抵抗线方向抛出的原理填筑支承体的堆石坝。在地形、地质条件适宜的河谷一岸或两岸山体中开挖洞室,埋置炸药,一次爆破可得数十万甚至上百万立方米石料,大部分石块抛向指定地点,初步形成坝体,后用普通填筑方法加高加宽坝的剖面,修建上游面防渗体,一般常用黏土斜墙,少数采用沥青混凝土斜墙。定向爆破堆石坝的优点是减小开挖、运输、填筑等工作量,节省人力、物力,堆石体紧密度较大,孔隙率一般可在 30% 以下;缺点是爆破后整修清理工作量大,工作条件差,坝基处理与防渗体施工困难。其适用于高山峡谷的中小工程。

模块八　冬雨季施工质量控制

一、雨季填筑

对于土石坝而言,雨季施工最主要的问题就是土料含水量的变化对施工带来的不利影响,尤其是防渗体。因此,雨季填筑是土石坝施工的难点,降雨量充沛地区尤为突出,切实可行的雨季施工措施和施工经验是保证土石坝防渗体雨季施工较为顺利的关键。

施工之前,应认真分析当地水文气象资料,确定雨季各种坝料的施工天数,合理安排填筑时段,提前做好防雨准备。合理选择施工机械数量,做好必要的物资准备,使之满足坝体填筑强度和形象需要。

在施工过程中,应结合具体施工采取相应的措施。超前安排心墙区的填筑,缩短防渗体填筑施工作业段长度,防渗体与两岸接坡及上、下游反滤料平起施工,使用振动平碾快速将防渗体碾压成光面,做好防渗体填筑面防护,不失时机地进行雨后复工和用旋耕犁翻晒土料及加强施工道路维护、保养等。

雨季和旱季不分明的地区,可以将心墙坝的心墙和两侧反滤料与部分坝壳料在晴天筑高,雨天继续填筑坝壳料,保持坝面稳定上升。在雨季和旱季非常分明,且雨季降雨天数和降雨大的地区,雨季施工难度较大时,也可采用防渗体雨季停工、旱季多填、雨季多填筑无黏性料的方式。

心墙和斜墙的填筑时,应注意填筑面应向上游倾斜,宽心端和均质坝填筑面应中央凸起并向上下游倾斜。填筑时适当缩小防渗体填筑区域,上料应及时平整、压实。

若已平整但尚未碾压的松土,应在降雨前用振动平碾快速碾压形成光面,并将防渗体填筑面的机械设备撤离填筑面。沙砾料和堆石料雨天可以继续施工,但应防止料物被泥沙污染。

雨后复工应先排除防渗体表层积水,若防渗体未压实表土含水率过大,可分别采用翻松、晾晒或清除处理;应将被泥土混杂和污染的反滤料予以清除,不得在有积水、泥泞的坝面上填土。

二、冬期施工

我国北方的广大地区,每年都有较长的负温季节。为了争取更多的作业时间,需要根据不同的负温条件,采取相应措施,进行负温填筑。

在填筑之前,应编制专项施工措施,并根据气象预报,做好坝料选择、保温、防冻等措施。有效的填筑方法、步骤和措施,是保证负温下填筑工程质量和顺利施工的关键。可采取的措施主要有:

①加强质量控制和施工前保温、防冻措施的准备工作。

②冻结前完成坝基处理,并做好防冻处理;应在坝基冻结前预先填筑 1.00～2.00m 松土层或采取其他防冻措施,坝基冻结后无显著冰夹层和冻胀现象,可进行填筑。

③负温条件下施工应控制坝料含水率的下限,填土中禁止带有冰雪,坝料不得加水等。

④应缩小露天土料施工填筑区,并使铺土、碾压、取样作业快速连续,压实时土料温度应在 $-1℃$ 以上。当日最低气温在 $-10℃$ 以下,或在 $0℃$ 以下风速大于 $10m/s$ 时,应停止施工。

⑤黏性土含水率应不大于塑限的 90%,砂砾料中粒径小 5mm 的细料含水率应小于 4%。应做好压实土层的防冻保温工作,避免土层冻结。均质坝体及心墙、斜墙等**防渗体、冻结部分**应挖除。沙砾料及堆石料压实层,冻结后干密度达到设计要求的可继续填筑。

⑥停止填筑时,防渗料表面应加以保护,防冻结,在恢复填筑时清除。

⑦土、砂、砂砾料与堆石不得加水,必要时采取减薄层厚、加大压实功能等措施,保证质量要求。

⑧如因下雪停工,复工前应清理坝面积雪,检查合格后复工。

实践证明,以上这些措施是有效的。但在严寒地区施工条件恶劣、质量保证有困难,且功效大幅降低的情况下,冬季停工也可能是较好的选择。

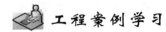 **工程案例学习**

案例一:小浪底水利枢纽

小浪底水利枢纽位于河南洛阳,黄河干流最后一个峡谷出口处,上距三门峡水利枢纽130km,下距黄河花园口 128km,可控制黄河 92.3% 的流域面积、90% 的水量和近 100% 的泥沙。大坝为斜心墙土石坝,坝高为 154m。小浪底水利枢纽工程是黄河治理的最关键性工程。

1994 年 9 月主体工程开工,1997 年 10 月 28 日实现大河截流,1999 年年底第一台机组发电,2001 年 12 月 31 日全部竣工,坝址控制流域面积 69.42 万 km²,占黄河流域面积的 92.3%。水库总库容 126.5 亿 m³,长期有效库容 51 亿 m³。工程以防洪、减淤为主,兼顾供水、灌溉和发电,蓄清排浑,除害兴利,综合利用。

小浪底水利枢纽由大坝、泄洪排沙建筑物系统、引水发电建筑物系统等组成。拦河坝为壤土斜心墙堆石坝。最大坝高 160m,坝顶长度为 1667m,坝顶宽度 15m,坝底最大宽度 864m。坝体填筑量 51.85 万 m³,基础混凝土防渗墙厚 1.2m,深 80m。其填筑量和混凝土防渗墙均为国内之最。坝顶高程 281m,水库正常蓄水位 275m,库水面积 272km²,总库容 126.5 亿 m³。水库呈东西带状,长约 130km,上段较窄,下段较宽,平均宽度 2km,属峡谷河道型水库。坝址处多年平均流量 1327m³/s,输沙量 16 亿 t,该坝建成后可控制全河流域面积的 92.3%。

工程全部竣工后,水库面积达 272.3km²,控制流域面积 69.42 万 km²;总装机容量为 180 万 kW,年平均发电量为 51 亿 kW·h;每年可增加 40 亿 m³ 的供水量。小浪底水库两岸分别为秦岭山系的崤山、韶山和邙山,中条山系、太行山系的王屋山。它的建成将有效地控制黄河洪水,可使黄河下游花园口的防洪标准由六十年一遇提高到千年一遇,基本解除黄河下游凌汛的威胁,减缓下游河道的淤积。小浪底水库还可以利用其长期有效库容调节非汛期径流,增加水量用于城市及工业供水、灌溉和发电。它处在承上启下控制下游水沙的关键部位,控制黄河输沙量的 100%,可滞拦泥沙 78 亿 t,相当于 20 年下游河床不淤积抬高。

案例二:"七五·八"惨案

板桥水库位于河南省驻马店市泌阳、遂平、确山三县交界处,沙河进入驻马店平原峡口处。

一、造成惨案发生的原因

1975 年 8 月 8 日凌晨零时 40 分,河南驻马店板桥水库因特大暴雨引发溃坝,9 县 1 镇东西 150km、南北 75km 范围内顿时一片汪洋。灾害发生时,17 个泄洪闸只有 5 个能开启。水库管理人员在没有得到上级命令的情况下,不敢大量排水泄洪,而上游石漫滩水库的大量洪水急骤流入板桥水库。

二、溃坝的直接原因

溃坝的直接原因是水库泄洪道的闸门锈死,不能被开启而造成失事,是一个由人为错误所造成灾难。由于 8 月 4 日前有旱情,水库水位低,水库的可蓄水的库容大。当时为了蓄水,溢洪道的闸门都是紧闭的,也没有人去查看过闸门,其实,泄洪道的闸门自 20 世纪 50 年代后期水库工程扩建以来,就没有用过,也没有人去检查过,由于暴雨大,入库的水流量也大,泄洪道的闸门没打开,泄洪道的排放流量为零,因而水库的水位上升很快,当 8 月 7 日特大暴雨降临后,板桥水库水位超过了警戒水位时,这时才下令去打开水库的泄洪道闸门排放库水,可是谁也没有想到,在这最紧急的关头,泄洪道的闸门却打不开,泄洪道的闸门因为多年没有开启早就被锈死了,闸门打不开,泄洪道也起不到泄洪的作用,这时已经没有时间再设法把闸门打开,或是用炸药炸毁泄洪道的闸门。一切都为时太晚,洪水冲溃了大坝,致使下游十余座水库相续溃坝,附近的城镇遭受灭顶之灾。

三、板桥水库失事及引发的后果

1975 年河南水灾,8 亿 m³ 的大洪水,以雷霆万钧之势汹涌而出,在黑夜中咆哮嘶叫,吞噬村庄、桥梁、工厂。骨牌效应下,造成下游十余座水库同时崩溃。与此同时,另一座大型水库石漫滩水库,竹沟、田岗两座中型水库,58 座小型水库在短短数小时内相继垮坝溃决。滔天洪水淹没了 30 个县市、118.67 万公顷农田,1015 万人受灾,680 万间房屋倒塌,100km 的京广铁路被毁,铁轨变成麻花状,其威力绝不下于南亚大海啸。

 思考题

 1.碾压式土石坝施工的基本作业包括哪些?

 2.什么是碾压式土石坝施工的辅助作业与附加作业?

 3.土石坝施工料场的时间规划应考虑哪些问题?

 4.常用的土石坝施工挖运方案有哪些?其中最常用的是什么方案?

 5.土石坝施工坝面铺土有哪些要求?

 6.什么是最优含水量?施工中如何保证土料的含水量为最优含水量?

 7.简述如何用压实试验确定黏性土的压实参数。

 8.简述如何用压实试验确定非黏性土的压实参数。

情景七

混凝土工程

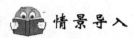

情景导入

某混凝土坝工程,高度为78m,位于交通不便的山区。那么该工程的混凝土如何进行生产、运输和浇筑,浇筑时间和高度上应该注意哪些问题? 养护和拆模的又有哪些要求? 另外,模板和钢筋如何进行选取、加工和使用?

本部分内容主要讲述混凝土的生产与运输;模板与钢筋的制作、安装和拆除;混凝土坝和碾压混凝土坝的施工技术;以及相关的技术处理,如坝体接缝止水、混凝土温度控制、季节施工以及混凝土的施工质量控制等。

模块一 混凝土的生产与运输

一、骨料生产

1.砂石骨料生产系统

砂石骨料在混凝土中起骨架作用,骨料质量的好坏直接影响混凝土强度、水泥用量和温控要求,从而影响大坝的质量和造价。因此,骨料的选用应遵循质优、经济、就地取材的原则。

砂石骨料生产系统主要由采料场、骨料加工厂、堆料场和内部运输系统等组成。

(1)骨料料场。

确定骨料料场,首先需进行料场规划,料场规划就是寻求开采、运输、加工成本费用低的方案,然后确定采用天然骨料、人工骨料,还是组合骨料用料方案。

其原则为:

①满足水工混凝土对骨料的各项质量要求,其储量力求满足各设计级配的需要,并有必要的富余量。

②选用的料场,特别是主要料场,应场地开阔,高程适宜,储量大,质量好,开采季节长,主辅料场应能兼顾洪枯季节互为备用的要求。

③选择可采率高,天然级配与设计级配较为接近,用人工骨料调整级配数量少的料场。

④料场附近有足够的回车和堆料场地,且占用农田少。

⑤选择开采准备工作量小、施工简便的料场。

（2）骨料加工。

天然骨料加工以筛分和清洗为主，人工骨料加工以破碎、筛分为主。

①骨料的破碎。

使用破碎机械加工碎石，常用的设备有颚板式、反击式和锥式三种碎石机。

颚板式破碎机由两块颚板构成，颚板上装有可以更换的齿状钢板。工作时，由传动装置带动偏心轮作用，使活动颚板相对于固定颚板作左右摇摆作用，将进入的石料轧碎，从下端出料口露出。如图 7-1 所示。

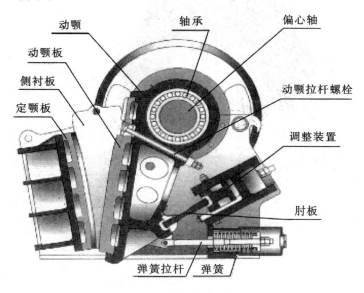

图 7-1　颚板式破碎机

反击式破碎机是利用板锤的高速冲击和反击板的回弹作用，使石料受到反复冲击而破碎的机械。它使用于中硬石料进行中、细碎。如图 7-2 所示。

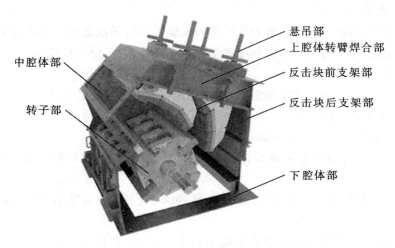

图 7-2　反击式破碎机

锥式破碎机由传动装置带动主轴旋转,使内椎体作偏心转动,将石料碾压破碎,并从破碎腔下端出料槽滑出。它是一种大型破碎机械,碎石效果好,产品较为方正,生产效率高,功耗小,适用于对石料进行中、细碎。但其结构复杂,体型和重量都较大,安装维修不方便,且机械价格高。如图7-3所示。

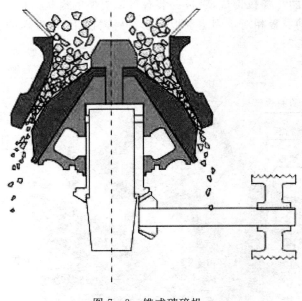

图7-3 锥式破碎机

②骨料的筛分。

将采集的天然毛料或破碎后的混合料筛分分级,其方法有机械筛分和水力筛分。

(3)骨料开采量。

骨料开采量根据混凝土中各种粒径料的需要量和开挖料的可利用量来确定。

(4)骨料生产能力。

①在高峰强度持续时间长时,骨料生产能力根据储存量和混凝土浇筑强度确定。

②在高峰强度持续时间短时,骨料生产能力根据累计生产、使用量确定。

(5)天然骨料开采设备。

天然骨料开采,在河漫滩多采用索铲,在一定水深中可采用采砂船。

2.骨料的堆存与运输

①堆存场地应有良好的排水设施,必要时应设遮阳防雨棚。

②各级骨料仓之间应设置隔墙等有效措施,严禁混料,并应避免泥土和其他杂物混入骨料中。

③应尽量减少运转次数。卸料时,粒径大于40mm骨料的自有落差大于3m时,应设置缓降设施。

④储料仓除有足够的容积外,还应维持不小于6m的堆料厚度。细骨料仓的数量和容积应满足细骨料脱水的要求。

⑤在粗骨料成品堆场取料时,同一级料应注意在料堆不同部位同时取料。

3.骨料的品质要求

(1)细骨料(人工砂、天然砂)的品质要求。

①应质地坚硬、清洁、级配良好;人工砂的细度模数宜在 2.4~2.8 范围内,天然砂的细度模数宜在 2.2~3.0 范围内;使用山砂、粗砂、特细砂应经过试验论证。

②在开采过程中应定期或按一定开采数量进行碱活性检验,有潜在危害时,应采取相应措施,并经专门试验论证。

③含水率应保持稳定,人工砂饱和面干的含水率不宜超过 6%。

(2)粗骨料(碎石、卵石)的品质要求。

①粗骨料的最大粒径:不应超过钢筋净间距的 2/3、构件断面最小边长的 1/4、素混凝土板厚的 1/2。对少筋或无筋混凝土结构,应选用较大的粗骨料粒径。

②施工中,宜将粗骨料按粒径分成下列几种粒径组合:当最大粒径为 40mm 时,分成 D20、D40 两级;当最大粒径为 80mm 时,分成 D20、D40、D80 三级;当最大粒径为 150(120)mm 时,分成 D20、D40、D80、D150(D120)四级。

③应严格控制各级骨料的超、逊径含量。以圆孔筛检验时,其控制标准为:超径小于 5%,逊径小于 10%。当以超、逊径筛检验时,其控制标准为:超径为 0,逊径小于 2%。

④采用连续级配或间断级配,应由试验确定。

二、混凝土的制备

混凝土的制备应按照混凝土配合比设计要求,将满足质量要求的各组成材料拌和均匀,并满足浇筑需要。混凝土组成材料标量的允许偏差见表 7-1。

表 7-1 混凝土组成材料称量的允许偏差

材料名称	允许偏差(%)
水泥、掺合料、水、冰、外加剂溶液	±1
砂、石	±2

1.混凝土拌和

(1)人工拌和。

缺乏搅拌机械的小型工程或者数量较少的混凝土制备,可采用人工拌制。人工拌和劳动强度大,混凝土质量不容易保证。

(2)机械拌和。

采用机械拌和混凝土可提高拌和质量和生产率,按照拌和设备的功能可以分为拌和机和综合式的拌和楼或者拌和站。

①拌和机。

拌和机按照工作原理不同,可分为强制式和自落式拌和机。自落式拌和机有鼓筒式和双锥式两种。拌和机的主要性能指标是其工作容量,以 L 或 m³ 计。

强制式拌和机拌和时,一般筒身固定,叶片旋转,从而带动混凝土材料进行强制拌和。它适用于拌和干硬性混凝土和轻骨料混凝土。

自落式拌和机的叶片固定在拌和筒壁内壁上,叶片和筒一起旋转,从而将物料带至筒顶,再靠自重跌落而与筒底的物料掺混,如此反复直至拌和均匀。

②拌和楼、拌和站。

拌和站的配料可由人工完成,也可由机械完成,供料配料设施的布置应综合考虑进出料方向、堆料场地和运输路线。因此,在布置的时候,应根据地形要求,合理布置。对于台阶地形,拌和机数量不多,可一字型排列;对沟槽路堑地形,拌和机数量多,可采用双排相向布置。

拌和楼是集中布置的混凝土工厂,按工艺流程分层布置,分别为进料层、贮料层、配料层、拌和层及出料层,共五层,其中配料层是全楼的控制中心,设有主操纵台。

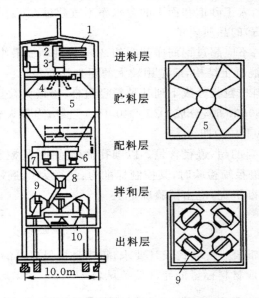

1—进料皮带机;2—水泥螺旋运输机;3—受料斗;4—分料器;5—贮料仓;6—配料斗;
7—量水器;8—集料斗;9—拌和机;10—混凝土出料斗

图 7-4 混凝土拌和楼

(3)拌和时间。

混凝土应拌和均匀,颜色一致。混凝土拌和时间应通过实验确定,且不小于表 7-2 所列的拌和时间。

表 7-2 混凝土最少拌和时间

拌和机容量 $Q(m^3)$	最大骨料粒径(mm)	最少拌和时间(s)	
		自落式拌和机	强制式拌和机
$0.75 \leqslant Q \leqslant 1$	80	90	60
$1 < Q \leqslant 3$	150	120	75
$Q > 3$	150	150	90

注意:①入机拌和量在拌和机额定容量的 110% 以内。

②掺加掺合料、外加剂和加冰时建议延长拌和时间,出机口的混凝土拌和物中不要有冰块。

③掺纤维、砖粉的混凝土,其拌和时间根据试验确定。

2.拌和设备的生产能力

拌和设备的生产能力主要取决于设备容量、台数与生产率等因素。

每台拌和机的小时生产率可用每台拌和机每小时平均拌和次数与拌和机出料容量的乘积来计算确定。拌和设备的小时生产能力可按混凝土月高峰强度计算确定。拌和系统的生产能力分类见表 7-3。

表 7-3　拌和系统生产能力分类

规模定型	小时生产能力（m³/h）	月生产能力（万 m³/月）
大型	＞200	＞6
中型	50～200	1.5～6
小型	＜50	＜1.5

（1）生产能力计算：

$$Q_h = K_h Q_m / (m \cdot n)$$

式中　Q_m——混凝土高峰浇筑强度（m³/h）；

　　　K_h——小时不均匀系数，可取 1.3～1.5；

　　　Q_m——每月工资天数（d），一般取 25d；

　　　n——每天工作小时数（h），一般取 20h。

（2）混凝土初凝条件校核小时生产能力（平浇法施工），计算公式如下：

$$Q_h \geqslant 1.1SD / (t_1 - t_2)$$

式中　S——最大混凝土块的浇筑面积（m²）；

　　　D——最大混凝土块的浇筑分层厚度（m）；

　　　t_1——混凝土的初凝时间（h），与所用水泥种类、气温、混凝土的浇筑温度、外加剂等因素有关，在没有试验资料的情况下参照表 7-4 选取；

　　　t_2——混凝土出机后浇筑入仓所经历的时间（h）。

表 7-4　混凝土初凝时间（未掺外加剂）

浇筑温度（℃）	初凝时间（h）	
	普通水泥	矿渣水泥
30	2	2.5
20	3	3.5
10	4	4.0

（3）确定混凝土拌和设备容量和台数，还应满足如下要求：

①能满足同时拌制不同强度等级的混凝土；

②拌和机的容量与骨料最大粒径相适应；

③考虑拌和、加水和掺合料以及生产干硬性或低坍落度混凝土对生产能力的影响；

④拌和机的容量与运载重量和装料容器的大小相匹配；

⑤适应施工进度，有利于分批安装，分批投产，分批拆除转移。

（4）混凝土拌和物出现下列情况之一者，应按不合格料处理：

①错用配料单配料。

②混凝土任意一种组成材料计量失控或漏配。

③出机口混凝土拌和物拌和不均匀或夹带生料,或温度、含气量和坍落度不符合要求。

三、混凝土运输方案

在混凝土运输过程中所选用的运输设备,应使混凝土不发生泄漏、分离、漏浆、严重泌水的情况,并且应较少温度回升和坍落度损失等。运输过程中,尽量缩短运输时间,减少转运次数,不应该在运输途中和卸料过程中加水,必要时,应设置遮盖或保温设施。

1. 混凝土的运输设备

混凝土的运输有水平运输、垂直运输和混合运输三种。

(1)水平运输。

混凝土的水平运输有无轨运输、有轨运输和皮带机运输三种。

①无轨运输。

无轨运输混凝土机动灵活,能和大多数起吊设备及其他入仓设备配套使用,能充分利用现有的土石方施工道路和场内交通道路。但无轨运输混凝土存在能源消耗大、运输成本较高的缺点。无轨运输主要设备有混凝土搅拌车、自卸汽车、汽车运立罐、无轨侧卸料罐车。

②有轨运输。

有轨运输需要专用运输线路,运行速度快,运输能力大,适应混凝土工程量较大的工程。其分为机车拖平板车立罐和机车拖侧卸罐车两种。

(2)垂直运输。

垂直运输设备主要有门机、塔机、缆机、履带式起重机、塔带机和泵送混凝土运输机械。

(3)混合运输。

采用混合运输可从拌和楼直接送入仓,加快了入仓速度;设备轻巧简单,对地形适应性好,占地面积小;能连续生产,运行成本低,效率高。

胶带式混凝土混合运输设备主要有深箱高速混凝土胶带输送机、液压活动支架胶带机(仓面布料机)、车载液压伸缩节胶带机(胎带机)、塔带机和混凝土泵。

2. 混凝土运输方案

大坝等建筑物的混凝土运输方案,主要有门、塔机运输方案,缆机运输方案以及辅助运输浇筑方案。

通常一个混凝土坝枢纽工程,很难用单一的运输浇筑方案完成,总要辅以其他运输浇筑方案配合施工。有主有辅,相互协调。常用的辅助运输浇筑方案有:履带式起重机浇筑方案、汽车运输浇筑方案、皮带运输机浇筑方案。溜槽、溜筒和溜管也是混凝土辅助运输设备。

3. 选择混凝土运输浇筑方案的原则

①运输效率高,成本低,转运次数少,不易分离,质量容易保证;

②起重设备能够控制整个建筑物的浇筑部位;

③主要设备型号要少,性能良好,配套设备能使主要设备的生产能力充分发挥;

④在保证工程质量前提下能满足高峰浇筑强度的要求;

⑤同时能最大限度地承担模板、钢筋、金属结构及仓面小型机具的调运工作;

⑥在工作范围能连续工作,设备利用率高,不压浇筑块,或不因压块而延误浇筑工期。

4. 不合格料的认定

若运输过程中因故停歇过久,混凝土拌和物出现下列情况之一者,应按不合格料处理:

①混凝土产生初凝。

②混凝土塑性降低较多,已无法振捣。

③混凝土被雨水淋湿严重或混凝土失水过多。

④混凝土中含有冻块或遭受冰冻,严重影响混凝土质量。

模块二 模板与钢筋

一、模板

模板属于周转性材料,是混凝土的成型模具,是混凝土结构工程的重要组成部分。在混凝土坝体中,模板主要起到成型、支撑、保护和改善混凝土表面质量、保温保湿等作用。因此,也对模板提出了以下要求:

①保证混凝土浇筑后结构及构件各部分形状、尺寸与相互位置满足设计要求;

②具有足够的稳定性、刚度和强度;

③宜做到标准化、系列化,装拆方便,周转次数高;

④模板板面光洁、平整,拼缝严密,不漏浆。

1.分类

①按制作材料,模板可分为木模板、钢模板、混凝土和钢筋混凝土预制模板。

②按形状,模板可分为平面模板和曲面模板。

③按受力条件,模板可分为承重模板和侧面模板。侧面模板按其支撑受力方式,又分为简模板、悬臂模板和半悬臂模板。

④按架立和工作特征,模板可分为固定式、拆移式、移动式和滑动式模板。

固定式模板多用起伏的基础部位或特殊的异形结构如蜗壳或扭曲面,因大小不等,形状各异,难以重复使用。拆移式、移动式和滑动式模板可重复或连续在形状一致或变化不大的结构上使用,有利于实现标准化和系列化。

2.设计

模板设计应满足结构物的体型、构造、尺寸以及混凝土分层分块等要求。

模板设计应提出对材料、制作、安装、使用及拆除工艺的具体要求。模板设计图纸应标明设计荷载及控制条件,如混凝土的浇筑顺序、浇筑速度、浇筑方式、施工荷载等。

模板及其支撑机构应具有足够的强度、刚度和稳定性,必须能承受施工中可能出现的各种荷载的最不利组合,其结构变形应在允许范围以内。模板及其支撑承受的荷载分基本荷载和特殊荷载两类。

(1)基本荷载。

①模板及其支架的自重。

②新浇混凝土重量。通常可按 $24\sim25kN/m^3$ 计。

③钢筋重量。对一般钢筋和混凝土,可按 $1kN/m^3$ 计。

④工作人员及浇筑设备、工具等荷载。计算模板及直接支撑模板的楞木时,可按均布活荷载 $2.5kN/m^3$ 及集中荷载 $2.5kN/m^3$ 验算。计算支撑楞木的构件时,可按 $1.5kN/m^3$ 计;计算

支架立柱时,可按 1kN/m³ 计。

⑤振捣混凝土产生的荷载。可按 1kN/m³ 计。

⑥新浇混凝土的侧压力。与混凝土初凝前的浇筑速度、捣实方式、凝固速度、坍落度及浇筑块的平面尺寸等因素有关,以前三个因素关系最密切。

⑦风荷载,根据施工地区及立模部位离地高度进行确定。

(2)特殊荷载。

以上七项基本荷载以外的其他荷载。

(3)基本荷载组合。

在计算模板及支架的强度和刚度时,应根据模板的种类,选择表 7-5 的基本荷载组合。特殊荷载可按实际情况计算。

表 7-5　各种模板结构的基本荷载组合

项目	模板种类		基本荷载组合	
			计算强度用	计算刚度用
1	承重模板	板、薄壳的底模及支架	(1)+(2)+(3)+(4)	(1)+(2)+(3)
		梁、其他混凝土结构(厚 0.4m)的底模及支架	(1)+(2)+(3)+(5)	(1)+(2)+(3)
2	竖向模板		(6)或(5)+(6)	(6)

(4)抗倾覆稳定性。

承重模板及支架的抗倾覆稳定性应验算倾覆力矩、稳定力矩和抗倾覆系数。稳定系数应大于 1.4。当承重模板的跨度大于 4m 时,其设计起拱值通常取跨度的 0.3% 左右。

(5)验算模板刚度时,其最大变形不应超过下列允许值:

结构外露面模板为模板构件计算跨度的 1/400。

结构隐蔽面模板为模板构件计算跨度的 1/250。

支架的压缩变形值或弹性挠度值为相应的结构计算跨度的 1/1000。

3.施工

(1)模板的安装。

模板安装前,应按设计图纸测量放样,重要结构应多设控制点,以利于检查校正。模板安装过程中,应经常保持足够的临时固定设施,以防倾覆。

模板支架应支撑在坚实的地基或老混凝土上,并应有足够的支撑面积;地基承载能力应满足支架传递荷载的要求,必要时应对地基进行加固处理。斜撑应防止滑动。竖向模板和支架的支撑部分,当安装在基土上时,应加设垫板,且基土应坚实并有排水措施。对湿陷性黄土应有防水措施;对冻胀性土应有防冻融措施。

现浇混凝土梁、板,当跨度等于或大于 4m 时,模板应起拱;当设计无具体要求时,起拱高度宜为全跨长度的 1/1000~3/1000。

模板与混凝土的接触面,以及各块模板接缝处,应平整、密合,以保证混凝土表面的平整度和混凝土的密实性。

模板的面板应涂脱模剂,但应避免脱模剂污染或侵蚀钢筋和混凝土。

对于大体积混凝土浇筑块,成型后的偏差,不应超过模板安装允许偏差的 50%～100%。混凝土浇筑过程中,应安排专业人员负责模板的检查。对承重模板,应加强检查、维护。如模板有变形、位移,应及时采取措施,必要时停止混凝土浇筑。同时,模板上不应堆放超过设计荷载的材料及设备。

（2）模板的拆除。

在拆除模板时应使用专门工具,减少对模板和混凝土的损伤,防止模板跌落。立模后,混凝土浇筑前,应在模板内表面涂以脱模剂,以利拆除。

①拆模的期限。

不承重的侧面模板,混凝土强度达到 2.5MPa 以上,其表面和棱角不因拆模而损坏方可拆除。对于承重板,要求达到表 7-6 所规定的设计强度的百分率后才能拆模。

表 7-6　承重模板拆除强度要求

项目	跨度 l(m)	混凝土达到设计强度的百分率
悬臂梁、板	≤2	75%
	>2	100%
其他梁、板、拱	≤2	50%
	2<l≤8	75%
	>8	100%

②拆模顺序。

拆模的顺序及方法应按相关规定进行。当无规定时,模板拆除可采取先支的后拆、后支的先拆,先拆非承重模板、后拆承重模板的顺序,并应从上而下进行拆除。

③堆放要求。

拆下的模板和支架应及时清理、维修,并分类堆存,妥善保管,以备再用。钢模应设仓库存放,并防锈。大型模板堆放时,应垫放平稳,以防变形,必要时应加固。

二、钢筋

可用于水工混凝土结构的钢筋材料牌号为 HPB300、HRB335、HRB400、HRB500、KL400、CBR550 和冷拉Ⅰ级钢筋等。

预应力水工混凝土不应采用牌号为 HPB300 的热轧光圆钢筋、牌号为 CBR550 的冷轧带肋钢筋和冷拉Ⅰ级钢筋。非预应力混凝土不应采用冷拉Ⅱ级及以上钢筋。

1.材料

钢筋应按不同等级、牌号、规格及生产厂家分批验收,分别堆存,不应混杂,且应立牌以便识别。运输、贮存过程中应避免锈蚀和污染。钢筋宜堆置在仓库（棚）内;露天堆置时,应垫高并加遮盖,不应和酸、盐、油等物品存放在一起。

钢筋的机械性能检验应遵守下列规定:

①钢筋应立分批试验,以同一炉（批）号、同一截面尺寸的钢筋为一批,每批重量不大于 60t。

②根据原附钢筋质量证明书或试验报告单检查每批钢筋的外观质量，如裂缝、结疤、麻坑、气泡、砸碰伤痕及锈蚀程度等，并测量本批钢筋的代表直径。

③钢筋取样时，钢筋端部应先截去 50cm，每组试样分别标记，不应混淆。

④每批钢筋选取经表面检查和尺寸测量合格的 2 根钢筋，各取 1 个拉力试件和 1 个冷弯试件。检验过程中，如果有 1 个试件不符合规定的数值时，则另取两倍数量的试件。对不合格的项目进行复验，如仍有 1 个试件不合格，则该批钢筋即为不合格。

⑤拉力试验项目中，应包括屈服点、抗拉强度和伸长率。如有 1 个指标不符合规定，即判定拉力试验项目不合格。

⑥冷弯试件弯曲后，不应有裂纹、剥落或断裂。

2.配料

(1)配料依据。

①修改图纸和修改通知；

②浇筑部位的分层分块图；

③混凝土入仓方式；

④钢筋运输、安装方法和接头形式。

(2)下料长度。

下料长度计算是配料计算中的关键。

钢筋弯曲时，其外壁伸长，内壁缩短，而中心线长度并不改变。但是设计图中注明的尺寸是根据外包尺寸计算的，且不包括端头弯钩长度。显然，外包尺寸大于中心线长度，它们之间存在一个差值，称为"量度差值"，即调整值。因此，钢筋的下料长度应为：

直钢筋下料长度＝构件长度－保护层厚度＋弯钩增加长度

弯起钢筋下料长度＝直段长度＋斜段长度－弯曲调整值＋弯钩增加长度

箍筋下料长度＝箍筋周长＋箍筋调整值

上述钢筋若需要连接，还应加钢筋连接长度。

例如某构件钢筋图见图 7-5。

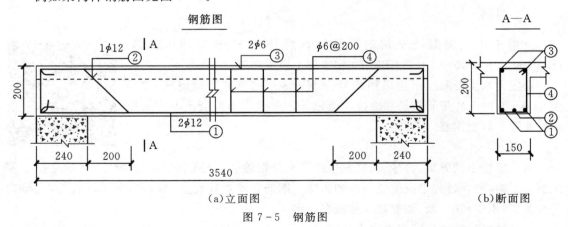

(a)立面图　　　　　　　　　　　(b)断面图

图 7-5　钢筋图

钢筋长度的计算结构一般都是以钢筋表的形式进行表示，对图 7-5 钢筋图的计算，可以得出表 7-7 的结构。具体配料时，可以依据表 7-7 进行配料。

表 7-7 钢筋配料表

编号	直径	形式	单根长(cm)	根数	总长(m)	备注
①	φ12	75　3500　75	365	2	7.3	
②	φ12	220　220　230　α　2660　α　230　75　75	371	1	3.71	α=135°
③	φ6	3500　160　50　50　160	392	2	7.84	
④	φ6	160　110　110　160	64	18	11.52	

进行采购时,则需要依据表 7-8 钢筋材料表进行采购。

表 7-8 钢筋材料表

规格	总长度(m)	单根重(kg/m)	总重(kg)	合计(t)
φ12	12.09	0.888	10.736	0.0150
φ6	19.36	0.222	4.298	

(3)钢筋代换。

施工中可能会因为缺少设计图中要求的钢筋品种或规格而需要钢筋代换,一般应尽量避免钢筋代换,在不得已的情况下进行代换时,应遵守下列规定:

①按两者的计算强度进行换算,并对钢筋截面面积做相应的改变。

②某种直径的钢筋,用同牌号的另一直径钢筋替换时,其直径变更范围不宜超过 4mm;替换后的钢筋总截面面积不应小于设计规定截面面积的 98%,也不应大于设计规定截面面积的 103%。

③钢筋等级的替换不应超过一级。用高一级钢筋替换低一级的钢筋时,宜采用改变钢筋直径的方法而不宜采用改变钢筋根数的方法,部分构件应进行裂缝和变形验算。

④以较粗的钢筋替换较细的钢筋时,部分构件应校核握裹力。

3. 加工

钢筋加工包括调直、去锈、切断、弯曲和连接等工序。

(1)钢筋调直、去锈。

调直直径 12mm 以下的钢筋,主要采用卷扬机拉直或用调直机调直。用冷拉法调直钢筋时,其矫直冷拉率不得大于 1%(Ⅰ级钢筋不得大于 2%)。对于直径大于 30mm 的钢筋,可用弯筋机进行调直。钢筋调直后,其表面不应有明显的伤痕。

钢筋除锈宜采用除锈机、风砂枪等机械除锈,钢筋数量较少时,可采用人工除锈,除锈后应尽快使用,以免影响钢筋与混凝土的黏结。对于一般浮锈可不必清除。

(2)钢筋切断、弯曲。

切断钢筋可用钢筋切断机完成。对于直径 22~40mm 的钢筋,一般采用单根切断;对于直径在 22mm 以下的钢筋,则可一次切断数根。对于直径大于 40mm 的钢筋,要用砂轮锯、氧气切割或电弧切割。

一般弯筋工作在钢筋弯曲机上进行。水利工程中的大弧度环形钢筋的弯制可用弧形样板制作。样板弯曲直径应比环形钢筋弯曲直径小 20%~40%,使弯制的钢筋回弹后正好符合要求。样板弯曲直径可由试验确定。

(3)钢筋连接。

钢筋连接常用的方法有焊接连接、机械连接和绑扎连接。

①焊接连接。

钢筋的焊接质量与钢材的可焊性、焊接工艺有关。常用的焊接方法有闪光对焊、电弧焊、电渣压力焊和电阻点焊等。

②机械连接。

钢筋机械连接是通过连接件的机械咬合作用或钢筋端面的承压作用,将一根钢筋中的受力传递至另一根钢筋的连接方法。钢筋机械连接在确保钢筋接头质量、改善施工环境、提高工作效率、保证工程进度方面具有明显优势。钢筋接头机械连接的种类很多,如钢筋套筒挤压连接、直螺纹套筒连接、精轧大螺旋钢筋套筒连接、热熔剂充填套筒连接、平面承压对接等。

③绑扎连接。

钢筋绑扎连接时需满足其不同类型和钢筋要求的搭接长度,一般在重要的关键部位很少采用绑扎连接。因此,一般直径小于或等于 25mm 的非轴心受拉构件、非偏心受拉构件、非承受震动荷载构件的接头,可采用绑扎连接。

④接头分布的要求。

钢筋接头应分散布置。配置在同一截面内的下述受力钢筋,其接头的截面面积占受力钢筋总截面面积的百分率,应符合下列规定:

a.焊接接头,在受弯构件的受拉区,不宜超过 50%;受压区不受限制。

b.绑扎接头,在受弯构件的受拉区,不宜超过 25%;受压区不宜超过 50%。

c.机械连接接头,其接头分布应按设计规定执行,当设计没有要求时,在受拉区不宜超过 50%;在受压区或装配式构件中钢筋受力较小部位,A 级接头不受限制。

d.焊接与绑扎接头距离钢筋弯头起点不得小于 $10d$(d 为直径),也不应位于最大弯矩处。

e.若两根相邻的钢筋接头中距在 50mm 以内或两绑扎接头的中距在绑扎搭接长度以内,均作为同一截面处理。

4.安装

钢筋的安装位置、间距、保护层及各部分钢筋的尺寸,均应符合设计图纸的规定,其偏差不应超过表 7-9 的规定。

表7-9　钢筋安装允许偏差

项次	偏差名称		允许偏差
1	钢筋长度方向的偏差		1/2倍净保护层厚
2	同一排受力钢筋间距的局部偏差	柱及梁	0.5d
		板、墙	0.1倍间距
3	双排钢筋,其排与排间距的局部偏差		0.1倍间距
4	梁与柱中钢筋间距的偏差		0.1倍箍筋间距
5	保护层厚度的局部偏差		1/4倍净保护层厚

钢筋架设完毕,应及时加强保护,防止发生错动、变形和锈蚀。浇筑混凝土之前,应进行详细检查,并填写检查记录。检查合格的钢筋,如长期暴露,应在混凝土浇筑之前重新检查,合格后方可浇筑混凝土。同时,混凝土浇筑施工中,应安排值班人员经常检查钢筋架立位置,如发现变动应及时矫正。另外,不应擅自移动或割除钢筋。

模块三　混凝土坝的浇筑

混凝土浇筑的施工过程包括浇筑前的准备、浇筑时入仓铺料、平仓振捣和浇筑后的养护。

一、浇筑前的准备

浇筑前的准备工作主要有:

(1)基础面的处理。

对于沙砾地基,应清除杂物,整平建基面,再浇10～20cm低强度等级混凝土作垫层,以防漏浆;对于土基,应先铺碎石,盖上湿砂,压实后,再浇混凝土;对于岩基,爆破后用人工清除表面松软岩石、棱角和反坡,并用高压水枪冲洗,若粘有油污和杂物,可用金属刷刷洗,直至洁净为止。

(2)施工缝处理。

施工缝是指浇筑块间临时的水平和垂直结合缝,也是新老混凝土的结合面。在新混凝土浇筑之前,必须采用高压水枪或风砂枪将老混凝土表面含游离石灰的水泥膜(乳皮)清除,并使表层石子半露,形成有利于层间结合的麻面。对纵缝表面可不凿毛,但应冲洗干净,以利灌浆。采用高压水冲毛,视气温高低,可在浇筑后5～20h进行;风砂枪打毛时,一般应在浇筑后一两天进行。施工缝凿毛后,应冲洗干净使其表面无渣、无尘,才能浇筑混凝土。

(3)模板、钢筋及预埋作安设。

(4)开仓前全面检查。

仓面准备就绪,风、水、电及照明布置妥当后,才允许开仓浇筑,一经开仓则应连续浇筑,避免因中断而出现冷缝。

二、入仓铺料

1. 方法

混凝土入仓铺料的方法主要有平铺法、台阶法和斜层浇筑法。

①平铺法。混凝土入仓铺料时,整个仓面铺满一层振捣密实后,再铺筑下一层,逐层铺筑,称为平铺法。如图7-6所示。

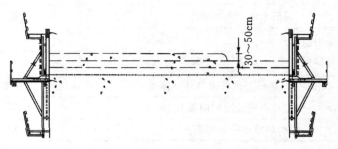

图7-6 混凝土浇筑平铺法铺料

②台阶法。混凝土入仓铺料时,从仓位短边一端向另一端铺料,边前进边加高,逐层向前推进,并形成明显的阶,直至把整个仓位浇到收仓高程,如图7-7所示。

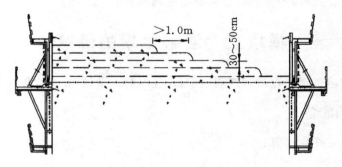

图7-7 混凝土浇筑台阶法铺料

③斜层浇筑法。斜层浇筑法是在浇筑仓面,从一端向另一端推进,推进中及时覆盖,以免发生冷缝的入仓铺料方法。斜层坡度不超过10°,否则在平仓振捣时易使砂浆流动,骨料分离,下层已捣实的混凝土也可能产生错动。如图7-8所示。浇筑块高度一般限制在1.5m左右。当浇筑块较薄,且对混凝土采取预冷措施时,斜层浇筑法是较常见的方法,因其浇筑过程中混凝土冷量损失较小。

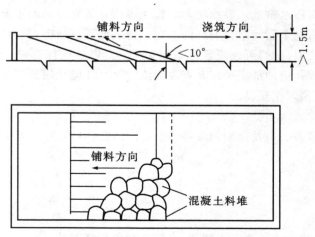

图7-8 混凝土浇筑斜层法铺料

2. 分块尺寸和铺层厚度

分块尺寸和铺层厚度应根据拌和能力、运输能力、浇筑速度、气温及振捣能力等综合确定。若分块尺寸和铺层厚度已定，要使层间不出现冷缝，应采取措施增大运输浇筑能力。若设备能力难以增加，则应考虑改变浇筑方法，将铺料方法由平铺法改变为斜层浇筑和台阶浇筑，以避免出现冷缝。为避免砂浆流失、骨料分离，宜采用低坍落度混凝土。

3. 铺料间隔时间

混凝土浇筑应保持连续性，混凝土允许间歇时间应通过实验确定，无实验资料时可按表7-10进行控制。

表 7 - 10　混凝土浇筑允许间隔时间(min)

混凝土浇筑时气温(℃)	中热硅酸盐水泥、硅酸盐水泥、普通硅酸盐水泥	低热矿渣硅酸盐水泥、矿渣硅酸盐水泥、火山灰质硅酸盐水泥
21～30	90	120
11～20	135	180
5～10		195

因故中断且超过允许间歇时间，但混凝土尚能重塑者，可继续浇筑，否则应按施工缝处理。

三、平仓与振捣

1. 平仓

卸入仓内成堆的混凝土料，按规定要求均匀铺平称为平仓。平仓可用插入式振捣器插入料堆顶部振动，使混凝土液化后自行摊平，也可用平仓振捣机进行平仓振捣。

2. 振捣

振捣是保证混凝土密实的关键，振捣应在平仓后立即进行。

混凝土振捣主要采用混凝土振捣器进行，按照振捣方式不同，分为插入式、外部式、表面式振捣器以及振动台等。其中，外部式振捣器适用于尺寸小且钢筋密的结构。表面式振捣器适用于薄层混凝土振捣。水利水电工程大多使用插入式振捣器，分为电动软轴式、电动硬轴式和风动式。为了避免漏振，应使振点均匀排列，有序进行振捣。并使振捣器插入下层混凝土约5cm处，以利上下层接合。

每一位置的振捣时间以混凝土粗骨料不再显著下沉，并开始泛浆为准。同时，注意防止欠振、漏振或过振现象。

四、混凝土养护

混凝土养护是保证混凝土强度增长，不发生开裂的必要措施。混凝土养护应有人负责，并详细记录。

初凝前，应避免仓面积水、阳光暴晒。初凝后可采用洒水或流水等方式养护。混凝土养护应连续进行，养护期间混凝土表面及所有侧面始终保持湿润。

混凝土养护时间按设计要求执行，不宜少于28d，对重要部位和利用后期强度的混凝土以及其他有特殊要求的部位应延长养护时间。

若混凝土采用养护剂进行养护,养护剂应在混凝土表面湿润且无水迹时开始喷涂,夏季使用时应避免阳光直射。

五、应挖除的混凝土

若混凝土浇筑仓出现下列情况之一,应予以挖除:

①低等级混凝土料混入高等级混凝土浇筑部位。

②混凝土无法振捣密实或对结构物带来不利影响的级配错误混凝土。

③未及时平仓且已初凝的混凝土料。

④长时间不凝固的混凝土料。

⑤出现不合格料的混凝土。

模块四 坝体分缝与止水

混凝土坝用纵缝分块进行浇筑有利于坝体温度控制和浇筑块分别上升,但为了恢复坝的整体性,必须对纵缝进行接缝灌浆,对于同属临时施工缝的某些横缝也需进行接缝灌浆,而对属于永久温度沉陷缝的横缝,不需进行灌浆。

一、分缝

1. 形式

横缝按缝面形式分三种:缝面不设键槽、不灌浆;缝面设竖向键槽和灌浆系统;缝面设键槽,但不进行灌浆。

纵缝形式主要有竖缝、斜缝及错缝等。如图 7-9 所示。

2. 特点

(1)横缝。

横缝一般是自地基垂直贯穿至坝顶,在上、下游坝面附近设置止水系统。有灌浆要求的横缝,缝面一般设置竖向梯形键槽。不灌浆的横缝,接缝之间通常采用沥青杉木板、泡沫塑料板或沥青填充。

(2)竖缝。

竖缝分块,用平行于坝轴线的铅直纵缝,坝段分成若干柱状体进行浇注。浇块高度一般在

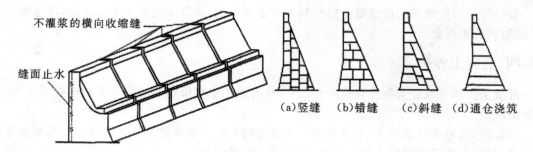

图 7-9 重力坝缝的形式

3m 以内,是我国使用最广泛的一种分缝分块形式。

纵缝一般是为了施工方便进行设置的,因此纵缝需要设置键槽,并进行接缝灌浆处理,或设置宽缝回填膨胀混凝土。同时,在施工中为了避免冷缝,块体大小必须与混凝土制备、运输和浇筑的生产能力相适应,即要保证在混凝土初凝时间内所浇的混凝土方量,必须等于或大于块体的一个浇筑层的混凝土方量。

采用竖缝分块时,纵缝间距越大,块体水平断面越大,则纵缝数目和缝的总面积越小,接缝灌浆及模板作业的工作量也就越少。因此,施工中应尽量加大纵缝间距,减少纵缝数目,甚至取消纵缝进行通仓浇筑。

（3）斜缝分块。

斜缝分块是大致沿坝体两组主应力之一的轨迹面设置斜缝。斜缝可以不进行接缝灌浆,但斜缝不能直通到坝的上游面,以避免库水深入缝内。在缝的终止处,应采取并缝措施,以免应力集中导致斜缝沿缝尖端向上发展裂缝而贯穿。

施工中应注意坝体均匀上升和控制相邻块的高差。高差过大将导致温差过大,以产生不利的拉应力而裂缝。在浇注先后程序上,应满足上游块先浇,下游块后浇。因此,其不如纵缝分块在浇筑先后程序上的机动灵活。

（4）错缝分块。

错缝适用于坝体尺寸较小,一般长 8～14m,分层厚度 1～4m。缝面一般不灌浆,但在重要部位如水轮机蜗壳等重要部位需要骑缝钢筋,垂直缝和水平施工缝上必要时需设置键槽。水平缝的搭接部分一般为层厚的 1/3～1/2,且搭接部分的水平缝要求抹平,以减少坝块两端的约束。

（5）通仓浇筑。

通仓浇筑是整个坝段不设纵缝,以一个坝段进行的浇筑。这种浇筑方式坝体整体性好,有利于改善坝重应力状态。而且仓面面积增大,有利于提高机械化水平,充分发挥大型、先进机械设备的效率。同时,免除了接缝灌浆,减少了模板工程量,节省工程费用,有利于加快施工进度。但是,浇块尺寸大,因此温控要求高。

二、止水

凡是位于防渗范围内的缝,都有止水设施,止水包括水平止水和垂直止水。止水片的连接也可以分为柔性连接和刚性连接。柔性连接是将金属止水片的接头部分埋在沥青块体中;刚性止水是将金属止水片剪裁后焊接成整体。在实际使用中,水平多采用刚性连接,铅直多采用柔性连接。

1.水平止水

水平止水大都采用塑料或者橡胶止水带,其形式和安装方法见图 7-10和图 7-11。

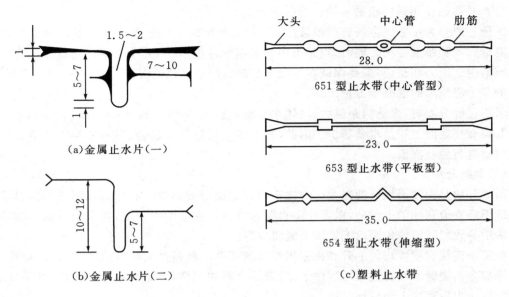

图 7-10 水平止水片与塑料止水带（单位：cm）

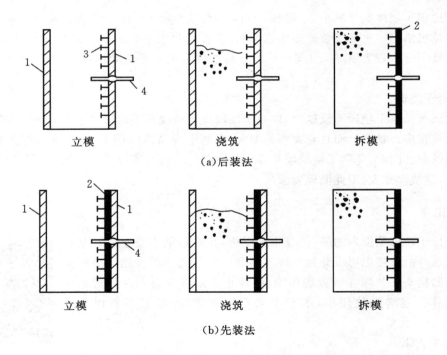

1—模板；2—填料；3—嵌钉；4—止水带

图 7-11 水平止水安装示意图

2.垂直止水

垂直止水部分的金属片,重要部分用紫铜片,一般用铝片、镀锌铁皮或镀铜铁皮等。其止水构造见图 7-12。

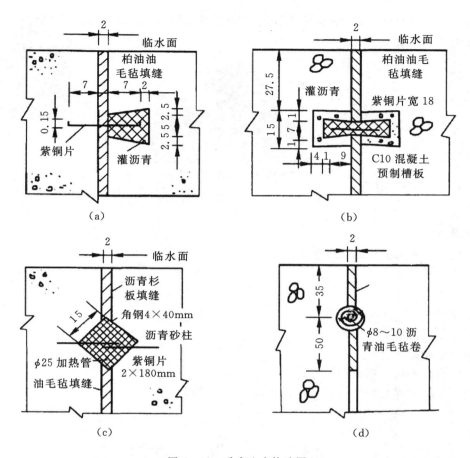

图 7-12　垂直止水构造图

3.止水部分的混凝土浇筑

浇筑止水部分的混凝土时,应特别注意以下几点:

①水平止水片应在浇筑层的中间,在止水片高程处,不得设置施工缝;

②浇筑混凝土时,不得冲撞止水片,当混凝土将要淹没止水片时,应再次清除其表面污垢;

③振捣器不得触及止水片;

④嵌固止水片的模板应适当推迟拆模时间。

模块五　碾压混凝土坝的施工技术

碾压混凝土坝是混凝土坝施工的一种新形式,采用的是干贫混凝土。

一、施工工艺

1.结构形式

碾压混凝土坝采用的是"金包银"的结构形式,即碾压混凝土筑坝,在上游面设置常态混凝土防渗层以防止内部碾压混凝土的层间渗透;有防冻要求的坝,下游面亦用常态混凝土;为提高溢流面的抗冲耐磨性能,一般也采用强度等级较高的抗冲耐磨常态混凝土。如图7-13所示。

"金包银"碾压混凝土重力坝

图 7-13　碾压混凝土坝结构图

2.具体施工工艺

碾压混凝土坝的具体施工工艺为:

①初浇层铺砂浆;

②汽车运输入仓;

③平仓机平仓;

④振动压实机压实;

⑤振动切缝机切缝;

⑥切完缝再沿缝无振碾压两遍。

这种施工工艺在我国具有普遍性,其主要过程见图7-14。

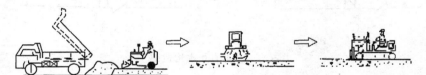

(a)自卸汽车供料　(b)平仓机平仓　(c)振动碾压实　(d)切缝机装刀片并切缝

图 7-14　碾压混凝土坝施工工艺流程图

二、施工特点

碾压混凝土坝最突出的特点有以下几个方面:

1.采用干贫混凝土

碾压混凝土坝的干湿度用 VC 值表示(在规定的振动台上将碾压混凝土振动达到合乎标准的时间,以 s 计)。试验证明,碾压混凝土坝一般采用 VC 值为 10~30s 的干贫混凝土。因为,当 VC 值小于 40s 时,碾压混凝土的强度随着 VC 值的增大而提高;当 VC 值大于 40s 时,混凝土强度则随着 VC 值增大而降低。同时,如果 VC 值太大,说明拌和料干,不易压实。

2.大量掺加粉煤灰,减少水泥用量

由于碾压混凝土是干贫混凝土,要求掺水量少,水泥用量也很少。为保持混凝土有一定的胶凝材料,必须掺入大量粉煤灰(掺量占总胶凝材料的 50%~70%,且为Ⅱ级以上)。这样不仅可以减少混凝土的初期发热量,增加混凝土的后期强度,简化混凝土的温控措施,而且有利于降低工程成本。

3.采用通仓薄层浇筑

碾压混凝土坝不采用传统的柱状浇筑法,而采用通仓薄层浇筑(RCD工法碾压厚度通常为 50cm、75cm、100cm,RCC工法通常为 30cm)。这样,可增加散热效果,取消冷却水管,减少模板工程量,简化仓面作业,有利于加快施工进度。通仓浇筑要求尽量减少坝内孔洞,不设纵缝,坝段间的横缝用切缝机切割,以尽量增大仓面面积,减少仓面作业的干扰。

4.大坝横缝采用切缝法形成诱导缝

碾压混凝土坝是若干个坝段一起浇筑混凝土,所以横缝采用振动切缝机切缝,或设置诱导孔等方法形成横缝。填缝材料为塑料膜、铁片或干砂等。

5.振动压实达到混凝土密实

常态混凝土依靠振捣器达到混凝土密实。碾压混凝土依靠振动碾碾压达到混凝土密实。碾压前,通过碾压试验确定碾压遍数及振动碾行走速度。

三、施工过程及控制要点

1.拌和料

碾压混凝土拌和料的干湿度一般用 VC 值来表示。VC 值太小表示拌和太湿,振动碾易沉陷,难以正常工作。VC 值太大表示拌和料太干,灰浆太少,骨料架空,不易压实。但混凝土入仓料的干湿又与气温、日照、辐射、湿度、蒸发量、雨量、风力等自然因素相关,碾压时难以控制。

现场 VC 值的测定可以采用 VC 仪或凭经验手感测定。在碾压过程中,若振动碾压3～4遍后仍无灰浆泌出,混凝土表面有干条状裂纹出现,甚至有粗骨料被压碎现象,则表明混凝土料太干;若振动碾压1～2遍后,表面就有灰浆泌出,有较多灰浆黏在振动碾上,低挡行驶有陷车情况,则表明拌和料太湿。在振动碾压3～4遍后,混凝土表面有明显灰浆泌出,表面平整、润湿、光滑,碾滚前后有弹性起伏现象,则表明混凝土料干湿适度。

2.卸料、平仓、碾压

卸料、平仓、碾压,主要应保证层间结合良好。卸料、铺料厚度要均匀,减少骨料分离,使层内混凝土料均匀,以利充分压实。卸料、平仓、碾压的质量要求与控制措施如下:

①要避免层间间歇时间太长,防止冷缝发生。

②防止骨料分离和拌和料过干。

③为了减少混凝土分离,卸料落差不应大于 2m,堆料高不大于1.5m。

④入仓混凝土应及时摊铺和碾压。相对压实度是评价碾压混凝土压实质量的指标,对于建筑物的外部混凝土,相对压实度不得小于 95%;对于内部混凝土相对压实度不得小于 97%。

⑤常态混凝土和碾压混凝土结合部的压实控制,无论采用"先碾压后常态"还是"先常态后碾压"或两种混凝土同步入仓,都必须对两种混凝土结合部重新碾压。由于两种料的初凝时间相差可达 4h,除应注意接缝面外,还应防止常态混凝土水平层面出现冷缝。应对常态混凝土掺高效缓凝剂,使两种材料初凝时间接近,同处于塑性状态,保持层面同步上升,以保证结合部的质量。

⑥每一碾压层至少在 6 个不同地点,每 2 小时至少检测一次。压实密度可采用核子水分

密度仪、谐波密实度计和加速度计等方法检测,目前较多采用挖坑填砂法和核子水分密度仪法进行检测。

四、养护和防护

碾压混凝土浇筑后必须养护,从施工组织安排上应尽量避免夏季和高温时刻施工。大风、干燥、高温气候下施工时,可采取仓面喷雾措施,防止混凝土表面水分散失。刚碾压后的混凝土不能洒水养护,可以采取覆盖等措施防止表面水分蒸发。

混凝土终凝后应立即进行洒水养护。其中,水平施工缝和冷缝,洒水养护持续至上一层碾压混凝土开始铺筑。永久外露面,宜养护 28d 以上。

模块六　混凝土的温度控制

一、温度控制的目的

混凝土温度控制的主要目的有以下几个:
①防止坝块的温度裂缝。
②防止坝体接缝灌浆后的裂缝再度张裂。
③调整和改善坝体的温度压力。

二、温度变化

混凝土在凝固过程中,由于水泥水化热的作用,释放大量的水化热,使混凝土内部温度逐步上升。对尺寸小的结构,由于散热较快,温升不大,不致引起严重后果。但对于大体积混凝土,混凝土导热性能随热传导距离成非线性衰减,大部分水化热将继续留在浇筑块内,温度可达 30℃～50℃,甚至更高。由于内外温差的存在,随时间的推移,坝内温度会逐渐下降而趋于稳定,与多年平均气温接近。大体积混凝土的温度变化,大致经过温升期、冷却期和稳定期。

三、混凝土裂缝

1. 原 因

混凝土在温度不断变化过程中,不同时期和部位均会产生一些裂缝。根据温度变化,主要裂缝的产生为:

初凝前:水化热→温度变化→体积伸张→产生裂缝;

初凝后:体积收缩,基础及自身约束→产生裂缝。

混凝土大坝浇筑后容易在坝的表面及坝基础部位产生许多裂缝。造成混凝土坝发生裂缝的原因有:
①温度和湿度的变化;
②混凝土本身的脆性和不均匀性;
③分缝分块不恰当;
④结构不合理;
⑤施工质量基础的不均匀沉陷等。

造成混凝土坝发生裂缝的根本原因可以归结为:混凝土的变形和对变形的约束。

2.分类

大体积混凝土温度裂缝有细微裂缝、表面裂缝、深层裂缝和贯穿裂缝。如图7-15所示。

细微裂缝:缝宽$\delta \leqslant 0.1 \sim 0.2$mm,缝深$\leqslant 30$cm;

表面裂缝:缝宽$\delta \leqslant 0.2$mm,缝深$\leqslant 1$m;

深层裂缝:缝宽$\delta \leqslant 0.2 \sim 0.4$mm,缝深$1 \sim 5$m且$<1/3$坝块宽度,缝长$>2$m;

贯穿裂缝:基础向上开裂且平面贯通全仓。

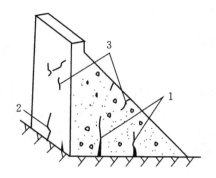

1—贯穿裂缝;2—深层裂缝;3—表面裂缝

图7-15　混凝土坝裂缝示意图

四、温控措施

对于大体积混凝土必须做好温度控制,主要从以下五个方面进行:

(1)减少混凝土的发热量。

①减少每立方米混凝土的水泥用量。

a.不同分区采用不同强度等级的混凝土;

b.采用低流态或无坍落度干硬性贫混凝土;

c.改善骨料级配,增大骨料粒径,对少筋混凝土坝可埋设大块石;

d.大量掺粉煤灰,掺合料的用量可达水泥用量的$25\% \sim 60\%$;

e.采用高效外加减水剂,不仅能节约水泥用量约20%,使28d龄期混凝土的发热量减少$25\% \sim 30\%$,且能提高混凝土早期强度和极限拉伸值。常用的减水剂有木质素、糖蜜、MF复合剂、JG3等。

②采用低发热量的水泥。

(2)降低混凝土的入仓温度。

①合理安排浇筑时间。

在施工组织上应进行合理安排,如:春、秋季多浇,夏季早晚浇,正午不浇,重要部位安排在低温季节、低温时段浇筑,以降低混凝土入仓温度,避免出现温度裂缝。

②采用加冰或加冰水拌和。

③对骨料进行预冷。骨料预冷的方法有:水冷、风冷、真空气化冷却。

(3)加速混凝土散热。

①采用自然散热冷却降温。

a.采用薄层浇筑以增加散热面,并适当延长间歇时间。

b.在高温季节,已采用预冷措施时,则可采用厚块浇筑,防止因气温过高而热量倒流,以保持预冷效果。

②在混凝土内预埋水管通水冷却。主要是在混凝土内预埋蛇形冷却水管,通循环冷水进行降温冷却。

(4)合理分缝分块。控制相邻坝块、坝段高差。

(5)混凝土表面保温与养护。

五、温度控制标准和测量

1.控制标准

混凝土的入仓温度不应过大,并应控制好室外温度和混凝土本身温度的差值。同时,由于碾压混凝土胶凝材料用量少,抗裂能力比常态混凝土差,因此其温差标准比常态混凝土严格。对于外部无常态混凝土或侧面施工期暴露的碾压混凝土浇筑块,其内外温差控制标准一般在常态混凝土基础上加严 2℃～3℃。

2.温度测量

在混凝土施工过程中,宜每 4h 测量一次混凝土原材料的温度、混凝土出机口温度以及坝体冷却水的温度和气温,并做好记录。

混凝土浇筑温度的测量,每 100m² 仓面面积应不少于 1 个测点,每一浇筑层应不少于 3 个测点。测点应均匀分布在浇筑层面上。

浇筑块内部的温度观测,除按设计要求进行外,可根据混凝土温度控制的需要,补充埋设仪器进行观测。

模块七　混凝土的季节作业

混凝土的季节施工主要包括低温(冬季)施工和雨季施工。

一、混凝土的冬季作业

1.冬期的定义

日平均气温连续 5d 稳定在 5℃以下或最低气温连续 5d 稳定在－3℃以下时,应按低温(冬期)施工。

冬期施工应编制专项施工措施计划和可靠的技术措施,主要包括下列基本内容:

(1)确定低温季节施工起止日期。

(2)施工环境及各环节的热工计算。

(3)保温材料调查和确定。

(4)配合比、外加剂试验及确定。

(5)低温季节施工中掺有防冻剂的混凝土对骨料的要求。

2.冬季作业的措施

冬季作业的措施有：

①施工组织上的合理安排；

②创建快凝条件；

③加强拌和；

④减少热温；

⑤骨料预热。

3.**冬季养护方法**

(1)电热保温毯施工方法。

根据所要求保温的部位，将保温部位清理干净（混凝土面不得有水），将电热毯展开平铺在施工面上，相邻两块搭接3～5cm，接通电源后，使保温面温度逐渐升高。使用过程中要特别注意运输移动，不允许在地面拖拉、折叠，以免划破、拉伤使线路断路或短路造成事故。

(2)暖风机施工方法。

先浇块浇筑时，在仓面两侧各布置4台暖风机，并将两侧的横缝模板各改造两块，键槽模报中间加一个爬行锥和一组竖背愣，每两台暖风机放置在一个吊篮中，整体吊放在模板支架上。暖风机供热主管垂直水流方向布置，用铅丝将主管悬挂起来，利用主管上的分叉接支管对仓面吹暖风，支管按一长一短间隔布置。后浇块浇筑时，相邻坝块高差小于6m时，可将暖风机放置在相邻坝块。若相邻坝块高差大于6m时，在相邻坝块浇筑时预埋埋件，仓面内埋设蛇形柱，利用蛇形柱和预埋的埋件架设平台，放置暖风机。

(3)保温棚施工法。

该方法不适用于风沙大的地区。简易保温棚的搭设方式为：坝前、坝后及横缝模板在3～4m范围内沿上下游面弧线及横缝方向采用彩条布搭设简易保温棚，将彩条布上口固定在悬臂拉板上，下口采用重物压实固定，使悬臂模板在3～4m范围内形成了三角封闭区域即形成了简易三角保温棚。

二、雨季施工

1.**准备工作**

雨季施工应做好的准备工作：

①及时了解天气预报，合理安排施工；

②砂石料场的排水设施保证通畅；

③运输设备有防雨及防滑设施；

④浇筑仓面有防雨设施；

⑤增加骨料含水率的检测频次。

2.**施工**

有抗冲耐磨和有抹面要求的混凝土不应在雨天施工。

在小雨中浇筑的混凝土应遵守：

①适当减少混凝土拌和用水量和出机口混凝土的坍落度，必要时适当减小混凝土的水胶比。

②加强仓内排水和防止周围雨水流入仓内。

③新浇混凝土面尤其是接头部位应采取有效的防雨措施。

中雨以上的雨天不应进行室外混凝土浇筑仓面。

浇筑过程中如遇中雨、大雨和暴雨,应及时停止进料,已入仓的混凝土在防雨设施的保护下振捣密实并遮盖。雨后及时排除仓内积水,受雨水冲刷的部位应及时处理。停止浇筑的混凝土尚未超过允许间歇时间或能重塑时,可加铺砂浆后继续浇筑,否则应按施工缝处理。

模块八 混凝土工程施工质量控制

一、施工质量控制的内容

混凝土坝的施工质量控制应从原材料的质量控制入手,直至混凝土的拌和、运输、入仓、平仓、振捣、养护等各个环节。

混凝土质量控制应在出机口和仓内都取样,测试其质量指标,按试件强度的离差系数或标准差进行控制。

二、施工质量检测方法

混凝土浇筑结束后,还需进一步取样检查,如不符要求,应及时采取补救措施。常用的检查和检测的方法有物理监测、钻孔压水、大块取样和原型观测。

1. 物理监测

物理监测,就是采用超声波、γ 射线、红外线等仪表监测裂缝、空洞和弹模。

2. 钻孔压水

钻孔压水是一种极为普遍的检查方法。通常用地质钻机取样,进行抗压、抗拉、抗剪、抗渗等各种实验。压水试验单位吸水率应小于 $0.01L/(min \cdot m \cdot m)$。

3. 大块取样

大块取样,可采用 1m 以上的大直径钻机取样,同样,人可直接下井(孔)进行观察,也可在廊道内打排孔,使孔与孔相连,成片取出大尺寸的试样进行实验。

4. 原型观测

在混凝土浇筑中埋设电阻温度计监测运行期混凝土内的温度变化;埋设测缝计监测裂缝的开合;埋设渗压计监测坝基扬压力和坝体渗透压力的大小;埋设应力应变计监测坝体应力应变情况;埋设钢筋计监测结构内部钢筋的工作情况。同时,进行位移、沉降等外部观测。

三、质量问题处理

在质检过程中发现问题,应及时进行处理,混凝土坝常见的问题就是裂缝。对裂缝处理的主要目的是恢复混凝土坝体的整体性,保持其强度、耐久性和抗渗性。

一般裂缝宜在低水头或地下水位较低时修补,而且要在适宜于修补材料凝固的温度或干燥条件下进行;水下裂缝如果必须在水下修补时,应选用相应的材料和方法;对受气温影响的裂缝,宜在低温季节裂缝开度较大的情况下修补;对不受气温影响的裂缝,宜在裂缝已经稳定的情况下选择适当的方法修补。

裂缝不同,修补方法也有区别,主要修补方法如下:

(1)龟裂缝或开度小于 0.5mm 的裂缝,可用表面涂抹环氧砂浆或表面贴条状砂浆,有些缝可以表面凿槽嵌补或喷浆处理。

(2)渗漏裂缝,可视情节轻重在渗水出口处进行表面凿槽嵌补水泥砂浆或环氧材料,有些需要进行钻孔灌浆处理。

(3)沉降缝和温度缝的处理,可用环氧砂浆贴橡皮等柔性材料修补,也可用钻孔灌浆或表面凿槽嵌补沥青砂浆或者环氧砂浆等方法。

(4)施工(冷)缝,一般采用钻孔灌浆处理,也可采用喷浆或表面凿槽嵌补。

其他质量问题,比如坝内空洞可采用水泥灌浆的方法。而对质量十分低劣又不便灌浆补强处理的,一般需要整块炸掉重新浇筑。

 ## 工程案例学习

案例一:龙羊峡水电站简介

一、地理位置

龙羊峡水电站距黄河发源地 1684km,下至黄河入海口 3376km,是黄河上游第一座大型梯级电站,人称黄河"龙头"电站。龙羊峡位于青海省共和县与贵德县之间的黄河干流上,长约37km,宽不足 100m。黄河自西向东穿行于峡谷中,两岸峭壁陡立,重峦叠嶂,河道狭窄,水流湍急,最窄处仅有 30m 左右,两岸相对高度约 200~300m,最高可达 800m。

二、施工时间

龙羊峡水电站建设从 1976 年开始,1979 年 11 月实现工程截流,1982 年 6 月开始浇筑主坝混凝土,1986 年 10 月 15 日导流洞下闸蓄水。

三、规模

龙羊峡水电站最大坝高 178m,为国内和亚洲第一大坝。坝底宽 80m,坝顶宽 15m,主坝长396m,左右两岸均高附坝,大坝全长 1140m。它不仅可以将黄河上游 13 万 km^2 的年流量全部拦住,而将在这里形成一座面积为 380km^2、总库容量为 240 亿 m^3 的中国最大的人工水库。

混凝土重力拱坝前沿总长 1277m。主坝长 396m,坝顶高程 2610m,最大中心角 85°02′39″,外半径 265m,拱冠断面坝顶厚 15m,坝底厚 80m,厚高比 0.45,弧高比 2.21,坝体混凝土工程量约157 万 m^3。共分 18 个坝段,设纵缝和横缝。

四、经济价值

电站建成后,可装 32 万 kW 的发电机 4 台,总装机容量达 128 万 kW,年发电量为 23.6 亿 kW·h。龙羊峡水电站除发电之外,还具有防洪、防凌、灌溉、养殖四大效益。龙羊峡水电站自投入运行到 2001 年 5 月 25 日,已安全发电 546.24 亿 kW·h,创产值 40.8 亿元;为西北电网的调峰、调频和下游防洪、防凌、灌溉及缓解下游断流发挥了重要作用,是黄河干流其他水电站都无法替代的。为促进青海经济发展奠定了基础,同时也为龙羊峡地区的旅游、养殖和改变区域环境创造了条件。

案例二:引水明渠混凝土外边墙垮塌事故

一、事故经过

××水电站电站设计水头 75m,装机容量 3×3200kW。该电站于 2005 年 3 月 12 日开工建设,当地发改委于 2005 年 8 月 15 日核准可行性研究报告。××电站为有坝引水式电站,大部分工程量为引水系统,前段引水明渠长 159.95m,隧洞长 4377.53m,后段明渠长 682.92m,并与电站压力前池相连,溢水系统设在压力前池。引水系统最大引用流量 13.2m³/s,后明渠最大过水深度 2m。

事故发生前,该电站已基本完成土建和机电设备安装工程。施工单位于 2007 年 12 月 12 日向监理部提出"我公司承建的引水隧洞及其引水渠道工程已完工,经自检合格,请予以检查和验收"。总监理工程师于 2007 年 12 月 13 日签署了"该工程初步验收合格,可以组织正式验收"的意见。有关各方已经商定,电站拟于 2007 年 12 月 15 日发电试运行,2007 年 12 月 13 日充水的目的是检查明渠过水情况。

2007 年 12 月 13 日 13 时,施工人员开始关闭取水坝冲砂闸,引水明渠过水流量 1.5m³/s,渠道最大水深 0.27m。2007 年 12 月 13 日 15 时左右,引水明渠 4+846～4+876 段外边墙大面积垮塌,约 14000m³ 水瞬间顺山下泄,冲毁山体形成泥石流,造成 5 人死亡、2 人受伤。

二、事故原因分析

经初步调查分析,调查组和当地技术人员认为,以下三个因素是事故的直接原因:引水明渠位于松散基础上且未做基础处理;引水明渠结构不合理,加之擅自变更施工顺序致底板和边墙结构分离,呈积木式松散结构,无法承载过水压力;施工质量低劣,施工缝、伸缩缝止水明显不合格。工程建设各方在工程存在上述问题且未进行工程阶段验收、未做任何监测和防护的情况下擅自试通水,水流从施工缝和伸缩缝漏出渗入基础,基础被软化、冲刷、淘空,外边墙失稳垮塌形成泥石流,冲向正在休息的施工人员和行人,造成多人伤亡和重大财产损失,属严重的质量安全事故。

根据调查组的实地调查,该事故是一起典型的质量安全责任事故。

1. 施工单位

现场施工单位不具备水利水电工程建设的能力,工程质量低劣。施工单位项目经理是一名高中毕业、无任何资格证书和水电工程常识的社会人员。施工人员则为其从外地招募的农民工。调查发现施工单位没有可行的施工方案,没有按照有关图纸和工序施工;大量的设计变更未按规定办理设计变更手续,工程形象与施工图纸相差甚远;甚至项目业主在工作总结(2006 年 9 月)中都承认:"各施工单位经过培训的持证上岗人员基本为零。"

工程质量低劣:引水明渠底板和挡墙结构分离;混凝土质量全部不合格;残存的边墙暴露出充填其中的松散沙石和杂物,其间无任何水泥黏连;边墙体上可以明显看到施工缝,其间并无任何止水,现场清晰可见渗水痕迹;从倒塌墙体发现,伸缩缝橡胶止水带没有伸入到后浇混凝土内,而是歪倒在缝内形成漏水通道。

2. 设计单位

设计单位提供的技施设计图纸与现场地形脱节,不能满足施工要求;没有技施设计报告;对明显存在的明渠段地质问题没有提出基础处理方案和措施;结构设计不合理也不到位,且无施工技术要求和有关说明;存在技术缺陷。

调查了解到设计代表已经近一年不在施工现场,施工图纸不足部分实际是由施工单位自行绘制或无图施工。

3. 监理单位

监理单位未能认真履行职责,对施工的关键环节把关不严,对施工、设计单位存在的上述大量问题均未采取有效措施,也不向政府监管部门报告,而是一次次放行。

4.项目业主

项目业主作为工程建设安全的责任主体,对施工单位项目负责人不具备水电工程施工的基本知识、缺少施工方案、现场施工水平低下、工程质量低劣、偷工减料、弄虚作假等问题长期未采取措施;没能解决设计单位技施设计图纸不能满足施工要求、没有技施设计报告等问题,认可施工单位自绘图纸甚至无图施工,造成设计与现场施工长期脱节;越位干扰监理单位的工作,而且不按规定办理质量监督手续。该项目业主没有履行其法定职责和义务。

5.政府监管

政府监管形同虚设。该项目2005年3月开工,同年8月发改委核准可研报告,属先开工后核准。按照市政府的部门分工,发改委负责该项目的核准和建设监管。该部门并无相关技术力量,也没有委托具备技术能力的部门或机构协助,不了解国家和当地政府有关规定在具体工程建设中的落实情况,致使在近3年的建设期间,当地政府没有发现和纠正该项目建设施工中一直存在的诸多严重问题,政府监管存在缺陷等问题。

6.工程参建各方违反水利水电建设程序

在前池闸门尚未安装完毕、引水明渠混凝土龄期未满、工程未进行阶段验收、未做任何监测和防护的情况下擅自试通水,事故发生后无法及时切断进水和存水,只能任由事故扩大。水流从施工缝和伸缩缝漏出渗入基础,致使基础被软化、冲刷、淘空,造成外边墙突然失稳垮塌。

 思考题

1.混凝土坝施工包括哪些主要施工过程?

2.混凝土坝施工的料场规划应遵守的原则是什么?

3.混凝土拌和站,在平面上有哪几种布置形式?在立面上如何利用地形进行布置?

4.混凝土坝枢纽工程,常用的混凝土辅助浇筑方案有哪几种?

5.混凝土浇筑包括哪些工序?

6.简述碾压混凝土坝施工方法。

7.碾压混凝土具有哪些优点?

8.简述混凝土冬季施工可采取的措施。

9.已经产生质量事故的混凝土应如何处理?

10.混凝土坝的高峰月浇筑强度为 $4 \times 10^4 \, \text{m}^3/$月。用进料容量为 2.4m^3 的拌和机。进料时间为15s,拌和时间为150s,出料时间为15s,技术间歇时间为5s。求所需拌和机台数。

情景八
水闸施工

 **情景导入**

某沙质壤土地基上新建水闸，水闸每孔净宽 8m，总共 3 孔，采用平板闸门，闸门用一台门式启闭机。那么，针对该工程的情况，地基应该采取什么样的方式？如何进行该水闸的土方和混凝土施工？对于平板闸门门槽施工，应该注意哪些问题？

本部分内容主要讲述水闸施工，分别从水闸的分类及组成、水闸主体结构的施工、闸门的安装、启闭机与机电设备安装等方面进行阐述。

模块一　水闸的分类及组成

一、水闸的分类

1.水闸的概念

水闸是一种利用闸门挡水和泄水的低水头水工建筑物，多建于河道、渠系及水库、湖泊岸边。

2.水闸的分类

(1)按其所承担的任务，可分为 6 种，如图 8-1 所示。

①节制闸。

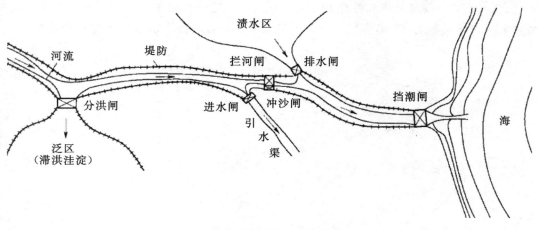

图 8-1　水闸分类及位置示意图

节制闸是在河道或者渠道上建造,用于拦洪、调节水位或控制下泄流量的水闸。河道上的节制闸也称为拦河闸。在洪水期间,拦河闸还起着排泄洪水的作用。

②进水闸。

进水闸是建在河道、水库或者湖泊的岸边,用来控制引水流量的水闸。位于干渠首部的进水闸,也称为渠首闸;位于支渠首部的进水闸,也称为分水闸;位于斗渠首部的进水闸,也称为斗门。

③分洪闸。

分洪闸是常建于河道一侧,用于分泄河道洪水的水闸。对蓄洪区而言,又称进洪闸。分洪闸常建于河道一侧的蓄洪区或分洪道的首部。当河道上游出现的洪峰流量超过下游河道的安全泄量,为保护下游的重要城镇及农田免遭洪灾,必须进行分洪时,将部分洪水通过分洪闸泄入预定的湖泊洼地(蓄洪区或滞洪区)或分洪道,以削减洪峰流量,待洪峰过后通过排水闸排泄入原河道,也有通过分洪道将洪水分泄入水位较低的临近河流。

④排水闸。

排水闸是常建于排水渠道末端的江河堤防上的水闸。当外河水位高于堤内水位时,关闸挡水;当堤外江河水位低于堤内涝水位时,开闸排水,减免农田遭受洪涝灾害;当堤内农田有蓄水灌溉要求时,根据需要可关闸蓄水或从外河引水,因此排水闸常具有双向挡水和双向过流的特点。

⑤挡潮闸。

挡潮闸是建于滨海地段或河口附近,用来挡潮、蓄淡、泄洪、排涝的水闸。涨潮时关闭闸门,防止潮水倒灌进入河道,拦蓄内河淡水,满足引水、航运等的需要。退潮时,潮水位低于河水位,开启闸门,可以泄洪、排涝、冲淤。因此,挡潮闸具有双向挡水的特点。

⑥冲沙闸。

冲沙闸建于多泥沙河流上,用于排除进水闸或节制闸前淤积的泥沙。利用河(渠)道水流冲排上游河段或渠系沉积的泥沙的水闸,又称排沙闸。

此外还有为排除冰块、漂浮物等而设置的排冰闸、排污闸等。

(2)按闸室结构形式分类。

水闸按闸室结构形式分为开敞式、胸墙式及涵洞式。如图8-2所示。

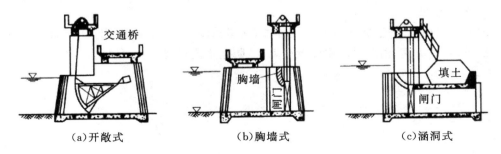

图8-2 水闸闸室结构形式

①开敞式。

露天的闸室,可以大量引水、迅速泄水,又能通畅排走冰块或其他漂浮物。具有过闸水流表面不受阻挡,泄流能力大的特点,此类水闸应用最广,如节制闸、分洪闸。

②胸墙式。

闸门上方设有胸墙,可以减少挡水时闸门上的力,增加挡水变幅。一般用于上游水位变幅较大、水闸净宽又为低水位过闸流量所控制、在高水位时尚需要闸门控制流量的水闸,如进水闸、排水闸、挡潮闸多用这种形式。

③涵洞式。

闸门前为有压或无压洞身,洞顶有填土覆盖。多用于穿堤取水或排水。

(3)水闸等别划分。

按照《水闸设计规范》(SL 265—2016),删除了水闸等级划分及洪水标准。各类水闸的洪水标准,按《防洪标准》(GB 50201—2014)、《水利水电工程等级划分及洪水标准》(SL 252—2017)的规定确定。

平原区水闸按过闸流量(此处指按校核洪水标准泄洪时的水闸下泄流量)大小可分为大(1)型、大(2)型、中型和小(1)型、小(2)型。过闸流量 5000m³/s 以上(含)的为大(1)型;1000～5000m³/s 的为大(2)型;100～1000m³/s 的为中型;20～100m³/s 的为小(1)型;20m³/s 以下(不含)的为小(2)型。

二、水闸的组成

水闸主要包括上游连接段、闸室和下游连接段三部分,如图 8-3 所示。

1.上游连接段

在两岸设置翼水闸墙和护坡,在河床设置防冲槽、护底及铺盖,用以引导水流平顺地进入闸室,保护两岸及河床免遭水流冲刷,并与闸室共同组成足够长度的渗径,确保渗透水流两岸和闸基的抗渗稳定性。

上游连接段一般包括上游翼墙、铺盖、上游防冲槽和两岸护坡。

2.闸室

闸室是水闸的主体,设有底板、闸门、启闭机、闸墩、胸墙、工作桥、交通桥等。闸门用来挡水和控制过闸流量的;闸墩用以分隔闸孔和支承闸门、胸墙、工作桥、交通桥等;底板是闸室的基础,将闸室上部结构的重量及荷载向地基传递,兼有防渗和防冲的作用。

闸室分别与上下游连接段和两岸或其他建筑物连接。

3.下游连接段

下游连接段由消力池、护坦、海漫、防冲槽、两岸翼墙、护坡等组成,用以引导出闸水流向下游均匀扩散,减缓流速,消除过闸水流剩余动能,防止水流对河床及两岸的冲刷。

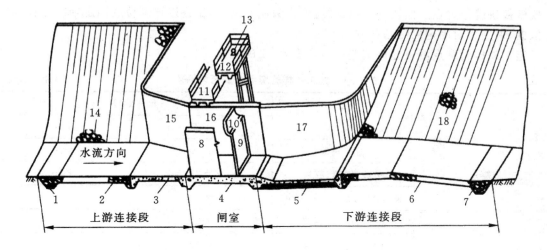

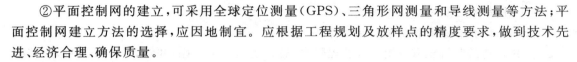

1—上游防冲槽；2—上游护底；3—铺盖；4—底板；5—护坦（消力池）；6—海漫；7—下游防冲槽；
8—闸墩；9—闸门；10—胸墙；11—交通桥；12—工作桥；13—启闭机；14—上游护坡；
15—上游翼墙；16—边墩；17—下游翼墙；18—下游护坡

图 8-3　水闸的组成部分

模块二　水闸主体结构的施工

一、测量要求

应有专业人员负责施工测量工作，准确提供各施工阶段所需的测量资料，并及时分析与归档。同时，应定期对测量仪器仪表进行检定。施工控制网桩点布设测量应由两人进行测量，相互检查核对，并进行记录。

施工控制测量应遵循从整体到局部，先控制后碎部的原则。平面控制测量应符合下列规定：

①施工平面控制网的坐标系统，宜与设计坐标系统相一致。

②平面控制网的建立，可采用全球定位测量（GPS）、三角形网测量和导线测量等方法；平面控制网建立方法的选择，应因地制宜。应根据工程规划及放样点的精度要求，做到技术先进、经济合理、确保质量。

高程控制测量应符合下列规定：

①施工高程控制网的坐标系统，应与设计坐标系统相一致。

②高程控制网应布设成环形，加密时宜布设成附合路线或节点网。

③三等及以上等级高程控制测量宜采用水准测量，四等及以下等级高程控制测量可采用电磁波测距角高程测量，五等高程控制测量也可采用全球定位测量（GBS）拟合高程测量。底板浇筑完成后，应在底板上标定出主轴线、各闸孔中心线和门槽控制线，然后再通过标定的轴线测定闸墩、门槽、翼墙等的立模线。各种曲线、曲面立模点放样，应根据设计文件和模板制作的不同情况确定。放样的密度和位置、曲线起讫点、中点、折线的折点应放出，曲面预制模板宜

增放模板拼缝位置点。曲线、曲面放样应预先编制数据表,始终以该部位的固定轴线(固定点)为依据,采用相对固定的测站和方法。

施工放样轮廓点测量允许偏差应符合表8-1的规定。

表8-1 施工放样轮廓点测量允许偏差 (单位:mm)

部位		允许偏差	
		平面	高程
混凝土	闸室底板	±20	±20
	闸墩、岸墙、翼墙	±25	±20
	铺盖、消力池、护底、护坡	±30	±30
浆砌石	闸墩、岸墙、翼墙	±30	±30
	护底、海漫、护坡	±40	±30
干砌石	护底、海漫、护坡	±40	±30
土石方开挖		±50	±50

闸门预埋件安装高程和水闸上部结构高程的测量,应在闸底板上建立初始观测基点,采用相对高程进行测量。其中闸门预埋件的安装放样点测量允许偏差应符合表8-2的规定。

表8-2 闸门预埋件的安装放样点测量允许偏差 (单位:mm)

设备种类	细部项目	允许偏差	
		平面	高程
平面闸门安装	主反轨之间的间距和侧轨之间的间距	-1～+4	—
弧形闸门安装	—	±(2～3)	±(1～3)

注意:(1)平面闸门安装的允许偏差指相对门槽中心线。

(2)弧形门安装的允许偏差指相对于安装轴线。

二、水闸土方及基础施工

施工过程中按照《水闸施工规范》(SL 27—2014)的要求执行。

1.水闸土方开挖基本要求和注意事项

(1)建筑物的基坑土方开挖应本着先降水、后开挖的施工原则,并结合基坑的中部开挖明沟加以明排。

(2)降水措施应视地质条件而定,在条件许可时,提前进行降水试验,以验证降水方案的合理性。

(3)降水期间必须对基坑边坡及周围建筑物进行安全监测,发现异常情况及时研究处理措施,保证基坑边坡和周围建筑物的安全,做到信息化施工。

(4)若原有建筑物距基坑较近,视工程的重要性和影响程度,可以采用拆迁或适当的支护处理。基坑边坡视地质条件,可以采用适当的防护措施。

(5)在雨季,尤其是汛期必须做好基坑的排水工程,安装足够的排水设备。

（6）基坑土方开挖完成或基础处理完成，应及时组织基础隐蔽工程验收，及时浇筑垫层混凝土对基础进行封闭。

（7）基坑降水时基本要求和注意事项。

①基坑底、排水沟底、集水坑底应保持一定深差。

②集水坑和排水沟应设置在建筑物底部轮廓线以外一定距离。

③基坑开挖深度较大时，应分级设置马道和排水设施。

④流沙、管涌处应采取反滤导渗措施。

（8）基坑开挖时，在负温条件下，挖除保护层后应采取可靠的防冻措施。

2. 水闸土方填筑基本要求和注意事项

（1）填筑前，必须清除基坑底部的积水、杂物等。

（2）填筑的土料，应符合设计要求。控制土料含水量；铺土厚度宜为 25～30cm，并应使密实至规定值。

根据填筑部位的不同，采用不同的压实方法，确保填筑土方达到设计要求。岸翼墙后土方回填压实度为 92％，岸墙内土方回填压实度为 90％。

分段填筑时，各段土层之间应设立标志，以防漏压、欠压和过压，上、下层分段位置应错开。

严格控制铺土厚度及土块粒径。人工夯实每层不超过 20cm，土块粒径不大于 5cm；机械压实每层不超过 40cm，土块粒径不大于 8cm；每层压实后经监理人验收合格后方可铺筑上层土料。

由于气候等原因停工的填筑工作面应加以保护，复工时必须仔细清理，经监理人验收合格后，方准填土，并作记录备查。

如填土出现"弹簧"、层间光面、层间中空、松土层或剪力破坏现象时，应根据情况认真处理，并经监理人检验合格后，方可进行下一道工序。

雨前碾压应注意保持填筑面平整，以防雨水下渗和避免积水。雨后填筑面应晾晒或加以处理，并经监理人检验合格后，方可继续施工。

负温下施工，压实土料的温度必须在 -1.0℃ 以上，但在风速大于 10m/s 时应停止施工。

填土中严禁有冰雪或冻土块。如因冰雪停工，复工前需将表面积雪清理干净，并经监理人检验合格后，方可继续施工。

（3）岸墙、翼墙后的填土基本要求和注意事项。

①墙背及伸缩缝经清理整修合格后，方可回填，填土应均衡上升；

②靠近岸墙、翼墙、岸坡的回填土宜用人工和小型机具夯压密实，铺土厚度宜适当减薄；

③分段处应留有坡度，错缝搭接，并注意密实。

（4）墙后填土和筑堤应考虑预加沉降量。

（5）墙后排渗设施的施工程序，应先回填再开挖槽坑，然后依次铺设滤料等。

3. 水闸工程土方工程施工安排

（1）根据工程的特点，在施工安排时，充分发挥各种设备的特性，进行合理调配，施工过程中注意多创造工作面，减少设备运行相互干扰。

（2）做好施工便道的布置，尽量减少各施工便道的交叉，主便道的宽度不小于 7m，坡度不陡于 8％。能够布置环线的尽量布置环线，以提高自卸汽车的施工效率。

（3）闸基坑开挖时，设备和人员以闸基坑开挖施工为主，有填筑面时将开挖和填筑相结合进行,在填筑施工面不及时或土料含水量不在最优含水量范围或土料不能作为填筑土料时,则将开挖土方运至堆存场堆存或运到弃土场。

4. 水闸地基处理

(1)原状土地基开挖到基底前预留 30～50cm 保护层,在建筑施工前,宜采用人工挖出,并使得基底平整,对局部超挖或低洼区域宜采用碎石回填。基底开挖之前宜做好降排水措施,保证开挖在干燥状态下施工。

(2)对加固地基,基坑降水应降至基底面以下 50cm,保证基底干燥平整,以利地基处理设备施工安全。施工作业和移机过程中,应将设备支架的倾斜度控制在其规定值之内,严禁设备倾覆事故的发生。

(3)对桩基施工设备操作人员,应进行操作培训,取得合格证书后方可上岗。

(4)在正式施工前,应先前进行基础加固的工艺试验,工艺及参数批准后展开施工。成桩后应按照相关规范的规定抽样,进行单桩承载力和复合地基承载力试验,以验证加固地基的可靠性。

(5)换土(砂)地基施工、振冲地基加固、钻孔灌注桩基础施工、混凝土预制桩基础施工、深层水泥搅拌桩施工、水泥粉煤灰碎石桩施工、高压灌浆工程、强夯法、沉井基础施工应遵守有关规定。

三、水闸混凝土施工

水闸主体结构施工主要包括闸身上部结构预制构件的安装以及闸底板、闸墩、止水设施和门槽等方面的施工内容,其中水闸混凝土工程是水闸施工中的主要环节。

1. 水闸混凝土工程施工原则

水闸混凝土工程的施工宜掌握以闸室为中心,按照"先深后浅、先重后轻、先高后矮、先主后次"的原则进行。

2. 水闸底板施工

(1)平底板施工。

水闸底板有平底板与反拱底板两种,平底板为常用底板。平底板的施工总是底板先于墩墙,而反拱底板的施工一般是先浇墩墙,预留联结钢筋,待沉陷稳定后再浇反拱底板。

水闸平底板的混凝土浇筑,一般采用逐层浇筑法。但当底板厚度不大,拌和站的生产能力受到限制时,亦可采用台阶浇筑法。

平底板混凝土的浇筑,一般先浇上、下游齿墙,然后再从一端向另一端浇筑。当底板混凝土方量较大,且底板顺水流长度在 12m 以内时,可安排两个作业组分层通仓浇筑。首先两组同时浇筑下游齿墙,待齿墙浇平后,将第二组调至上游齿墙,另一组自下游向上游开浇第一坯底板。上游齿墙组浇完,立即调至下游开浇第二坯,而第一坯组浇完又调头浇第三坯。这样交替连环浇筑可缩短每坯间隔时间,加快进度,避免产生冷缝。

(2)反拱底板的施工。

反拱底板是超静定结构,对地基不均匀沉降敏感。因此,必须重视程序的施工。浇筑反拱底板通常采用以下两种施工工艺:其一方法是先浇筑闸墩和岸墙,后对反拱底板进行浇筑。为了减少水闸在重力作用下的不均匀沉降,改善底板的受力状态,施工时可先行浇筑自重大的岸墙及闸墩,并在控制基底不产生塑性开裂条件下,尽快均衡上升到顶部。岸墙还是要考虑将墙夯至顶。以这种方式,可以使闸墩岸墙基础预压固结,接着浇反拱底板,从而改善底板受力状态。这个程序是目前广泛应用于反拱底板施工中较多的方法,在砂土地基或黏土中效用也都很好。但对于砂质土壤,特别是在细砂地基,控制土模较难成型,尤其是靠近闸墩的拱脚部位,挖模尤为不易。所以,一般对反拱底板要求采用较平坦的矢跨比。其二方法是将闸墩岸墙与反拱底板同时进行浇筑。对于较好的水闸地基,可以采用反拱底板和墩墙一次浇筑的方法,待底板达到足够强度后,再在其上做岸墙和闸墩。该方法对反拱的应力状态是不好的,但却保证建筑的完整性,减少了施工过程,安排施工方便,是其良好的一面。缺乏有效的排水措施的砂土地基,用这种方法可及早将基坑底部封闭,从而能给下一阶段的施工创造良好条件。

3.闸墩施工技术

闸墩高度大,厚度小,同时门槽钢筋较密,闸墩的相对位置要求严格。由于上述特点,闸墩立模和混凝土浇筑是在施工中存在的主要问题。

为了使闸墩混凝土浇筑能够达到设计标高,闸墩模板必须具有足够的强度和刚度。通常使用"对拉撑木"和"铁板螺栓"的立模支撑方法。"铁板螺栓、对拉撑木"的立模支撑,是在长期实践中发展来的一种比较成熟的方法。在立模前,应准备好固定模板的对销螺栓及空心钢管等;闸墩立模要求闸墩两侧模板要相对进行,首先立平直模板,然后立墩头模板。这种方法需要大量的木材(木模板)、钢材,施工过程是复杂的,但中小型水闸施工更加方便。

对闸墩浇筑混凝土时,为了保持各闸墩模板间的相互稳定和使底板受力均匀达到与设计条件相同,必须均衡上升每块底板上各闸墩的混凝土。所以,运送混凝土入仓时,组织好运料小车,使其同一时间内达到同一底板上各闸墩的混凝土量大致相同。否则某些闸墩送料较快、较多,而某些闸墩则较少,必然造成各闸墩间浇筑高差很大,使模板与底板受力不均,从而影响工程质量。

4.钢筋安装到位

钢筋安装方法有整装法和散装法。工程中使用的钢筋直径在30mm以内时,一般可采用整装法。在绑扎底板的下层钢筋时,要用水泥砂浆垫块控制混凝土保护层厚度。层面钢筋要固定在混凝土支撑柱上,其高度比底板厚度小一个保护层厚度。

四、止水设施的施工

为了适应地基的不均匀沉降和伸缩变形,在水闸设计中均设置温度缝与沉陷缝,并常用沉陷缝替代温度缝作用。各种接缝应尽可能做成平面形状,其宽度与间距根据相对沉陷量、温度伸缩和水闸总体布置等要求来拟定。缝有铅直和水平的两种,缝宽一般为1.0~2.5cm。在施工中,应按设计要求确保接缝中填料及止水设施的质量要求进行施工。

1.沉陷缝填料的施工

沉陷缝的填充材料,常用的有沥青油毛毡、沥青杉木板及泡沫板等多种。缝中填料的安装方法有先装填料后浇混凝土、先浇混凝土后装填料两种。

先装填料后浇混凝土方法:将填充材料用铁钉固定在模板内侧后,再浇混凝土,这样拆模后填充材料即可贴在混凝土上,然后立沉陷缝的另一侧模板和浇混凝土。如果沉陷缝两侧的结构需要同时浇灌,则沉陷缝的填充材料在安装时要竖立平直,浇筑时沉陷缝两侧流态混凝土的上升高度要一致。如图8-4所示。

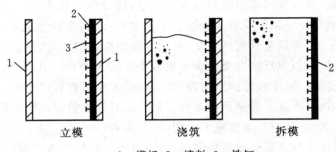

1—模板;2—填料;3—铁钉

图 8-4　先装填料后浇筑混凝土的填料施工

先浇混凝土后装填料方法:先在缝的一侧立模浇混凝土,并在模板内侧预先钉好安装填充材料的长铁钉数排,并使铁钉的 1/3 留在混凝土外面,然后安装填料、敲弯铁尖,使填料固定在混凝土面上,再立另一侧模板和浇混凝土。如图 8-5 所示。

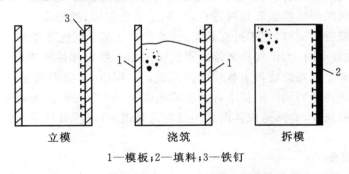

1—模板;2—填料;3—铁钉

图 8-5　先浇筑混凝土后装填料施工

2.止水材料种类

常见止水材料有金属材料,如紫铜片、不锈钢片、铝片;非金属材料有橡胶、聚氯乙烯(塑料)等。

3.止水分类和施工

止水包括水平止水和垂直止水,常用的有止水片和止水带。在地下轮廓范围内,所有接缝中的止水主要是防止水从上游流入地基或两岸填土中,导致有关构件失去防渗作用,缩短渗径长度,形成严重的渗透后果。闸后接缝中的止水主要是防止水流冲刷反滤层。其他接缝中的止水设备是为了防止水与土的流失。

当水平止水设置在地下轮廓范围内混凝土构件之间时,多采用分层止水片的形式,其宽度应根据构造主要结合原材料规格而定。一般情况下,水平止水大都采用塑料止水带。塑料止水带的优点是防渗性能好、弹性大、施工方便;缺点是当不均匀沉陷较大时,止水带容易被撕破。塑料止水带的安装与沉陷缝填料的安装方法一样。

垂直止水一般设在靠近上游挡水面处,有如下几种做法:有的在缝内用沥青木板隔开,并设有沥青止水井,缝间有止水片。这种止水施工方便,采用较广;有的沥青井中设有加热管,供熔化沥青用,在井的上下游端设有角铁或镀锌铁片,以防沥青熔化后流失。这种止水能适应较大的不均匀沉陷，施工复杂。

4.止水缝部位的混凝土浇筑

止水缝部位混凝土浇筑的注意事项包括以下几个方面：

①水平止水片应在浇筑层的中间，在止水片高程处，不得设置施工缝。

②浇筑混凝土时，不得冲撞止水片，当混凝土将淹没止水片时，应再次清除其表面污垢。

③振捣器不得触及止水片。

④嵌固止水片的模板应适当推迟拆模时间。

五、平面闸门门槽施工

采用平面闸门的中小型水闸，在闸墩部位都设有门槽。为了减小启闭门力及闸门封水，门槽部分的混凝土中埋有导轨等铁件，如滑动导轨，主轮、侧轮及反轮导轨，止水座等，这些铁件的埋设可采取预埋及留槽后浇混凝土两种方法。小型水闸的导轨铁件较小，可在闸墩立模时将其预先固定在模板的内侧，如图8-6所示。闸墩混凝土浇筑时，导轨等铁件即浇入混凝土中。由于中型水闸导轨较大、较重，在模板上固定较为困难，宜采用预留槽，用浇二期混凝土的施工方法。

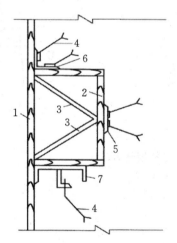

1—闸墩模板；2—门槽模板；3—撑头；

4—开脚螺栓；5—侧导轨；6—门槽角铁；7—滚轮导轨

图8-6 闸门导轨一次装好、一次浇筑混凝土

1.门槽垂直度控制

门槽及导轨必须垂直无误，所以在立模及浇筑过程中应随时用吊锤校正。校正时，可在门槽模板顶端内侧钉一根大铁钉（钉入2/3长度），然后把吊锤系在铁钉端部，待吊锤静止后，用钢尺量取上部与下部吊锤线到模板内侧的距离，如相等则该模板垂直，否则按照偏斜方向予以调整。

2.门槽二期混凝土浇筑

在闸墩立模时，于门槽部位留出较门槽尺寸大的凹槽。闸墩浇筑时，预先将导轨基础螺栓按设计要求固定于凹槽的侧壁及正壁模板，模板拆除后基础螺栓即埋入混凝土中，如图8-7

所示。

导轨安装前,要对基础螺栓进行校正,安装过程中必须随时用吊锤进行校正,使其铅直无误。导轨就位后即可立模浇筑二期混凝土。

闸门底槛设在闸底板上,在施工初期浇筑底板时,若铁件不能完成,亦可在闸底板上留槽以后浇二期混凝土(如图8-8所示)。

浇筑二期混凝土时,应采用补偿收缩细石混凝土,并细心捣固,不要振动已装好的金属构件。门槽较高时,不要直接从高处下料,可以分段安装和浇筑。二期混凝土拆模后,应对埋件进行复测,并做好记录,同时检查混凝土表面尺寸,清除遗留的杂物、钢筋头,以免影响闸门启闭。

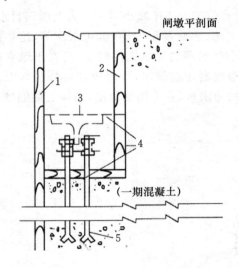

1—闸墩模板;2—门槽模板;3—导轨横剖面;
4—二期混凝土边线;5—基础螺栓
图8-7 导轨后装,然后浇筑二期混凝土

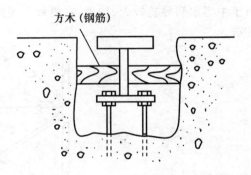

图8-8 底槛的安装

六、弧形闸门门槽施工

弧形闸门的启闭是绕水平轴转动,转动轨迹由支臂控制,所以不设门槽,但为了减小启闭门力,在闸门两侧亦设置转轮或滑块,因此也有导轨的安装及二期混凝土施工。

为了便于导轨的安装,在浇筑闸墩时,根据导轨的设计位置预留20cm×80cm的凹槽,槽内埋设两排钢筋,以便用焊接方法固定导轨。安装前应对预埋钢筋进行校正,并在预留槽两侧,设立垂直闸墩侧面并能控制导轨安装垂直度的若干对称控制点。安装时,先将校正好的导轨分段与预埋的钢筋临时点焊接数点,待按设计坐标位置逐一校正无误,并根据垂直平面控制点,用样尺检验调整导轨垂直度后,再焊接牢固,最后浇二期混凝土(如图8-9所示)。

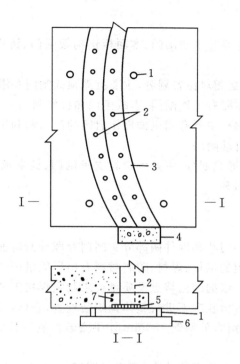

1—垂直平面控制点；2—预埋钢筋；3—预留槽；
4—底槛；5—侧轨；6—样尺；7—门槽二期混凝土
图 8-9　弧形闸门侧轨安装示意图

模块三　闸门的安装

一、闸门的组成及分类

1. 闸门的组成

闸门是用于关闭和开放泄(放)水通道的控制设施，是水工建筑物的重要组成部分，可用以拦截水流、控制水位、调节流量、排放泥沙和漂浮物等。

闸门主要由三部分组成：

①主体活动部分，用以封闭或开放孔口，通称闸门，亦称门叶；

②埋固部分；

③启闭设备。

活动部分包括面板梁系等称重结构、支承行走部件、导向及止水装置和吊耳等。埋件部分包括主轨、导轨、铰座、门楣、底槛、止水座等，它们埋设在孔口周边，用锚筋与水工建筑物的混凝土牢固连接，分别形成与门叶上支承行走部件及止水面，以便将门叶结构所承受的水压力等荷载传递给水工建筑物，并获得良好的闸门止水性能。启闭机械与门叶吊耳连接，以操作控制活动部分的位置，但也有少数闸门借助水力自动控制操作启闭。

2.闸门的分类

（1）按制作材料划分，主要有木质闸门、木面板钢构架闸门、铸铁闸门、钢筋混凝土闸门以及钢闸门。

（2）按闸门门顶与水平面相对位置划分，主要有露顶式闸门和潜没式闸门。

（3）按工作性质划分，主要有工作闸门、事故闸门和检修闸门。

（4）按闸门启闭方法划分，主要有用机械操作启闭的闸门和利用水位涨落时闸门所受水压力的变化控制启闭的水力自动闸门。

（5）按门叶不同的支承形式划分，主要由定轮支承闸门、铰支承闸门、滑道支承的闸门、链轮闸门、串辊闸门、圆辊闸门等。

二、钢闸门的制造

闸门的制造包括闸门的门叶和埋件两部分。闸门及埋件制造前，应具备闸门及埋件总图、装配图及零件图。制造使用的钢材、焊材、防腐材料有出厂质量证书并复试合格。标准件和非标准件质量符合国家标准。依据结构特点及质量要求制定焊接工艺规程。

平面闸门出厂前应在自由状态下进行整体预组装检查，合格后明确标记门叶中心线、边柱中心线及对角线测控点，在组合处两侧150mm作供安装控制的检查线，设置可靠的定位装置并进行编号和标志。

弧形闸门出厂前应进行立体组装检查，合格后明确标记门叶中心线、对角线测控点，在组合处两侧150mm作供安装控制的检查线，设置可靠的定位装置并进行编号和标志。

人字闸门出厂前应进行整体预组装检查，合格后明确标记门叶和端板中心线及底横梁中心线测控点，在距离节间组合面约150mm作供安装控制的检查线，设置可靠的定位装置并进行编号和标志。

闸门出厂应有标志，标志的内容主要有：制造厂名、产品名称、产品型号或主要技术参数、闸门重心位置及总重量、制造日期等。

三、闸门安装介绍

闸门安装是将闸门及其埋件装配、安置在设计部位。由于闸门结构的不同，各种闸门的安装略有差异。本书以平板闸门的安装为例。

1.闸门形式

平板闸门有直升式和升卧式两种形式。

2.闸门门叶组成

平板闸门的门叶由承重结构［包括：面板、梁系、竖向联结系或隔板、门背（纵向）联结系和支承边梁等］、行走支承、止水装置和吊耳等组成，如图8-10所示。

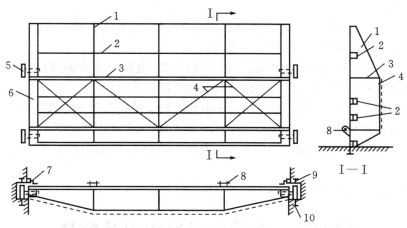

1—竖向隔板；2—水平次梁；3—主梁；4—纵向联结系；5—主轮；
6—支承边梁；7—侧止水；8—吊点；9—反轨；10—主轨
图 8-10　平板闸门的结构布置

3. 闸门安装

(1)平面闸门安装。

分节闸门组装成整体后,应对门体外形尺寸、封水位置、支撑中心位置等进行复测。

闸门的主支撑部件的安装调整工作,应在门体拼装焊接完毕并经复测合格后进行。

平面闸门应做静平衡试验,试验方法为:将闸门吊离地面 100mm,通过滚轮或滑道的中心测量上、下游与左、右方向的倾斜,倾斜度不应超过门高的 1‰,且不大于 8mm;平面链轮闸门倾斜度不应超过门高的 7‰,且不大于 3mm,超过上述规定时,应予配重。

(2)弧形闸门安装。

弧形闸门根据其安装位置不同,分为露顶式弧形闸门和潜孔式弧形闸门两种形式。

弧形闸门的承重结构由弧形面板、主梁、次梁、竖向联结系或隔板、起重桁架、支臂和支承铰组成。

露顶式弧形闸门包括底槛、侧止水座板、侧轮导板、铰座和门体。

潜孔式弧形闸门,顶部有混凝土顶板和顶止水,其埋件除与露顶式相同的部分外,一般还有铰座钢梁和顶门楣。

弧形闸门铰座安装允许偏差见表 8-3。

表 8-3　弧形闸门铰座安装允许偏差

序号	项目	允许偏差
1	铰座中心对孔口线的距离	±1.5mm
2	里程	±2.0mm
3	高程	±2.0mm
4	铰座轴孔倾斜	L‰
5	两铰座轴线的同轴度	1.0mm

注:铰座轴孔倾斜系指任何方向的倾斜,L 为轴孔宽度。

4. 埋件安装

埋件进场后,应进行清点,分类妥善堆放。若有变形,应予以矫正。

固定埋件的锚栓或锚筋,应按设计要求设置。

埋件安装前,应对埋件尺寸、锚栓或锚筋、门槽断面、混凝土结合面进行复验,合格后进行安装。当条件允许时,埋件安装可与主体结构混凝土同期施工。

埋件安装完成后浇筑二期混凝土时,应采取措施防止埋件发生变形或位移。

埋件工作面对接接头的错位、焊疤和焊缝应磨光,凹坑应补焊并磨平。

埋件安装完成经检查合格后,应及时浇筑混凝土。如不能及时浇筑,应予复测,复测合格方可浇筑混凝土。

工程挡水前,应对门槽进行闸门试槽。

模块四　启闭机与机电设备安装

一、启闭机的分类

启闭机按结构形式分为固定卷扬式启闭机、液压启闭机、螺杆式启闭机、轮盘式启闭机、移动式启闭机(包括门式启闭机、桥式启闭机和台车式启闭机)等。

各种启闭机型号的表示方法如图 8-11、图 8-12 所示。

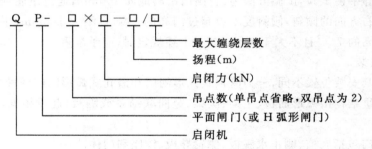

图 8-11　卷扬式启闭机型号的表示方法

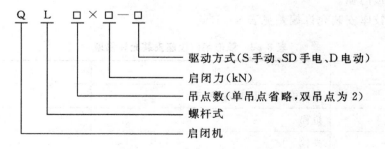

图 8-12　螺杆式启闭机型号的表示方法

启闭机按表 8-4 分档。

表 8-4　启闭机启闭力 T 分档表 　　　　　　　　　　（单位：kN）

启闭机型式	小型	中型	大型	超大型
固定式卷扬机、移动式、液压式	$T<250$	$1000>T\geqslant250$	$2500>T\geqslant1000$	$T>2500$
螺杆式	$T<250$	$500>T\geqslant250$	$T>500$	

二、固定室启闭机的安装

1.安装程序
固定式启闭机的一般安装程序是：

①埋设基础螺栓及支撑垫板。

②安装机架。

③浇筑基础二期混凝土。

④在机架上安装提升机构。

⑤安装电气设备和保护元件。

⑥连接闸门作启闭机操作试验，使各项技术参数和继电保护值达到设计要求。

2.卷扬式启闭机安装
卷扬式启闭机由电动机、减速箱、传动轴和绳鼓所组成。卷扬式启闭机是由电力或人力驱动减速齿轮，从而驱动缠绕钢丝绳的绳鼓，借助绳鼓的转动，收放钢丝绳使闸门升降。

（1）安装顺序。

①在水工建筑物混凝土浇筑时埋入机架基础螺栓和支承垫板，在支承垫板上放置调整用楔形板。

②安装机架。按闸门实际起吊中心线找正机架的中心、水平、高程，拧紧基础螺母，浇筑基础二期混凝土，固定机架。

③在机架上安装、调整传动装置，包括：电动机、弹性联轴器、制动器、减速器、传动轴、齿轮联轴器、开式齿轮、轴承、卷筒等。

（2）调整顺序。

①按闸门实际起吊中心找正卷筒的中心线和水平线，并将卷筒轴的轴承座螺杆拧紧。

②以与卷筒相连的开式大齿轮为基础，使减速器输出端开式小齿轮与大齿轮啮合正确。

③以减速器输入轴为基础，安装带制动轮的弹性联轴器，调整电动机位置使联轴器的两片的同心度和垂直度符合技术要求。

④根据制动轮的位置，安装与调整制动器；若为双吊点启闭机，要保证传动轴与两端齿轮联轴节的同轴度。

⑤传动装置全部安装完毕后，检查传动系统动作的准确性、灵活性，并检查各部分的可靠性。

⑥安装排绳装置、滑轮组、钢丝绳、吊环、扬程指示器、行程开关、过载限制器、过速限制器及电气操作系统等。

3.螺杆式启闭机安装
螺杆式启闭机是中小型平面闸门普遍采用的启闭机。它由摇柄、主机和螺栓组成。螺杆的下端与闸门的吊头连接，上端利用螺杆与承重螺母相扣合。当承重螺母通过与其连接的齿轮被外力(电动机或手摇)驱动而旋转时,它驱动螺杆作垂直升降运动,从而启闭闸门。

螺杆式启闭机的安装过程包括基础埋件的安装、启闭机安装、启闭机单机调试、启闭机负荷试验。

安装前,首先检查启闭机各传动轴、轴承及齿轮的转动灵活性和啮合情况,着重检查螺母螺纹的完整性,必要时应进行妥善处理。

检查螺杆的平直度,每米长弯曲超过 0.2mm 或有明显弯曲处可用压力机进行机械校直。螺杆螺纹容易碰伤,要逐圈进行检查和修正。无异状时,在螺纹外表涂以润滑油脂,并将其拧入螺母,进行全行程的配合检查,不合适处应修正螺纹。然后整体竖立,将它吊入机架或工作桥上就位,以闸门吊耳找正螺杆下端连接孔,并进行连接。

挂一线锤,以螺杆下端头为准,移动螺杆启闭机底座,使螺杆处于垂直状态。对双吊点的螺杆式启闭机,当两侧螺杆找正后,安装中间同步轴,螺杆找正和同步轴连接合格后,最后把机座固定。

对电动螺杆式启闭机,安装电动机及其操作系统后应作电动操作试验及行程限位固定等。

 **工程案例学习**

案例一:中堂镇旧鹤田水闸重建工程

该水闸处于两水道之间,区域内河网发达,周边河道均系感潮河道,主要肩负防洪、排涝、引水、交通及通航(过龙船)任务。

水闸内河侧为内河涌,外侧为外江,对岸为已建成的联围堤防达标加固工程。原鹤田水闸位于中堂镇水利管理所门前,该水闸为 3m×5m,两扇钢闸门,一扇混凝土闸门。该水闸年代已久,部分闸架混凝土已经脱落,闸架钢筋已锈蚀;闸门止水已失效,水下防冲设施已经严重损坏;启闭设施操作困难,严重影响该水闸安全运行。

受业主委托,对该水闸进行重建,根据该地区规划及业主要求,重建工程选址在离旧水闸约 500m 的堤防上,拟建 2m×5m 穿堤涵闸。

主要内容包括:闸室(双孔,单孔净宽 5m,长 8.5m)、穿堤涵(长约 22m)、外江侧箱涵(长约 19m)、内外河抛石防冲槽(1.5m)。

根据《水闸设计规范》(SL 265—2016),本水闸为平原区水闸,结合规范规定位于防洪(挡潮)堤上的水闸,其工程级别不低于所在防洪(挡潮)堤的工程级别,则确定水闸工程等别为Ⅳ等,为小(1)型水闸;主要建筑物为 4 级,次要建筑物为 5 级,临时建筑物为 5 级。设计洪水标准采用 50 年一遇,排涝标准采用 20 年一遇。工程所在场区抗震设防烈度为 6 度。

水闸重建工程的要点和难点主要有两个方面:

①水闸闸址确定。根据现有实测的 1:1000 地形图,结合工程周围的地形地貌、河流走向、建筑物状况及城镇规划的道路、公共设施等情况进行布置。根据工程所在地规划要求,结合甲方及当地村委意见,工程闸选址定于离旧水闸约 500m 的堤防上。拟建场区较为平坦开阔,无其他建筑物。

②水闸基础处理。根据工程地质勘查报告显示,工程位置所在地存在淤泥质粉砂层,深灰、灰黑色,饱和,松散,成分以粉砂为主,颗粒级配较差,富含有机质及腐殖质。场地内各孔均见该层,层厚 8.20～11.60m,平均 9.75m;层顶埋深 0.40～4.30m,平均 2.09m;层顶标高 -1.12～3.72m,平均 0.54m。地质条件较差,根据工程实际并结合复合地基计算,采用 φ500

水泥搅拌桩加固地基。

案例二：沙田镇培厚围水闸重建工程

该水闸重建内河涌排至水道的出水口工程，主要任务为挡潮及内河涌排水。现有的水闸为空箱式浮运闸，建于 20 世纪 80 年代，采用手动开关人字形闸门。水闸年代久远，已难以满足现今河涌排水、防洪(潮)要求。水闸重建工程在现有水闸的基础上进行重建，拆除旧水闸，在内、外江填筑施工围堰，抽干水施工，在旧闸闸址处新建一液压启闭式涵闸，水闸净宽 3m，水闸控制室位于地下。该工程担负着堤围的防潮任务，是地区城乡防灾减灾工作的重点部分。

根据国家《防洪标准》(GB 50201—2014)、《水闸设计规范》(SL 265—2016)、《广东省海堤工程设计导则》(试行)(DB44/T 182—2004)和省市水利防灾减灾的指导要求，结合当地发展情况来确定培厚围水闸的工程等别、工程规模和防潮(洪)标准。本水闸所在的堤围工程等别为Ⅲ等，建筑物等级为 3 级，按照《水闸设计规范》(SL 265—2016)2.1.5 条及 2.2.5 条的规定：位于防洪(挡潮)堤上的水闸，其级别不得低于防洪(挡潮)堤的级别；其防洪(挡潮)标准不得低于防洪(挡潮)堤的防洪(挡潮)标准。故该水闸的工程等别为Ⅲ等，防潮(洪)标准为 50 年一遇，水闸重建工程级别为 3 级。水闸外水位采用水文计算结果 50 年一遇($P=2\%$)重现期设计洪潮水位 2.50m(珠基)。

 思考题

1. 试述水闸的分类。

2. 水闸主体结构施工包括哪些内容，都有哪些要求。

3. 简述水闸混凝土工程施工原则。

4. 简述闸门的组成部分。

5. 简述启闭机的安装程序。

情景九
渠系建筑物

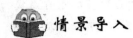 情景导入

某干渠与河谷交叉处上游进水口一侧为山谷出口,下游为开阔漫滩,中间河段河床比较稳定,两岸自然坡度较缓。从河谷横断面图得知,河谷呈宽浅式梯形断面,交叉建筑物进口一侧岸坡平均坡度约为 1∶4,出口一侧岸坡平均坡度约为 1∶3,河漫滩宽度约为 160m,河床最低高程约为 450.000m。那么针对该地形地质情况,应修建哪种类型的渠系建筑物?如何进行施工?施工过程中有哪些技术要求?

渠系建筑物是指在渠道上修建的各种类型的建筑物。当渠道需要跨越河沟、洼地、公路或渠道与渠道交叉时,需修建交叉建筑物以跨越障碍输送水流,如渡槽、倒虹吸管、涵洞等。实际设计施工时应根据运用要求及地形、地质、水文等具体情况进行选用。

模块一 渠道施工

一、渠道断面形式

渠道有明渠和暗渠之分,一般明渠断面形式可选用梯形、矩形、复合形、弧形底梯形、弧形坡脚梯形、U 形(见图 9-1);暗渠的断面形式可选用城门洞形、箱形、正反拱形和圆形(见图 9-2)。

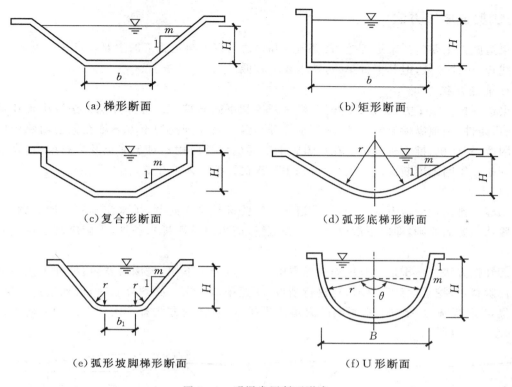

(a) 梯形断面　　　　　　　　　　(b) 矩形断面

(c) 复合形断面　　　　　　　　　(d) 弧形底梯形断面

(e) 弧形坡脚梯形断面　　　　　　(f) U 形断面

图 9-1　明渠常用断面形式

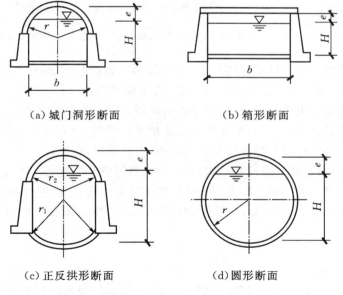

(a) 城门洞形断面　　　　　　　　(b) 箱形断面

(c) 正反拱形断面　　　　　　　　(d) 圆形断面

图 9-2　暗渠常用断面形式

二、渠道施工方法

渠道施工主要包括渠道开挖、渠堤填筑和渠道衬砌。渠道施工的主要特点是工程量大，施工路线长，场地分散，但其工种单一，技术要求较低。

1.渠道开挖

渠道开挖的施工方法有人工开挖、机械开挖和爆破开挖等。选择开挖方法取决于技术条件、地质条件、渠道纵横断面尺寸、地下水位等因素。渠道开挖的土方多堆在渠道两侧用作渠堤。因此，铲运机、推土机等机械在渠道施工中得到广泛应用。对于冻土及岩石渠道，宜采用爆破开挖。田间渠道断面尺寸很小，可采用开沟机开挖或人工开挖。

（1）人工开挖。

①施工排水。受地下水影响时，渠道开挖的关键是排水问题，排水应本着上游照顾下游，下游服从上游的原则，即向下游放水时间和流量，应考虑下游排水条件，下游应服从从上游的需要。

②开挖方法。在干地上开挖渠道应自中心向外，分层下挖，先深后宽，边坡处可按边坡比挖成台阶状，待挖至设计深度时，再进行削坡，注意挖填平衡。必须弃土时，做到远挖近倒，近挖远倒，先平后高。受地下水影响的渠道应设排水沟，开挖方式有一次到底法和分层下挖法等，如图9-3所示。

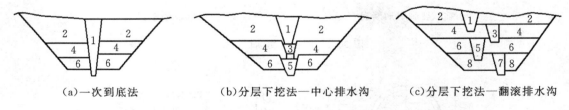

（a）一次到底法　　　　（b）分层下挖法—中心排水沟　　　（c）分层下挖法—翻滚排水沟

图9-3　渠道人工开挖（1、3、5、7—排水沟次序；2、4、6、8—开挖顺序）

一次到底法：适用于土质较好，挖深2～3m的渠道。开挖时，先将排水沟挖到低于渠底设计高程0.5m处，然后采用阶梯法逐层向下开挖，直至渠底为止。

分层下挖法：适用于土质不好，且挖深较大的渠道，开挖时，将排水沟布置在渠道中部，逐层先挖排水沟，再挖渠道，直至挖到渠底为止。如果渠道较宽，也可采用翻滚排水沟法。这种方法的优点是排水沟分层开挖、排水沟的断面较小，土方量少，施工较安全。

③边坡开挖与削坡。开挖渠道如一次开挖成坡，将影响开挖进度。因此，一般先按设计坡度要求挖成台阶状，其高度与水平距离比按设计坡度要求开挖，最后进行削坡。这样施工削坡方量较少，但施工时必须严格掌握，台阶平台应水平，高必须与平台垂直，否则会产生较大误差，增加削坡方量。

（2）机械开挖。

①推土机开挖渠道。

采用推土机开挖渠道，其开挖深度不宜超过1.5～2.0m，填筑堤顶高度不超过2～3m，其坡度不宜陡于1：2。在渠道施工中，推土机还可平整渠底、清除植土层、修整边坡、压实渠堤等。

②铲运机开挖渠道。

　　半挖半填渠道或全挖方渠道就近弃土时,采用铲运机开挖最为有利。需要在纵向调配土方渠道,如运距不远也可用铲运机开挖。铲运机开挖渠道的开行方式有:环形开行和"8"字形开行,如图9-4所示。当渠道开挖宽度大于铲运长度,而填土或弃土宽度又大于卸土长度,可采用横向环形开行,反之,则采用纵向环形开行,铲土和填土位置可逐渐错动,以完成所需断面。当工作前线较长、填挖高差较大时,则应采用"8"字形开行。

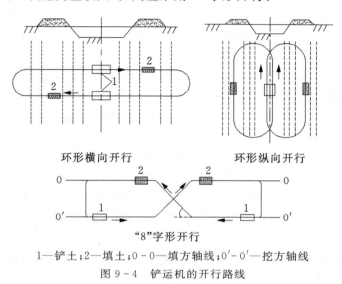

1—铲土;2—填土;0-0—填方轴线;0′-0′—挖方轴线

图9-4　铲运机的开行路线

　　③挖掘机开挖渠道。

　　当渠道开挖较深时,用反铲挖掘机开挖方便快捷,生产率高。

　　(3)爆破开挖渠道。

　　采用爆破法开挖渠道时,药包可根据开挖断面的大小沿渠线布置成一排或几排。当渠底宽度比深度大2倍以上时,应布置2~3排以上的药包,但最多不宜超过5排,以免爆破后落土方过多。当布置1~2排药包时,药包的爆破作用指数n可采用1.75~2.0,当布置3排药包时,药包应布置成梅花形,中间一排药包的装药量应比两侧的大25%左右,且采用延时爆破以提高爆破和抛掷效果,药包布置如图9-5所示。

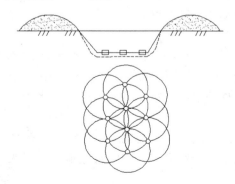

图9-5　渠道开挖药包布置图

2.渠堤填筑

筑堤用的土黏料以黏土略含砂质为宜。如有几种土料,应将透水性小的填筑在迎水坡,透水性大的填筑在背水坡。土料中不得掺有杂质,并保持一定的含水量,以利压实。

填方渠道的取土坑与堤脚应保持一定距离,挖土深度不宜超过 2m,取土宜先远后近。半填半挖式渠道应尽量利用挖方填筑,只有在土料不足或土质不适用时取用坑土。

铺土前应先行清基,并将基面略加平整,然后进行刨毛,铺土厚度一般为 20～30cm,并应铺平铺匀,每层铺土宽度略大于设计宽度,填筑高度可预加 5%的沉陷量。

3.渠道衬砌施工

渠道衬砌的类型有:灰土、砌石或砖、混凝土、沥青材料及塑料薄膜等。选择衬砌类型的原则是防渗效果好,因地制宜,就地取材,施工简单,能提高渠道输水能力和抗冲能力,减少渠道断面尺寸,造价低廉,有一定的耐久性,便于管理养护,维修费用低等。

(1)灰土衬砌。

灰土衬砌由石灰和土料混合而成。灰土衬砌的渠道防渗效果好,一般可减少渗透量的85%～95%,造价较低。衬砌的灰与土的配合比一般为 1:2～1:6(重量比)。灰土施工时,先将过筛后的细土和石灰粉干拌均匀,再加水拌和,然后堆放一段时间,使石灰粉充分熟化,稍干后即可分层铺筑夯实,可拍打坡面以消除裂缝,灰土夯实后应养护一段时间再通水。

(2)砌石衬砌。

砌石衬砌具有就地取材、施工简单、抗冲、防渗、耐久等优点。石料有卵石、块石、石板等,砌筑方法有干砌和浆砌两种。

在沙砾地区,采用干砌卵石衬砌是一种经济的抗冲防渗措施,施工时应先按设计要求铺设垫层,然后再砌卵石,砌卵石的基本要求是使卵石的长边垂直于边坡或渠底,并砌紧砌平,错缝,坐落在垫层上。每隔 10～20m 距离用较大的卵石干砌或浆砌一道隔墙。渠坡隔墙可砌成平直形,渠底隔墙砌成拱形,其拱顶迎向水流方向,以加强抗冲能力,隔墙深度可根据渠道可能冲刷深度确定。卵石衬砌应按先渠底后渠坡的顺序铺砌卵石。

块石衬砌时,石料的规格一般以长 40～50cm、宽 30～40cm、厚度不小于 8～10cm 为宜,要求有一面平整。干砌勾缝的护面防渗效果较差,防渗要求较高时,可以采用浆砌块石。

砖砌护面也是一种因地制宜、就地取材的防渗衬砌措施,其优点是造价低廉、取材方便、施工简单、防渗效果较好,砖衬砌层的厚度可采用一砖平砌或一砖立砌。

(3)混凝土衬砌。

混凝土衬砌一般采用板形结构,其截面形式有矩形、楔形、肋形、槽形等。矩形板适用于无冻胀地区的渠道,楔形板和肋形板适用于有冻胀地区的渠道;槽板用于小型渠道的预制安装。大型渠道多采用现场浇筑。现场整体浇筑的小型渠槽具有水力性能好、断面小、占地少、整体稳定性好等优点。

混凝土衬砌的厚度与施工方法、气候、混凝土标号等因素有关。现场浇筑的衬砌层比预制安装的厚度稍大。预制混凝土板的厚度在有冻胀破坏地区一般为 5～10cm,在无冻胀地区可采用 4～8cm。

混凝土衬砌层在施工时要留伸缩缝,纵向缝一般设在边坡与渠底连接处。渠道边坡上一般不设纵向伸缩缝。横向伸缩缝间距可参考表 9-1,伸缩缝宽度一般为 1～4cm,缝中填料一般采用沥青混合物、聚氯乙烯胶泥和沥青油毡等。

表 9 - 1　混凝土衬砌层横向伸缩缝间距

衬砌厚度（cm）	伸缩缝间距（m）
5～7	2.5～3.5
8～9	3.5～4.0
10	4.0～5.0
—	—

（4）沥青材料衬砌。

由于沥青材料具有良好的不透水性，一般可减少 90％ 以上的渗透量。沥青材料渠道衬砌有沥青薄膜与沥青混凝土两类。沥青薄膜防渗施工可分为现场浇筑和装配式两种。现场浇筑又分为喷洒沥青和沥青砂浆等。沥青混凝土衬砌分现场浇筑和预制安装两种。

（5）塑料薄膜衬护。

采用塑料薄膜进行渠道防渗，具有效果好、适应性强、重量轻、运输方便、施工速度快和造价较低等优点。用于渠道防渗的塑料薄膜厚度以 0.12～0.20mm 为宜。塑料薄膜的铺设方式有表面式和埋藏式两种。表面式是将塑料薄膜铺于渠床表面，薄膜容易老化和遭受破坏。埋藏式是在铺好的塑料薄膜上铺筑土料或砌石作为保护层。由于塑料表面光滑，为保证渠道断面的稳定，避免发生渠坡保护层滑塌，渠底边坡宜采用锯齿形。保护层厚度一般不小于 30cm。

塑料薄膜衬护渠道施工大致可分为渠床开挖和修整、塑料薄膜的加工和铺设、保护层的填筑等三个施工过程。薄膜铺设前，应在渠床表面加水湿润，以保证薄膜能紧密地贴在基土上。铺设时，将成卷的薄膜横放在渠床内，一端与已铺好的薄膜进行焊接或搭接，并在接缝处填土压实，此后即可将薄膜展开铺设，然后再填筑保护层。铺填保护层时，渠底部分应从一端向另一端进行，渠坡部分则应自下向上逐渐推进，以排除薄膜下的空气。保护层分段填筑完毕后，再将塑料薄膜的边缘固定在顺渠顶开挖的堑壕里，并用土回填压紧。

塑料薄膜的接缝可采用焊接或搭接方式。焊接有单层热合与双层热合两种。搭接时为减少接缝漏水，上游一块塑料薄膜应搭在下游一块之上，搭接长度为 5cm。此外，也可用连接槽搭接。

模块二　渡槽施工

一、渡槽的形式与总体布置

渡槽是当渠道与山谷、河流、道路相交时，为连接渠道而设置的过水桥。当渠道绕线或高填方案不经济时，往往优先考虑使用渡槽方案。

1. 渡槽的形式与分类

渡槽由进出口连接段、输水槽身、支承结构、基础等部分组成，如图 9 - 6 所示。

渡槽按支承结构形式主要分为梁式和拱式两大类。若按建筑材料则可分为木渡槽、砌石渡槽、混凝土及钢筋混凝土渡槽等；按施工方法可分为现浇整体式、预制装

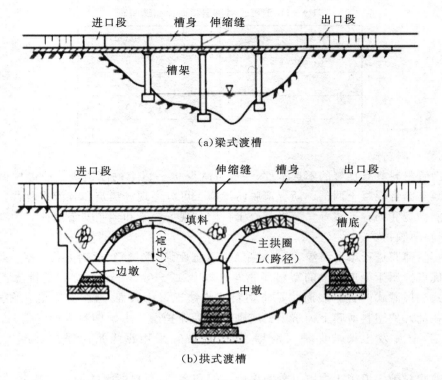

图 9-6　渡槽组成示意图

配式及预应力渡槽等；按槽身断面结构形式又可分为矩形、U 形、梯形及圆管形渡槽等。

2. 渡槽的总体布置

渡槽的总体布置主要包括槽址的选择、结构选型、进出口段的布置。

（1）槽址的选择。

槽址的选择包括选定渡槽的轴线及槽身起止点的位置。对地形、地质条件复杂的大中型渡槽，槽址则应经过方案比较选定。主要应考虑以下几个方面：

①槽址地形、地质条件良好，便于施工。尽量使槽身长度最短，墩架高度最低，基础工程量最小，总投资最少。

②进出口段尽可能落在挖方渠道上。其平面布置，应尽量与槽身成直线，避免急转弯。如两端为填方渠道，填方不宜过长，以免束窄河床而雍水，影响正常使用。

③跨越河流的渡槽，槽址应选在河床稳定、水流顺直处。其轴线与河道水流方向尽量正交；有通航要求时，槽下应有足够的净空，保证通航。

④尽量少占农田，减少拆迁。

（2）渡槽的结构选型。

一般中小型渡槽，可采用一种类型的单跨或等跨渡槽；对地形地质条件复杂，而长度较大的渡槽，可根据槽身距地面高度的变化情况，选用两种或三种跨度和不同的结构形式。渡槽结构形式选择和分跨，一般应考虑以下问题：当渡槽跨越窄深的山谷、河道，其两岸地质条件较好时，宜采用大跨度的单跨拱式渡槽；若属地形平坦，渡槽不高时，宜采用梁式渡槽；当河道较宽，河滩地形平缓，而河槽水深流急，水下施工困难时，可在河槽部分采用大跨度拱式渡槽，而在滩地采用梁式或中小跨度拱式渡槽;当地基承载能力较低时,应采用轻型结构或减小跨度。

（3）进出口的布置。

渡槽进出口的布置,应使槽内水流与渠道水流平顺衔接,减少水头损失,防止冲刷。由于过水断面的变化,进出口均需设置渐变段,渐变段的形状以扭曲面水流条件较好,应用较多。八字墙式施工简单,但水流条件较差。渐变段的长度 L_j 可由以下经验公式确定:

$$L_j = C(B_1 - B_2)$$

式中　C——系数,进口取 1.5～2.0,出口取 2.5～3.0;

　　　B_1——渠道水面宽度(m);

　　　B_2——渡槽水面宽度(m)。

对于中小型渡槽,进口段可取 $L_j \geqslant 4h_1$,出口段取 $L_j \geqslant 6h_2$,式中 h_1、h_2 分别为进、出口渠道水深。

二、渡槽的位置选择

位置选择包括渡槽轴线(中心线)及槽身起止点位置选择两个内容。对于长度不大的中小型渡槽,在渠系规划布置时,已从全局角度确定了渡槽的位置,一般已无多大选择余地。对于地形、地质条件复杂且长度大的渡槽,工程量及投资较大,其位置应通过方案比较选定,选择时可从以下几个方面考虑:

①尽量利用有利的地形、地质条件,以便缩短槽身长度、减小基础工程量、降低墩架高度。进、出口力求落在挖方渠道上。

②槽轴线最好成一直线,进口和出口避免急转弯,否则将恶化水流条件,影响正常输水,大流量及纵坡陡的渡槽更应注意这一问题。

③跨越河流的渡槽,槽轴线应与河道水流方向尽量成正交,槽址应位于河床及岸坡稳定、水流顺直的地段,避免位于河流转弯处。过陡而又不稳的岸坡应当消除。对于通航河道,槽下应满足净空要求。滩地段为填方渠道时,填方不能过长,以免过于束窄河床而造成壅水,且使河岸及河床受到冲刷。

④为了在渡槽或上、下游填方渠道发生事故时进行停水检修,或为了上游分水等目的,常需在进口段或进口前的适当位置设节制闸,以便与泄水闸联合运用,使渠水泄入溪谷或河道。选定进口位置时,应给进口建筑物的布置创造有利条件。

⑤尽量少占耕地,少迁民房,并尽可能有较宽敞的施工场地。尽量靠近建材产地,以便就地取材。交通应较为方便,水、电供应条件较好。

三、砌石拱渡槽施工

砌石拱渡槽由基础、槽墩、拱圈和槽身四部分组成。基础、槽墩和槽身的施工,与一般浆砌石工程相似,现仅介绍拱圈的施工,其施工过程包括安装拱架、砌筑拱圈及拱架拆除。

1. 拱架

拱架是砌筑主拱圈时来支承荷载,并保证所砌拱圈符合设计拱轴线要求的临时结构。拱架的种类很多,按架立形式不同分为有中间支撑式和无中间支撑式;按所用材料分为有木拱架、钢拱架、钢管支撑拱架及土(石)拱胎等。

有中间支撑的拱架,跨度可不受限制,但使用材料较多;无中间支撑的拱架,在槽墩的侧面每隔一定距离外伸一个木楔(或丁石,称为明牛腿),以支承拱架,可节省材料,适用于通航河流或深谷中,但跨度受到一定限制。

土拱胎是在槽墩之间,靠槽孔上、下游两面各砌一道厚 40～50cm 的干(浆)砌石拱形墙,上面抹 2cm 厚的 1：3 水泥砂浆,然后在两墙中间用土分层填筑夯实,即成土拱胎。

石拱胎与土拱胎相似,在槽墩之间的上下游面,干(浆)砌料石,中间填块石做成拱圈形状,再在其顶部用灰浆抹面即成,即可在上面砌筑拱圈。土拱胎、石拱胎适用于缺乏木料而又不太高的砌石拱。

2.主拱圈砌筑

(1)石料及砂浆。

砌筑主拱圈的石料,要求新鲜、坚硬、无裂隙、质地均匀。除设计文件有专门规定外,一般当跨度在 10m 以上时,采用细料石,抗压强度不小于 40MPa;跨度在 10m 以内时,采用粗料石,抗压强度不小于 30MPa;跨度在 3m 以下时,采用块石。砌拱圈所用砂浆一般用 80～100 号水泥砂浆,水灰比 0.55～0.65,灌缝砂浆水灰比 0.8～1.0。

(2)砌石程序及方法。

砌筑拱圈时,为防止砌筑过程中拱架挠曲变形过大导致拱圈开裂,一般按跨度大小采用不同的砌筑方法:

①连续砌筑法。

从两端拱脚向拱顶对称地按全宽、全厚同时连续砌筑,一气呵成。此法只有在拱圈闭合前拱脚砂浆尚未凝固,具有随同变形的可塑性时,方可采用,因而只适用于跨度在 10m 以内的小跨拱。

②预压拱顶连续砌筑法。

当拱围跨度在 10～15m 时,如不采用分段砌筑,则必须采用预压拱顶的方法施工,即从两端拱脚向拱顶对称均匀地砌筑,当拱石砌至 1/3 矢高时,在拱顶长 1/3 拱跨范围内,预压总数 20% 的拱石,以防止拱架顶部上鼓。

③分段砌筑法。

拱圈跨度在 15m 以上时,必须分段砌筑,使拱架变形比较均匀,拱圈不至开裂。分段数目为偶数以便对称砌筑。分段长度,视跨度大小、拱矢度、拱架节点位置等实际情况而定,一般段长 5～8m,但必须使分段接头位于拱架节点处。

当跨度在 15～25m 时,可按拱圈全宽每半拱分三段砌筑,并按 1、2、3 顺序砌筑,或先同时砌筑 1、2 段再砌第 3 段,并应在拱脚附近及各段之间设置空缝,如图 9-7(a)所示。

当跨度大于 25m 时,分段数目应更多一些,如图 9-7(b)所示拱圈,分为 12 段砌筑,先同时砌 1、2、3 段,再同时砌 4、5、6 段。

分段砌筑前,须在分段处设置挡板或三角木撑,防止砌体下滑。如拱圈斜度小于 20°时,也可不设支撑,仅在拱模上钉扒钉顶住砌体。

④分层分段砌筑法。

跨度大于 30m 且拱厚较大的等截面拱圈,可采用分层分段砌筑法,即将整个拱圈全厚分为 2～3 层(环),每层又分若干段,上下环间应该错缝,采取分环砌筑,分环合龙。当下环合龙后,即可承担上一环的部分静荷载,故可减轻拱架承受的荷载,节约拱架材料。

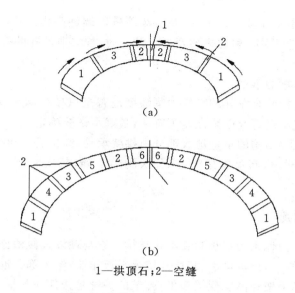

(a)

(b)

1—拱顶石；2—空缝

图 9-7　拱圈分段砌筑示意图

3.卸架装置及拱架拆除

(1)卸架装置。

无中间支撑的拱架,卸架装置常设在拱架脚和拱顶处;有中间支撑的拱架,则安设在支架盖梁与拱架柱梁之间。常用卸架装置有以下几种:简单木楔、组合木楔和砂筒。如图 9-8 所示。

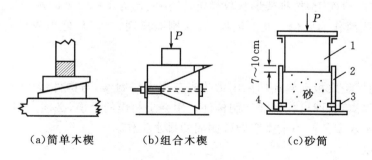

(a)简单木楔　　　(b)组合木楔　　　(c)砂筒

1—顶心木；2—金属筒；3—泄砂孔；4—垫板

图 9-8　拱架的卸架装置

①简单木楔。

简单木楔用于净跨 20m 以内的拱架。用坚硬木料制成,两块木楔的接触面斜度为 1:6～1:10,表面刨光。

②组合木楔。

组合木楔由三块木楔和螺栓组合而成。卸架时,只要将螺帽拧松,轻轻敲击,楔块间相对滑移,拱架即随之下落。可用于跨度小于 20m 的拱架。

③砂筒。

砂筒承载能力较大,可用于净跨 20m 以上的拱架。安装砂筒时,先将匀净的干砂装入筒内,再放入顶心木,可用千斤顶进行顶压,并增减砂量以调整高程。顶心木周围间隙须以沥青填塞,以防筒内干砂受潮膨胀,引起拱架变形。卸架时,拧去泄沙孔的孔塞放出干砂,顶心木下移,拱架即慢慢降落。

(2)拱架拆除应注意的事项。

①卸架期限,主要检验合龙处的砌筑砂浆强度能否足以使拱圈承受其上的荷载。拱架拆除时间与跨度大小、气温高低及砂浆性能等有关,最好由试验确定。

②拱架卸落前,上部结构的重量绝大部分由拱架承受,卸架后转由拱圈负担。为避免拱圈因突然力而颤动甚至开裂,卸落拱架时,应分次均匀下降,每次降落至拱架与拱圈完全脱开为止。

四、装配式渡槽施工

近年来,渡槽较广泛地采用了预制装配式结构。它与现浇式渡槽比较有以下特点:钢筋混凝土构件提前分散预制,与导流排水、基坑开挖等平行作业;绝大部分混凝土工程在地面施工,免除了繁杂的支模、脚手架和高空现浇施工;施工的关键是构件的起重安装;结构物较单薄、轻巧,施工精度要求高。

装配式渡槽施工主要包括预制和吊装两个施工过程。

1.构件的预制

(1)排架的预制。

排架在就近槽址的场地平卧预制,多采用地面立模和砖土胎模。

①地面立模。

在平坦夯实的地面上,按排架形状放样定位,用配比为1:3:8的水泥黏土砂浆抹面厚约0.5~1cm,压抹光滑作为底模。立上侧模后,涂刷隔离剂,再安放好事先绑扎好的钢筋骨架,即可浇筑混凝土。

②砖土胎模。

整个构件的模型底板和侧板均采用砌砖或夯实土料制作,与构件接触部分用水泥黏土砂浆抹面,并涂上隔离剂,即可扎钢筋浇制构件。用夯土制作的土模,必须先用木胎(与排架外形一致)作母模夯筑成型。使用土模应做好四周的排水工作。

(2)槽身预制。

槽身预制有整体预制和分块预制两种方法。对于U形槽身多为一节整体预制,而矩形槽身既可按节整体预制,也可将一节分块预制,需根据起重能力确定。

U形薄壳梁式槽身的预制,有正置和反置两种浇筑方式。正置浇筑是槽口向上,其优点是内模拆除方便,吊装时不须翻身,但底部混凝土不易捣实,适用于大型渡槽或槽身不便翻身的情况。反置浇筑是槽口向下,其优点是容易捣实,混凝土质量易保证,拆模时间短,模板周转快,缺点是增加了翻身工序。常采用的木内模有折合式、活动支撑式等,外模也可用活动支撑式。活动支撑式内外模架立时,内模可一次立好,外模随混凝土浇筑面上升,在外架上逐步架立,如图9-9所示。在施工实践中,群众利用当地材料还创造了多种形式的内、外模,如泥模、砖模等。

钢丝网水泥U形槽身,是用直径1mm左右的冷拔钢丝编成的10mm×10mm网格为骨架,用高标号水泥砂浆抹制而成。施工程序如下:

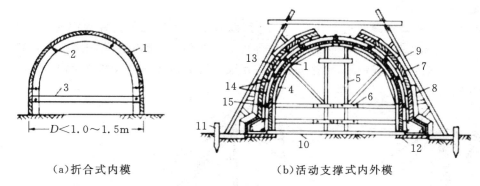

（a）折合式内模　　　　　　　（b）活动支撑式内外模

1—木内模；2—活动铰；3—活动横撑；4—内龙骨；5—内架；6—活动销；7—外模；8—外龙骨；
9—外架；10—预制拉杆；11—木桩；12—底模；13—横向钢筋；14—纵向钢筋；15—混凝土小垫块

图 9-9　木模支撑

①立模。

模板只设一面，设内模须反置浇制，设外模则正置浇制。只要把外模去掉，即可用内模反置抹制钢丝网水泥槽身。

②铺网扎筋。

在模板上标注铺网布筋位置，分层铺设钢丝网和钢筋，铺设顺序宜由槽中开始向两端展开，做到层层平顺紧直无起伏现象。网的搭接长度应不小于 10 倍网格，各层搭接位置应错开，搭接处用 22～24♯铅丝绑扎。保护层采用垫筋法（用直径 3～4mm 的钢丝作垫筋）控制，垫筋间隔 20～30cm，一端伸出槽外，抹浆时，边抹边抽出垫筋。

③浇制。

对反置槽身应先抹制槽身砂浆，后浇筑边梁和支座混凝土（横拉梁式先预制）。抹压砂浆次序一般是先下后上，由两端向中间合拢，最后压实抹光，一次完成，并不得踩压钢丝网面。

④养护。

一般采用搭设临时棚加盖塑料薄膜护罩洒水养护的方法。砂浆终凝后，洒水养护 14d。必要时通低压蒸汽养护，使罩内温度保持在 15℃～20℃。

⑤涂料。

由于槽身的保护层很薄，可在槽身表面加刷涂料，以保护筋网不受锈蚀，提高其抗渗性和耐久性。常用的涂料有 H04-3 环氧沥青漆和聚苯乙烯两种。

2. 渡槽吊装

装配式渡槽吊装是渡槽施工中的重要环节。必须根据渡槽形式、尺寸、构件重量、吊装设备能力、地形条件、施工水平及进度要求等，分析比较，选择快速简便、经济合理和安全可靠的吊装方案。

（1）排架吊装。

吊装方法通常有滑行法和旋转法两种。

①滑行法。

由吊装机械将排架一端吊起，另一端沿地面滑行，竖直后吊离地面，再插入基础杯口中，校正位置后，即可按设计要求做好排架与基础的接头。如图 9-10 所示。

②旋转法。

排架预制时使架脚靠近基础杯口,吊装时,以起重机吊钩拉吊构件顶部使排架绕架脚旋转,直立后吊起插入基础杯口,再校正、固结即可。如在杯口一侧留出供架脚滑入的缺口,并于基础和排架适当位置预埋铰圈,则排架脚可在吊装中不离地面而滑入杯口,吊装可省力一半左右。如图9-11所示。

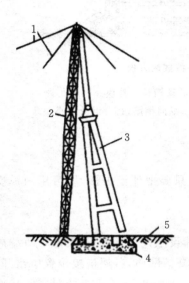

1—风缆;2—独脚扒杆;3—排架;
4—杯形基础;5—地面

图9-10 滑行法吊装排架

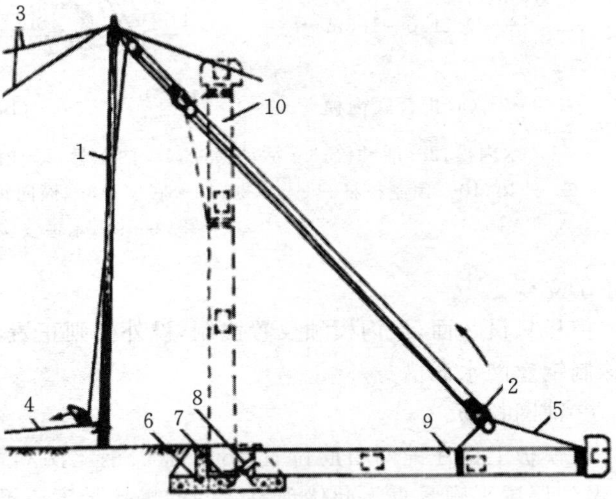

1—扒杆;2—滑车组;3—缆索;
4—引向绞车方向;5—吊索;6—带缺口的基础;
7—预埋在基础上的铰;8—预埋在排架上的铰;
9—起吊前的排架;10—吊装就位后的排架

图9-11 旋转法吊装排架

(2)槽身吊装。

装配式渡槽槽身的吊装,基本上可分为两类:起重设备架立在地面上吊装及起重设备架立在槽墩或槽身上吊装。

表9-2 梁式槽身吊装方法对比

项目	起重设备架立在地面上	起重设备架立在槽墩或槽身上
优点	在地面上进行组装、拆除,工作比较便利;设备立足于地面,稳定安全	在槽墩上或已安装好的槽身上进行吊装,不受地形的限制;设备高度不大,降低了制造费用
缺点	起吊高度大,受地形限制,在跨越河床水面时,架立和移动更为困难	组装、拆除均为高空作业,部分吊装方法会使已架立的槽架产生偏心荷载
适用范围	起吊高度不大和地形比较平坦的渡槽吊装工作	适用性强,应用广泛
采用的吊装机械	可利用扒杆成对组成扒杆抬吊,龙门扒杆吊装,摇臂扒杆或缆索起重机进行吊装	在槽墩上架立T形钢塔、门形钢塔进行吊装;在槽墩上利用推拖式吊装进行整体槽身架设;在槽身上设置摇头扒杆和双人字扒杆进行吊装

模块三　涵洞施工

涵洞是当渠道、溪谷、道路相互交叉时，在填方渠道或交通道路下面，为输送渠水或排泄溪谷来水而设置的建筑物，在渠系建筑物中较常见。它由进口、洞身和出口三部分组成，如图9-12所示。通常所说的涵洞，一般都不设闸门。当涵洞进口设有控制流量和挡水的闸门时，一般称为涵洞式或封闭式水闸。

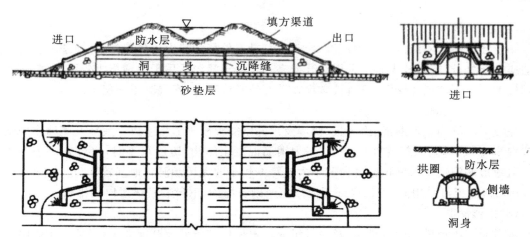

图9-12　填方渠道下的石拱涵洞

一、涵洞的类型、构造和工作特点

1.涵洞的类型

涵洞因用途、过涵水流形态和结构形式等不同而有不同的类型。

输水涵洞：设在填方渠道和交通道路下面用以输送渠水的涵洞。

排水涵洞：用以宣泄小河、溪谷来水的涵洞。

由于过涵水流形态不同，涵洞可以是无压的、有压的或半有压的。布置半有压涵洞时需采取措施，使过涵水流仅进口一小段为有压流，其后的洞身直到出口为稳定的无压明流。

2.涵洞的工作特点

输水涵洞的上、下游水位差一般都不大，所以常设计成无压的，其水流形态与渠道上的无压输水隧洞和渡槽相近，流速常在2m/s左右，一般不考虑防渗、排水和出口消能问题。对于排水涵洞，可以设计成无压的、有压的或半有压的。有压涵洞排泄洪水时，在流量变化过程中，可能出现明、满流交替作用的水流形态而产生震动，影响工程安全，设计时应特别注意。排水涵洞的上、下游水位差和出口流速较大时，应考虑消能、防冲问题。由于小河、溪谷的洪水持续时间一般都较短，所以应根据具体情况决定是否需要采取防渗、排水措施。

3.涵洞的构造

涵洞的洞身结构，常采用圆形、箱形、盖板形及拱形等几种形式，如图9-13所示。圆管的水力条件和静力工作条件都较好,便于采用预制管安装,是普遍采用的一种形式。

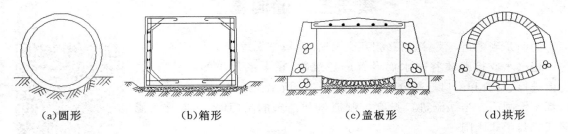

(a)圆形　　　　　(b)箱形　　　　　(c)盖板形　　　　　(d)拱形

图 9－13　涵洞的结构形式

(1)箱形涵洞。

箱形涵洞多为刚结点矩形钢筋混凝土结构,具有较好的静力工作条件,对地基不均匀沉降的适应性能好,泄流量较大时可采用双孔或多孔。箱形涵洞适用于洞顶覆土较厚、洞跨较大和地基较差的无压和低压涵洞,可直接敷设在砂石地基或砌石、素混凝土垫层上。

(2)盖板形涵洞。

盖板形涵洞为矩形断面,由底板、侧墙及顶部钢筋混凝土盖板组成。底板及侧墙多用浆砌石或混凝土做成,盖板简支在侧墙上,多为钢筋混凝土结构,跨度很小时,也可采用条石作盖板。盖板形涵洞适用于洞顶铅直荷载不大或跨度较小的无压涵洞。地基较好、孔径不大(小于2～3m)时,底板可采用分离式,底部用混凝土或砌石保护,下设砂石垫层以利排水。

(3)拱形涵洞。

拱形涵洞由顶拱、侧墙(拱座)及底板组成。根据地基条件及跨度大小,底板可做成整体式或分离式的。为改善整体式底板的受力条件,可采用反拱式的底板。顶拱常采用平拱及半圆拱。平拱矢跨比一般在 1/8～1/3 之间,受力条件好,拱圈用料少,但拱脚水平推力大,要求较厚的侧墙。半圆拱的水平推力小,但拱圈受力条件不如平拱,往往需要较厚的截面尺寸。

拱形涵洞受力条件好,适用于填土厚度及跨度都比较大的无压涵洞。拱形涵洞也可采用多孔连拱式。

4. 涵洞的进出口

涵洞的进出口是用来连接洞身和填方土坡的建筑物,也是洞身和上、下游水道之间的连接段。常用的进出口形式有一字墙式、八字形斜降墙式、反翼墙走廊式、八字墙式、进口段洞顶抬高式等,如图 9－14 所示。

(1)一字墙式。

构造简单,省材料,但进口水流收缩大,与其他类型进水口相比,在同样条件下,上游壅水时易封住洞顶,这种形式一般用于小型工程。

(2)八字形斜降墙式。

在平面上呈八字形,八字墙面与水流方向成 30°～40°交角,墙顶面随两侧土坡逐渐降低,进流条件较一字墙式有所改善。

(3)反翼墙走廊式。

水力条件较好,水面降落产生在翼墙内,可降低洞顶高程,适用于无压涵洞的进口,但工程量较大,采用较少。

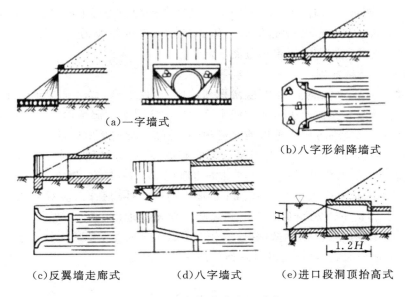

(a)一字墙式

(b)八字形斜降墙式

(c)反翼墙走廊式　　　(d)八字墙式　　　(e)进口段洞顶抬高式

图 9－14　涵洞的进出口形式

(4)八字墙式。

因八字墙伸出填土边坡外,其作用与反翼墙走廊式相近,如翼墙改用扭曲面式,水流条件将更好,但施工较麻烦。

(5)进口段洞顶抬高式。

对于无压涵洞,为保证进口水流不封住洞顶,可将进口段洞身高度适当加大,以使进口水面降落位于此段范围内。对于半有压涵洞,为使水流封住进口洞顶后,洞内仍能保持稳定的无压流态,可将进口一小段洞身高度适当减小,并在其后设通气孔,以稳定洞内水面。对于有压涵洞,可将进口段洞身的顶部(上唇)做成逐渐收缩的曲线形式,使进口有平顺的水流边界和必要的进流能力。

二、涵洞的布置

1.涵洞布置的任务及依据

涵洞工程布置的任务主要是:选定涵洞位置与过涵水流形态及进出口和洞身结构的形式;通过水力计算选定进出口的尺寸与高程及洞身的断面尺寸和纵坡。

选定涵洞形式和布置尺寸时,需依据多方面的资料,其中主要有以下两项:

①涵洞顶部填土的高度、底宽和填方工程(渠道或交通道路)的重要性。

②涵洞所在水道的原有情况及流量和水位。前者决定涵洞工程的规模和重要性,后者是水力设计的依据。对于渠道上的输水涵洞,这两项资料都是已知的,对于填方渠道和交通道路下面的排水涵洞,通常都没有原水道的流量和水位资料。这时,可根据工程的重要性选定设计洪水频率,配合调查进行分析与计算,决定涵洞的设计流量;根据原水道及两岸上、下游情况,结合防冲、消能要求,考虑对原水道的整理和护砌工程,并进行分析计算,决定与排水流量相应的上、下游水位。

对于涵洞上游水位,在考虑不长的淹没时间与不大的淹没损失或设置较小的防洪工程后就可以得到较大的调蓄容积时,进行涵洞的水力设计还需配合进行上游的调蓄演算,才能在定出洞身断面尺寸、纵坡及进出口高程的同时,得到过涵流量及相应的上、下游水位。涵洞的水力设计成果,应当满足布置方案所定的过涵水流形态。

2.涵洞布置的一般原则

涵洞的布置应根据水流顺畅、不产生淤积和冲刷、运用安全可靠、适应地形地质条件以及经济合理等因素,通过方案比较决定。过涵水流的方向应尽量与洞顶填方渠道或道路正交,以缩短洞长;尽量与原水道的方向一致以使水流顺畅。洞底(特别是出口)高程,应等于或接近原水道的底部高程。纵坡应等于或稍大于原水道的底坡,一般可采用1‰~3‰。如坡度较大,为防止洞身滑动可设置齿状基础或在出口设重力墩(见图9-15)。填方渠道下面的涵洞,顶部高程在渠底以下的距离应大于0.6~0.7m。填土的透水性很强时,应对洞顶渠段采取防渗措施,以防止渠水大量下渗对洞身产生不利影响。在寒冷地区,涵洞基底应置于冻土层以下0.3~0.5m。涵洞线路应选在地基均匀且承载能力较大的地段,淤泥及沼泽地带不宜修建涵洞,必须通过软弱地段时,应采取地基处理措施或采用桩基等。

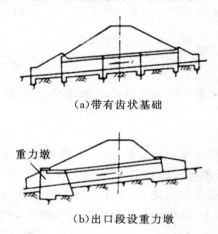

(a)带有齿状基础

(b)出口段设重力墩

图9-15 斜坡上的涵洞布置图

渠道上的输水涵洞一般都设计成无压的。当洞顶填土高度大因而洞身很长时,可按明渠均匀流计算通过设计流量时所需的断面尺寸和纵坡,并校核通过加大流量时洞内是否有足够的净空。洞身不长时可近似按宽顶堰计算。但应注意,涵洞洞身的受力条件与渡槽的槽身不同,洞身断面一般都采用窄深式的,排水涵洞也应如此。

填方渠道和交通道路下面的排水涵洞,可以设计成无压的、半有压的或有压的。无压涵洞要求的断面尺寸较大,但进口的水面壅高最小。当上游来水面积大、洪水持续时间较长且涨落缓慢、允许的上游水面壅高值又较小时,可按无压涵洞设计;当允许的水面壅高值较大时,宜按半有压涵洞设计。

无压及半有压涵洞的出口高程,可根据洞身出口断面在通过大流量时不被下游水位淹没并具有必要的净空这个条件来决定。排泄集水面积较小的溪流或山谷来水的涵洞,常有两个特点:一是洪水涨落迅速,且上游水面壅高的影响一般都不大;二是原水道的纵坡一般都较大,常有条件降低下游水位,使下游水位不淹没出口。这种涵洞宜按半有压流设计。当按有压涵洞设计时:应尽量使进口水流平顺,如将上唇做成曲线形式等,以便有足够的进流能力;洞底纵坡宜尽量小些;洞身断面尺寸宜选得小些,按允许的上游壅水位计算的排泄设计洪水流量所需断面尺寸较大时,可采用双孔或多孔。

总之,要使洞内按明流计算的泄水能力小于进口的进流能力,保证上游水面只要封住洞顶时,洞内即为有压流,以减小乃至避免洞身内产生明、满流交替出现的水流状态的可能性,如果出现,时间也很短,且水头小,影响也不大。

为了防止水流对洞口附近的土坡和上下游水道的冲刷,需用干砌石或浆砌石护坡、护底,铺砌长度一般为 3～5m。当出口流速较大时,须采取消能防冲措施。

模块四　倒虹吸管施工

一、倒虹吸管的布置

倒虹吸管是渠道与河流、谷地、道路、冲沟及其他渠道相交时,为连接渠道而设置的压力输水管道。倒虹吸管一般由进口、管身和出口三部分组成。

1. 倒虹吸管管路布置

(1)倒虹吸管管路布置原则。

倒虹吸管的管路布置原则如下:

①管路与它所通过的水道、沟谷或道路应尽量成正交,管身及进出口轴线在平面上应布置成直线,以缩短管长。

②管身及进出口宜布置在稳定地段,地形不应过陡以便于施工。

③尽可能将进出口布置在挖方渠段,尽量避免建于高填方上,确实难以避免时,应慎重采取夯实加固和防渗排水措施。

④管路一般沿地面坡度布置(露天或浅埋),但应避免转弯(变坡)过多,以减少水头损失和镇墩数目。

(2)倒虹吸管布置形式。

根据管路埋设情况及高差大小,倒虹吸管可采用竖井式、斜管式、折线形和桥式等布置形式。

①竖井式。

竖井式一般常用于压力水头小(小于 5m)及流量较小的过路倒虹吸管,其优点是构造简单、管路短、占地少、施工较易,而水流条件较差、水头损失大。井底一般设 0.5m 深的集沙坑,以便清除泥沙及维修水平段时进行排水。如图 9-16 所示。

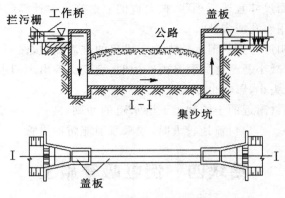

图 9 - 16　竖井式倒虹吸管

②斜管式。

中间水平两端倾斜的倒虹吸管,这种形式水流条件比竖井式好,主要适用于穿越渠道或河流且两者高差较小、岸坡较缓的情况。如图 9 - 17 所示。

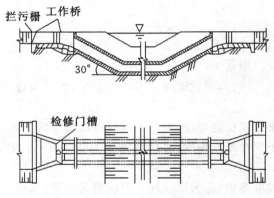

图 9 - 17　斜管式倒虹吸管

③折线形。

当管道穿越河沟深谷,若岸坡较缓且起伏较大时,管路常沿坡度起伏铺设。折线形倒虹吸管常将管身随地形坡度变化浅埋于地表下,埋设深度应视具体条件而异。该形式开挖量小,主要适用于地形高差较大的山区或丘陵区。如图 9 - 18 所示。

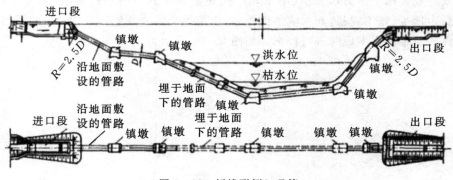

图 9 - 18　折线形倒虹吸管

④桥式。

当管道穿越深切河谷及山谷时,为减少施工困难,降低管中压力水头,缩短管道长度以降低沿程水头损失,可在折线形铺设的基础上,在深槽部分建桥,在桥上铺设管道过河,桥下应留有一定的净空以满足泄洪要求。如图9-19所示。

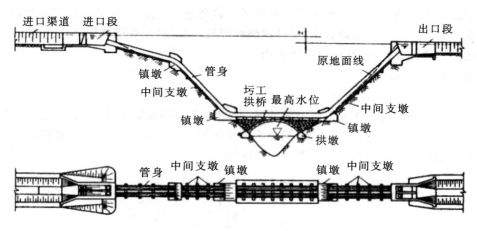

图9-19　桥式倒虹吸管

2. 进出口布置

倒虹吸管进出口布置应满足水力条件良好、运用可靠以及稳定、防渗、防冲、防淤等要求。

(1)进口段布置。

进口段包括进水口、闸门、启闭台、拦污栅、通气管及渐变段。对于大中型倒虹吸管,进口处应设泄洪闸(或溢水堰)。多泥沙渠道,尚应设沉沙及冲沙设施。进水口形式应满足管道通过不同流量时,渠道水位与管道入口处水位的良好衔接。进口轮廓应使水流平顺,以减少水头损失。对于大型倒虹吸管,进水口常用圆弧曲线做成喇叭形,四周向外扩大1.3~1.5倍管的内径D。有的则仅在上方及左右方向扩大。进口段与管身常用弯道连接,转变半径一般为内径的2.5~4倍。对于小型倒虹吸管进口,可不做成喇叭形,也不设弯道,而将管身直接插入挡水墙,这种形式水流条件较差。进水口前的底板一般较渠底低,其高程由水力计算决定。进口段应修建在地质较好、透水性较小的地基上,否则应进行防渗处理。

倒虹吸管进口前是否设置沉沙池,应根据具体情况从整个渠道系统的规划设计来考虑。

(2)出口段布置。

倒虹吸管出口段的布置形式与进口段基本相同。出口段上是否设置闸门,应由具体条件决定。多管倒虹吸管的出口段,不设闸门时也需留检修门槽。出口渐变段的形式及布置要求与渡槽出口渐变段相同。出口段常设置消力池,用以调整出口水流的流速分布,池长一般为渠道设计水深的3~4倍,低于下游渠底的池深T(cm)可按经验式估算,即

$$T \geqslant 0.5D + \delta + 30$$

式中:D为管内径;δ为管壁内径。小型倒虹吸管,流速不大时也可不做消力池,仅用1:2~1:4斜坡和八字墙渐变段与下游渠道衔接即可。

二、倒虹吸管的构造

1. 管身构造

为了防止温度变化等不利因素的影响，防止河床冲刷，管道常埋于地表之下，其埋深视具体情况而定。为了清除管内淤积和泄空管内积水以便进行检修，应在管身设置冲沙泄水孔，孔的底部高程一般与河道枯水位齐平，对桥式倒虹吸管，则应设在管道最低部位。进入孔与泄水孔可单独或结合布置，且最好布设在镇墩内。

2. 支承结构及构造

（1）管座。

对于小型钢筋混凝土管或预应力钢筋混凝土管，常采用弧形土基、三合土、碎石垫层。其中碎石垫层多用于箱形管，弧形土基、三合土多用于圆管。对于大中型倒虹吸管，常采用浆砌石或混凝土刚性坐垫。管座构造如图 9-20 所示。

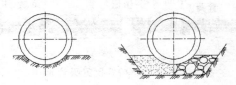

图 9-20　管座构造图

（2）支墩。

在承载能力超过 100kPa 的地基上修建中小型倒虹吸管时，可不用连续管座而采用混凝土支墩，其常采用滚动式、摆柱式及滑动式。

（3）镇墩。

在倒虹吸管的边坡处、转弯处、管身分缝处、管坡较陡的斜管中部，均设置镇墩，用以连接和固定管道，承受作用。镇墩一般采用混凝土或钢筋混凝土重力式结构，其与管道的连接形式有刚性连接和柔性连接两种。

刚性连接是将管端与镇墩浇筑成一个整体，适用于陡坡且承载力大的地基；柔性连接是将管身插入镇墩内与镇墩用伸缩缝分开，缝内设止水片，常用于斜坡较缓的土基上。位于斜坡上的中间镇墩，其上端与管身采用刚性连接，下端与管身采用柔性连接，这样可以改善管身的纵向工作条件。

 工程案例学习

案例一

一、工程概况

某小型渠系建筑物工程包括渠道、排洪渡槽、渠下涵等渠系建筑物。共有桥 7 座，渠下涵 3 座、排洪渡槽 3 座，客水入渠共有 11 个座，水闸 6 座。

二、施工方法

1. 土方开挖

土方开挖施工程序：测量放样→机械设备开挖→人工辅助清理及基础面处理→承载力试验→质检验收。

2.土方填筑

土方填筑从最低洼部位开始,水平分层填筑,分层厚度通过碾压试验确定。

施工程序为:基础清理、验收→测量放样→进料→摊铺→平整→机械碾压→填筑层验收→转入上一填筑层面。

填筑材料均为设计要求的合格土料,填筑施工分段分层进行。在穿渠底建筑物的渠道上下游侧各50m范围内,填筑高程与建筑物顶高程不宜相差过大,待建筑物混凝土达到指定的强度后,立即回填建筑物两侧,再进行该部位的填筑。

3.混凝土施工

混凝土施工程序:地基处理→场地平整→测量放样→支架搭设→测量放样→底模铺设→钢筋制安→侧模安装→质量检查验收→混凝土浇筑→养护、待凝→拆模。

4.浆砌石砌筑

(1)石料砌筑:砌石体采用铺浆法砌筑,就近工作面布置一台移动式砂浆拌和机拌制砂浆,砂浆稠度为30～50mm,当气温变化时,适当调整,并提前做好砂浆配合比试验,选送合格的配合比并报请监理人批准;砂浆拌和均匀,随拌随用,一次拌料在其初凝前使用完毕。相邻阶梯的毛石相互错缝搭砌,并要求砌体表面平整。当勾缝完成和砂浆初凝后,砌体表面刷洗干净,至少用浸湿物覆盖保持21d,养护期间经常洒水,保持砌体湿润,避免碰撞和震动。

(2)养护:砌体外露面,在砌筑后12～18h之间及时养护,经常保持外露面的湿润。

三、施工安全措施

(1)在工程开工前组织有关施工人员进行教育,经安全教育的职工才准许进入施工区工作。

(2)为保证照明安全,在各施工部位、通道等处设置足够的照明,最低照明度符合规定。施工用电线路按规定架设,满足安全用电要求。

(3)配备安全防护设施,仓面设置安全通道和安全围栏,模板挂设安全作业平台,高空部位挂设安全网,随仓位上升搭设交通梯,操作人员佩带安全绳和安全带,施工脚手架和操作平台搭设牢固。

(4)加强施工机械设备的检查、维修、保养,确保高效、安全运行,操作人员必须持证上岗。

(5)在施工现场、道路等场所设置醒目的安全标识、警示和信号等提高全体施工人员的安全意识。

(6)为保证照明安全,必须在各施工区、道路、生活区等设置足够的照明系统。施工用电线路按规定架设,满足安全用电要求。

案例二

一、工程概况

某工程段共有倒虹吸管4座,为钢筋混凝土管,主要用于灌溉。所在地区主要为丘陵地貌、溶蚀槽谷地貌等,地下水为第四系孔隙潜水、基岩裂隙水和岩溶裂隙水,涵位处水质对混凝土结构无侵蚀性。

二、施工工艺

本段倒虹吸管除水平管内模管采用预制法施工外,其余均采用现浇法施工,对于涵位地基有软基处理、岩溶处理的先进行相应处理,然后施作倒虹吸管。

倒虹吸管内膜管采用预制钢筋混凝土圆管,外套管、竖井、出入口矩形槽等现场浇筑,明挖基础采用机械开挖,人工清理。

施工工艺流程见图 9-21。

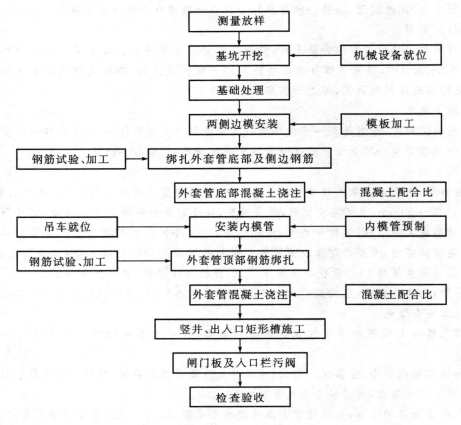

图 9-21 施工工艺流程

三、质量保证措施

(1)建立高效务实的质量保证体系,以工作质量保证工序质量,以工序质量保证工程质量。加强管理,责任到人,严格质量奖惩制度。

(2)严把工程材料质量关,严格进行取样试验,检测合格后方可采购进场。材料要分类存放及保管,在使用前进行抽检,合格后方可使用。

(3)严格执行隐蔽工程检查的规定,所有隐蔽工程首先进行严格自检,自检合格后填写隐蔽工程检查证及附件,于隐蔽工程检查前48h报监理工程师检查,并在检查证上签字后方可继续施工。

 思考题

1.渠道施工主要包括哪几部分?

2.装配式渡槽施工与砌石拱渡槽施工各有什么特点?

3.涵洞有哪几种类型?各自适用条件是什么?洞型选择的主要依据是什么?

4.倒虹吸管与渡槽相比,有何优缺点?

情景十

堤防及疏浚工程

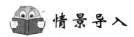情景导入

某工程主要由防洪堤、河道疏浚等内容组成。针对该工程应该采取何种施工方法？堤岸采用哪种防护？疏浚工程断面质量应满足哪些要求？

本部分内容主要讲述堤防工程及疏浚工程的施工技术，需了解堤防工程不同部位、不同情况下施工技术方法，能在堤防及疏浚工程施工过程中进行安全控制。

模块一　堤防工程施工技术

一、堤身填筑的施工方法

1.堤基清理的要求

筑堤工作开始前，必须按设计要求对堤基进行清理。堤基清理范围包括堤身、铺盖和压载的基面。堤基清理边线应比设计基面边线宽出30～50cm。老堤加高培厚，其清理范围包括堤顶和堤坡。堤基清理时，应将堤基范围内的淤泥、腐殖土、泥炭、不合格土及杂草、树根等清除干净。堤基内的井窖、树坑、坑塘等应按堤身要求进行分层回填处理。堤基清理后，应在第一层铺填前进行平整压实，压实后土体干密度应符合设计要求。堤基冻结后有明显冰夹层、冻胀现象未经处理时，不得在其上施工。

2.填筑作业面的要求

（1）地面起伏不平时，应按水平分层由低处开始逐层填筑，不得顺坡铺填；填筑横断面上的地面坡度陡于1：5时，应将地面坡度削至缓于1：5。

（2）分段作业面长度，机械施工时段长不应小于100m，人工施工时段长可适当减短。作业面应分层统一铺土、统一碾压，严禁出现界沟，上、下层的分段接缝应错开。在软土堤基上筑堤时，如堤身两侧设有压载平台，两者应按设计断面同步分层填筑，严禁先筑堤身后压载。相邻施工段的作业面宜均衡上升，段间出现高差，应以斜坡面相接，结合坡度为1：3～1：5。

（3）已铺土料表面在压实前被晒干时，应洒水润湿。光面碾压的黏性土填料层，在新层铺料前，应作刨毛处理。出现"弹簧土"、层间光面、层间中空、松土层等质量问题应及时处理。

（4）施工过程中应保证观测设备的埋设安装和测量工作的正常进行，并保护观测设备和测量标志完好。

（5）在软土地基上筑堤，或用较高含水量土料填筑堤身时，应严格控制施工速度，必要时应在地基、坡面设置沉降和位移观测点，根据观测资料分析结果，指导安全施工。

（6）对占压堤身断面的上堤临时坡道作补缺口处理，应将已板结老土刨松，与新铺土料统一按填筑要求分层压实。堤身全断面填筑完成后，应作整坡压实及削坡处理，并对堤防两侧护堤地面的坑洼处进行铺填平整。

3.铺料作业的要求

（1）应按设计要求将土料铺至规定部位，严禁将砂（砾）料或其他透水料与黏性土料混杂，上堤土料中的杂质应予清除。

（2）铺料要求均匀、平整。每层的铺料厚度和土块直径的限制尺寸应通过现场试验确定。

（3）土料或砾质土可采用进占法或后退法卸料，沙砾料宜用后退法卸料，沙砾料或砾质土卸料时如发生颗粒分离现象，应将其拌和均匀。

（4）堤边线超填余量，机械施工宜为 30cm，人工施工宜为 10cm。

（5）土料铺填与压实工序应连续进行，以免土料含水量变化过大影响填筑质量。

4.压实作业要求

（1）施工前，先做碾压试验，确定机具、碾压遍数、铺土厚度、含水量、土块限制直径，以保证碾压质量达到设计要求。

（2）分段碾压，各段应设立标志，以防漏压、欠压、过压。碾压行走方向，应平行于堤轴线。分段、分片碾压，相邻作业面的搭接碾压宽度，平行堤轴线方向不应小于 0.5m，垂直堤轴线方向不应小于 3m。

（3）拖拉机带碾磙或振动碾压实作业，宜采用进退错距法，碾迹搭压宽度应大于 10cm，铲运机兼做压实机械时，宜采用轮迹排压法，轮迹应搭压轮宽的 1/3。

（4）机械碾压应控制行走速度：平碾≤2km/h，振动碾平碾≤2km/h，铲运机为 2 挡。

（5）碾压时必须严格控制土料含水率，土料含水率应控制在最优含水率±3％范围内。

（6）沙砾料压实时，洒水量宜为填筑方量的 20％～40％，中细砂压实的洒水量，宜按最优含水量控制，压实施工宜采用履带式拖拉机带平碾、振动碾或气胎碾。

二、护岸护坡的施工方法

堤防护岸工程通常包括水上护坡和水下护脚两部分。水上和水下之分均指枯水施工期而言，如图 10-1 所示。护岸工程的施工原则是先护脚后护坡。

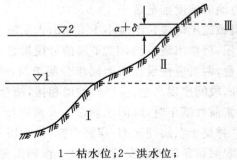

1—枯水位；2—洪水位；

Ⅰ—下层；Ⅱ—中层；Ⅲ—上层

图 10-1　护坡护脚工程划分示意图

堤防防护工程一般可分为坡式护坡（平顺护岸）、坝式护岸、墙式护岸等几种。

1. 坡式护岸

岸坡及坡脚一定范围内覆盖抗冲材料，抵抗河道水流的冲刷，包括护脚、护坡、封顶三部分。这种护岸形式对河床边界条件改变和对近岸水流的影响均较小，是较常采用的形式。

（1）护脚工程施工技术。

下层护脚为护岸工程的根基，其稳固与否，决定着护岸工程的成败，实践中所强调的"护脚为先"就是对其重要性的经验总结。护脚工程及其建筑材料要求能抵御水流的冲刷及推移质的磨损；具有较好的整体性并能适应河床的变形；较好的水下防腐朽性能；便于水下施工并易于补充修复。经常采用的形式有抛石护脚、抛枕护脚、抛石笼护脚、沉排护脚等。

（2）护坡工程施工技术。

护坡工程除受水流冲刷作用外，还要承受波浪的冲击及地下水外渗的侵蚀。因处于河道水位变动区，时干时湿，这就要求其建筑材料坚硬、密实、能长期耐风化。

目前，常见的护坡工程结构形式有砌石护坡、现浇混凝土护坡、预制混凝土板护坡和模袋混凝土护坡、植草皮护坡、植防浪林护坡等。

砌石护坡应按设计要求削坡，并铺好垫层或反滤层。砌石护坡包括干砌石护坡、浆砌石护坡和灌砌石护坡。

①干砌石护坡。

坡面较缓（1.0∶2.5～1.0∶3.0）、受水流冲刷较轻的坡面，采用单层干砌块石护坡或者双层干砌块石护坡。干砌石护坡应由低向高逐步铺砌，要嵌紧、整平，铺砌厚度应达到设计要求；上下层砌石应错缝砌筑。

坡面有涌水现象时，应在护坡层下铺设 15cm 以上厚度的碎石、粗砂或砂砾作为反滤层。封顶用平整块石砌护。

干砌石护坡的坡度，根据土体的结构性质而定，土质坚实的砌石坡度可陡些，反之则应缓些。一般坡度 1.0∶2.5～1.0∶3.0，个别可为 1.0∶2.0。

②浆砌石护坡。

坡度在 1∶1～1∶2 之间，或坡面位于沟岸、河岸，下部可能遭受水流冲刷冲击力强的防护地段，宜采用浆砌石护坡。浆砌石护坡由面层和起反滤层作用的垫层组成。面层铺砌厚度为 25～35cm，垫层又分单层和双层两种，单层厚 5～15cm，双层厚 20～25cm。原坡面如为砂、砾、卵石，可不设垫层。对长度较大的浆砌石护坡，应沿纵向每隔 10～15m 设置一道宽约 2cm 的伸缩缝，并用沥青或木条填塞。

浆砌石护坡，应做好排水孔的施工。

③灌砌石护坡。

灌砌石护坡要确保混凝土的质量，并做好削坡和灌入振捣工作。

2. 坝式护岸

坝式护岸是指修建丁坝、顺坝，将水流挑离堤岸，以防止水流、波浪或潮汐对堤岸边地的冲刷，这种形式多用于游荡性河流的护岸。

坝式防护分为丁坝、顺坝、丁顺坝、潜坝四种形式，坝体结构基本相同。

丁坝是一种间断性的有重点的护岸形式，具有调整水流的作用。在河床宽阔、水浅流缓的河段，常采用这种护岸形式。

丁坝坝头底脚常有垂直漩涡发生，以致冲刷为深塘，故坝前应予保护或将坝头构筑坚固，丁坝坝根须埋入堤岸内。

3.墙式护岸

墙式护岸是指顺堤岸修筑竖直陡坡式挡墙，这种形式多用于城区河流或海岸防护。

在河道狭窄，堤外无滩且易受水冲刷，受地形条件或已建建筑物限制的重要堤段，常采用墙式护岸。

墙式防护（防洪墙）分为重力式挡土墙、扶壁式挡土墙、悬臂式挡土墙等形式。墙式护岸一般临水侧采用直立式，在满足稳定要求的前提下，断面应尽量减小，以减少工程量和少占地为原则。墙体材料可采用钢筋混凝土、混凝土和浆砌石等。墙基应嵌入堤岸护脚一定深度，以满足墙体和堤岸整体抗滑稳定和抗冲刷的要求。如冲刷深度大，还需采取抛石等护脚固基措施以减少基础埋深。

模块二 疏浚工程施工技术

一、挖泥船的施工方法及质量控制

1.挖泥船的类型及其施工方法

挖泥船有吸扬式、链斗式、抓扬式和铲扬式等几种形式。

吸扬式挖泥船有绞吸式和耙吸式两种。

（1）绞吸式挖泥船及其施工方法。

①绞吸式挖泥船。

绞吸式挖泥船，如图10-2所示，是利用转动着的绞刀绞松河底土壤，与水混合成泥浆，通过泥泵作用，从吸泥口经吸泥管吸进泥浆，再经过排泥管输送至排泥区，其挖泥、输泥和卸泥都是由自身连续完成的。

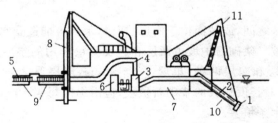

1—铰刀头；2—吸泥管；3—泥泵；4—船上排泥管；5—水上排泥管；
6—主机；7—船体；8—船桩；9—浮筒；10—铰刀桥；11—铰刀桥吊架

图10-2 绞吸式挖泥船示意图

②绞吸式挖泥船的基本施工方法。

绞吸式挖泥船的基本施工方法是横挖法。横挖法有钢桩定位横挖法和锚缆定位横挖法。其中钢桩定位横挖法即利用两根钢桩轮流交替插入河底，作为摆动中心，并利用绞刀桥前部的左、右摆动缆（龙须缆）的交替收放，使船体来回摆动，进行挖泥。当绞刀摆至挖槽右（左）边缘时，放下左（右）钢桩升起右（左）钢桩，同时放松右（左）边缆收紧左（右）边缆，使绞刀往左（右）

摆回。这时船体向前移动的距离,称前移距(见图 10-3)。采用这种定位方法,由于绞刀挖泥时船体有两个摆动中心,使绞刀的挖泥轨迹重叠和遗漏。这对基建性硬土挖槽是不适合的。

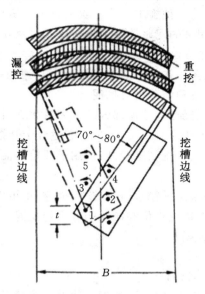

B—挖槽宽度;t—前移距;1、2、3、4、5—横挖次序

图 10-3　双桩前移横挖法

为了克服上述方法的缺点,可采用主副桩法(也称单桩前移法),如图 10-4 所示,即以一根钢桩为主桩(视驾驶员的习惯而定),始终对准挖槽中心线,作为横挖的摆动中心,而以另一根钢桩作为副桩为前移换桩之用。因为只有一个挖泥摆动中心,所以绞刀挖泥轨迹互相平行,只要钢桩的前移距保持适当,就可避免超挖和漏挖。为了准确地控制换桩位量,须在挖槽中心线左右两侧各增设一对视线标。图 10-4 中是以右钢桩为主桩,以左钢桩为副桩,阴影线为换用副桩后,船体绕副桩摆动时绞刀前移的轨迹,空白线为船体绕主桩摆动时绞刀挖泥的轨迹。

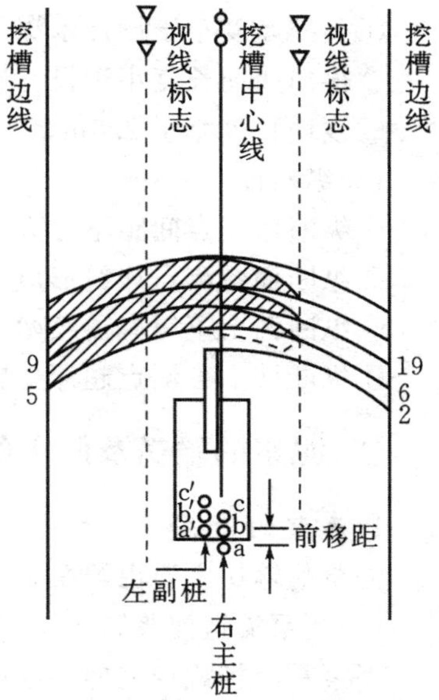

钢桩横挖法的最大挖宽受船长(包括绞刀外伸长度)的限制,根据经验,最大挖宽一般为船长的 1.2～1.4 倍,挖泥船左右摆动与挖槽中心线交角以 40°左右为宜。当挖槽宽度超过挖泥船最大挖宽时,则必须分条施工。

(2)耙吸式挖泥船及其施工方法。

耙吸式挖泥船是一种自航式、自带泥舱、一边航行一边挖泥的吸扬式挖泥船,在施工作业中的最大特点是各道工序都可以由挖泥船本身独自完成,不需要其他辅助船舶和设备来配合行动。

耙吸式挖泥船的施工方法,一般有装舱(装舱溢流)施工法、旁通(边抛)施工法、吹填施工

图 10-4　主副桩横挖法

法。装舱(装舱溢流)施工法是迄今为止我国使用频率较多的一种常规施工方法,也是最为基本的方法。旁通(边抛)施工法是一种不需要经过泥舱,直接将泥浆输送到另一侧水中或通过一旁的输泥管输送到较远水域的一种施工方法。吹填施工法是与前两种施工方法截然不同的一种施工方法,其主要是将挖掘来的泥浆通过耙吸式挖泥船及其辅助设备进行吹填。

(3)链斗式挖泥船及其施工方法。

链斗式挖泥船利用一系列泥斗在斗桥上连续运动而自河底挖掘泥土,通过卸泥槽而装入泥驳,同时收放锚缆,使船体横移和前移进行挖掘。

链斗式挖泥船大多数为非自航式,挖泥部分的主要装置是斗桥、上下鼓轮(或称导轮)、泥斗、链节板和卸泥槽等。泥斗容量为 $0.1\sim0.8\text{m}^3$。它适合于开挖沙壤土、壤土、卵石夹砂和淤泥等土质。由于链斗式挖泥船的开挖精度较高,适用于开挖港池、锚泊地和建筑物基槽等规格要求较严的工程。

链斗式挖泥船的施工一般采用横挖法,可以逆流横挖,也可以顺流横挖。无论逆流和顺流横挖,均用一个主(尾)锚和四个边锚定位和挪动船身进行挖泥。

2.疏浚工程的断面质量控制标准

(1)横断面。

断面中心线偏移不得大于 1.0m。

断面开挖宽度和深度应符合设计要求,断面每边允许宽度值和测点允许超深值应符合有关规定。

水下断面边坡按台阶形开挖时,超欠比应控制在 $1\sim1.5$。

疏浚工程原则上不允许欠挖,局部欠挖如超出下列规定时,应进行返工处理:

①欠挖厚度小于设计水深的 5%,且不大于 30cm;

②横向浅埂长度小于设计底宽的 5%,且不大于 2m;

③浅埂长度小于 2.5m。

(2)纵断面。

①纵断面测点间距不应大于 100m;

②纵断面各测点连线形成的坡降应与水流方向一致;

③纵断面上不得有连续两个欠挖点,且欠挖值不得大于 30cm;

④纵断面上各测点超深值应符合有关规定要求。

二、泥浆的输送及泥土的处理

1.泥浆的输送

泥浆的输送主要由泥泵来完成,远程输泥主要由接力泵站完成。

(1)泥泵输送泥浆。

泥泵是吸扬式挖泥船和泵站(船)的主要机械,目前都是采用单面吸入式的离心泵,系由泵壳和叶轮两部分组成。它与离心水泵的不同之处是泥泵叶轮的直径较大,叶片的数量较少(3~4片左右),以便有较大空隙让泥块或石块通过。泵壳是用铸铁铸成或用厚钢板焊接的一种具有螺旋形槽道的蜗形体,俗称"蜗壳"。为了防止泥沙磨损泵壳和叶轮,其上均加装锰钢或镍铬钢等耐磨材料的衬板保护,衬板磨损后可以更换。

(2)接力泵站远程输泥。

远程输泥主要由接力泵站完成。为了远程输泥,把几台泥泵用输泥管线串联起来工作的输泥系统称为接力泵站。它是由吹泥船、站池(泥浆池)、泵站和排泥管线等一系列设备装置所组成,接力泵站和吹泥船的连接主要有直接串联方式、设中间站池贮存泥浆方式两种。

2.泥土的处理

处理疏浚泥土的方法有水下抛泥法、边抛法和吹填法等。

(1)水下抛泥法。

在受土质、挖泥机具设备条件和两岸地形条件等限制而不能利用泥土时,选择地点进行水下抛泥。

(2)边抛法。

自航耙吸式挖泥船在疏浚作业中,一边挖泥一边将泥浆排入水中,随水流带走。常用的边抛方法有旁通、溢流和使用长悬臂架边抛挖泥船边抛等三种。

①旁通。

耙吸式挖泥船设有专门的旁通口,泥泵吸上来的泥浆经旁通口直接排入水中。

②溢流。

由泥泵吸上来的泥浆进入泥舱内,而多余的泥浆则从泥舱两侧的溢流口连续排入水中。这种方法可使泥浆中的土块和粗颗粒泥沙拦截于泥舱内,至泥土满舱后再去抛泥,这就减少了挖槽内的回淤;同时,因从溢流口排出的泥浆具有较小的动能和位能,使泥沙不潜入到河底,这就有利于泥沙颗粒在较大的面流流速场内紊动扩散,提高边抛施工效果。

③使用长悬臂架边抛挖泥船边抛。

边抛挖泥船沿航道工作时,通过伸出船舷外的悬臂架上设置的排泥管,将泥浆随挖随抛于航道的一侧。泥浆抛出的距离不仅取决于悬臂架的长短,而且与排泥管出口的结构形式有关。

(3)吹填法。

吹填法是将挖出的泥土利用泥泵输送到填土地点,以使泥土综合利用。采用吹填法处理疏浚泥土,不仅能使泥土综合利用,为国民经济多方面服务,而且避免了疏浚泥土回淤航道的可能性,特别是在某些河口地区,是一种较优的方案。

①吹填施工方法分类。

吹填施工方法分类见表10－1。

表10－1　吹填施工方法分类

施工方法		方法要点	方法特点	使用范围
管道直输型	单船直输型	吹填土的开挖和输送由绞吸式挖泥船直接完成	开挖、输送、填筑三道工序连续进行,生产效率高、成本低	土源距吹填区较近,运距在绞吸船的正常有效排距之内的工程
	直输型	在排泥管线上装设接力泵,由绞吸船开挖取土,输送则由接力泵辅助完成		土源距吹填区较远,运距超过了绞吸船的正常有效排距,且水上运距不太长(小于1～2km)的工程

施工方法	方法要点	方法特点	使用范围
组合输送型	先由斗式挖泥船开挖取土，再由驳船运送到集砂池，最后由绞吸船（或吹泥船、泵站）输送到吹填区	开挖、输送、填筑三道工序由多套设备组合完成，工序重复，生产效率低，成本较高	土源距吹填区较远，且水上运距较长的工程

②施工顺序。

吹填工程一般都设有多个吹填区，需要对吹填顺序进行合理安排。吹填顺序一般可参照表 10 - 2 进行。

表 10 - 2　吹填施工顺序

施工方法	吹填顺序	适用范围	目的
多区吹填	从最远的区开始，依次退管吹填	吹填区相互独立的工程，在现场条件许可时	充分发挥设备的功能
	先从离退水口最远的区开始，依次进管吹填	多个吹填区共用一个退水口的工程	增加泥浆流程，减少细颗粒土的流失
	两个或两个以上排泥区轮流交替吹填	吹填细粒土且在排泥主管道上安装带闸阀的三通时	加速沉淀固结，减少流失
单区吹填	从离退水口较远的一侧开始	工程量较小，吹填土料为粗颗粒	减少流失

模块三　防汛工程施工

一、汛前加固施工

（1）砌石护坡加固，应在汛期前完成，当加固规模及范围较大时，可以拆一段砌一段，但分段宜大于 50m。垫层的接头处应确保施工质量，新、老砌体应结合牢固，连接平顺。确需汛期施工时，分段长度可根据水情预报情况及施工能力而定，防止意外事故发生。

（2）护坡石沿坡面运输时，使用的绳索、刹车等设施应满足负荷要求，牢固可靠，在吊运时不得超载，发现问题应及时检修。垂直运送料具时必须有联系信号，有专人指挥。

（3）灌浆机械设备作业前必须检查是否良好，安全设施及防护用品是否齐全，警示标志设置是否标准，经检查确认符合要求后，方可施工。

（4）当采用混凝土防渗墙、高压喷射、土工膜截渗或砂石导渗等施工技术时，均应符合相应安全技术标志的规定。

二、防汛工程施工安全技术

防汛工程施工的抢护原则为：前堵后导、强身固脚、减载平压、缓流消浪。施工中应遵守各项安全技术要求,不得违反程序作业。

(1)堤身漏洞险情的抢护。

①堤身漏洞险情的抢护以"前截后导、临重于背"为原则。在抢护时,可在临水侧截断漏水来源,在背水侧漏洞出水口处采用反滤围井的方法,防止险情扩大,导致安全事故。

②堤身漏洞险情在临水侧抢护以人力施工为主时,应具有足够的安全设施,且有专人指挥和专人督查,确认符合要求后,方可施工。

③堤身漏洞险情在临水侧抢护以机械设备为主时,机械设备应停站或行驶在安全或经加固可以确认较为安全的堤身上,防止因漏洞险情导致设备下陷、倾斜或失稳等其他安全事故。

(2)管涌险情的抢护宜在背水面,采取反滤导渗,控制涌水,留有渗水出路。管涌险情的抢护以人力施工为主,应注意检查附近堤段水浸后变形情况,如有坍塌危险时,应及时加固或采取其他安全有效的方法。

(3)当遭遇超标准洪水或有可能超过堤坝顶时,应迅速进行加高抢护,同时做好人员撤离安排,及时将人员设备转移到安全地带。

(4)为削减波浪的冲击力,在靠近堤坡的水面设置芦柴、柳枝、湖草和木料等材料的捆扎体,并设法锚定,防止被风浪水流冲走。

(5)当发生崩岸险情时,应抛投物料,如石块、石笼、土袋和柳石枕等,以稳定基础,防止崩岸进一步发展;应密切关注险情发展的动向,时刻检查附近堤身的变形情况,及时采取正确的处理措施,并向附近居民示警。

(6)堤防决口抢险应遵守下列规定:

①当堤防决口时,除有关部门快速通知附近居民安全转移外,抢险施工人员应配备足够的安全救生设备。

②堤防决口施工应在水面以上进行,并逐步创造静水闭气条件,确保人身安全。

③当在决口抢筑裹头时,应从水浅流缓、土质较好的地带采取打桩、抛填大体积物料等安全裹护措施,防止裹头处突然坍塌将人员与设备冲走。

④决口较大采用沉船截流时,应在沉船迎水侧采取打钢板桩等安全防护措施,防止沉船底部不平整发生移动而给作业人员造成安全隐患。

 工程案例学习

案例一:河道疏浚及堤防工程施工项目

一、工程概况

某工程为上游整治工程——河道疏浚及堤防工程施工项目。工作内容为施工堤防级别为2级,河道清淤,土方回填,生态护坡,质量要求严格。

二、现场施工

1.工程测量

本工程施工测量主要内容:平面控制测量、水准测量、断面测量、跟踪测量、结构沉降观察和竣工测量。

2.污染土开挖、运输与弃置处理

(1)污染土开挖。

根据工程实际,为减少施工过程中污染土的再悬浮扩散及降低施工时的噪声污染,本工程污染土开挖采用低噪音、长排距的 IHC-3800 型绞吸式挖泥船进行施工。

(2)污染土运输。

污染土全部采用管道式运输,分道开挖时采用自动起浮式水下潜管施工保证河道船只畅通。

(3)污染土弃置处理。

①污染土吹填时合理布置排泥口。排泥口距退水口相对较远位置,以增长泥浆流程,延长沉降时间,保证退水质量。

②排泥管口上仰伸出围堰应大于 5.0(m),以防止吹填泥浆回流冲刷围堰造成塌方,排泥管口处围堰内坡需用沙袋防护。污染土开挖中掺带部分非污染土,其砂土含量较高,容易在管口堆积,故排泥口轮流使用,可使吹填完工面趋于平整。

③进行第二、三层污染土吹填时,在排泥口附近的碎石、砂石过滤层上铺设过滤土工布,并在泥浆直接冲击处再铺放苇席,以分散泥浆冲击力,确保排泥口处的过滤层不被冲走。

④吹填时按分区采用多级沉积、检测的方法,各吹填区交替使用,使污染土有足够的时间沉淀,提高退水质量,方便过滤层铺设。

⑤在污染土疏浚吹填过程中,部分细小颗粒淤泥极易形成胶体悬浮物,在自然条件下沉淀时间较长,因此在施工中应检测水质情况。

3.防洪堤施工

(1)堤身填筑。

①基底处理。

先铲除堤身及内、外平台原地表面耕植土和淤土,然后运到指定地堆放整齐。堤身(包括内外平台)填筑时,在加培侧沿原堤开挖高为 0.3m 的台阶。堤身与刚性建筑物(涵、堤内埋管、混凝土防渗墙等)相结合时,用钢丝刷等工具,清除建筑物表面的乳皮、粉尘、油污等物。在开始填筑时,将建筑物表面洒水湿润,并边涂刷浓泥浆、边铺土、边夯实,泥浆涂刷高度与铺土厚度一致,并与下部涂层衔接,严禁泥浆干涸后再铺土和夯实。

②分层填筑。

基底处理检验合格报请监理审批后,便开始土方填筑。填筑过程中每层松铺厚度可按试验路段结果进行,但最大铺料厚度不得超过 30cm。现场派专人指挥卸土,做到卸土分层均匀。堤身分段施工及堤身与其他土坡相接时,垂直堤轴线方向的接缝与斜坡相接。接合坡削坡合格后,根据填筑层情况控制好接合面土的含水量,边刨毛边铺土压实。

③推铺碾压。

用推土机沿线路纵向大致推平,并使层面形成一向路堤两侧的自然排水坡,防止路堤在下雨时积水,然后用平地机精细整平,达到规范要求的平整度。

④洒水晾晒和压实。

在填筑过程中,每层应检测填土的含水量,使填土的含水量控制在最佳含水量±3%范围内。根据不同的土质选用轻型机械或重型压路机分层压实。若填土出现"弹簧"、层间中空、松土层或剪切破坏等现象时,应根据具体情况进行处理。

⑤堤身整修。

填层检查合格后对层面及坡面进行整修,清除边坡浮土,拍实表面,清理边坡线,使路基边坡平顺稳定,曲线圆滑,边线顺直,排水顺畅。

（2）堤身砌筑。

①石砌体砌筑。

基础采用挖掘机开挖，人工修整至设计尺寸、标高。开挖时应保持良好的排水，挖至基底承载力达不到规范要求时，应及时处理。砌石体采用铺浆法砌筑，砂浆按实验室确定的施工配合比计量施工，采用机械拌和，一般不应采用人工拌和，砌筑完成后及时覆盖、洒水养护。

②土工织物铺设。

土工织物在运输、存放、铺设过程中要采取保护措施，要防火、防晒、防潮并防止机械损伤，不能刺破、撕裂。铺设土工织物前，必须清除基槽中的顽石等杂物，保证结合面平整，经验收合格后方可铺设。施工时要采取有效措施，严格保护膜料不受损坏，一旦损坏必须加以补救。土工织物铺设顺序是由下游向上游。此外，还要有一定宽松度，以适应基体的变形。

③碎石垫层施工。

铺设碎石垫层时，应自堤身上部往下修整边坡至设计尺寸，使边坡顺直，曲线圆滑，然后将碎石均匀铺设在边坡上，边砌石边铺碎石，防止在块石运输过程中将垫层破坏。已铺设碎石垫层的工段及时铺筑上层堤料，同时严禁人车通行。

4.驳岸工程施工

施工流程为：清障→放线→基坑开挖→清基槽→驳岸基础砌筑→整平→墙体砌筑→压顶施工→墙后回填土→河道土方开挖外运→竣工验收。

5.冲填区围堰工程施工排水

为保证填筑区建基面无积水并满足填筑要求，在局部地形低凹或基础土料含水量偏大的堤段清基前和土方填筑时，填筑区需要采取降排水措施，以有效降低填筑区地下水位。填筑区排水措施采用与取土区类似的排水措施。另外，在土方填筑过程中还应注意以下几点：控制每个填筑工作面和泛水坡度；统一规划工作面，使每一工作面均与一自然的排水渠道相通；下雨之后对堤顶上的积水及时用人工进行排除。

6.施工区域整体排水

本工程施工作业面大，工期较短，必须预先做好施工区两侧面农田与居民的排水工作，以及施工区沿岸的明排水，以确保施工期间农田不受涝，施工现场不积水。

（1）尽可能把原农田、居民的排水沟渠、河浜开挖大明沟与支流连接，保证排水畅通。对于中间部分确有困难的地块，开沟引流至施工区岸线内侧老河浜，用水泵外排至河坝外河道中。

（2）在施工区沿岸施工便道外侧适当距离开沟，排水明沟与排水沟渠联通，使施工作业区地面明排水。

具体方案实施前应征求建设单位及当地排灌站意见，依靠地方政府，切实做好工程施工期间区域排水、防涝措施。

7.机电设备安装工程的施工方法

设备安装贯穿整个施工过程，板内所有的预埋管道、铁件及预留孔洞应在检查无漏无误后方能浇筑混凝土，另外，还要与土建密切配合，服从土建安排。

案例二：某铁路桥南侧疏浚施工专项方案

一、工程概况

某项目考虑生态打造，根据规划，水系是"灵魂"，然而该处长期水位较低，河底外露。同时由于水流冲刷作用，河水将河道上游大量泥沙带入下游河道。五条河流交汇过程中经过多年的沉淀淤积，河床高程不断抬高，为保证河道通畅及岸边亲水性打造，保证该处长期有水，需进行疏浚工程。

二、工程特点及措施

本工程特点：池塘吹填工期紧张，工程量大，施工强度高；吹填区内后期规划路网密集，规划道路部位池塘底多块石、杂物；弃土场综合排距较远，设备效率受影响；吹填区内路网密集，施工干扰较大，道路与吹填之间存在着施工交叉问题，需要协调解决，确保吹填施工能够顺利进行。

根据本工程的特点，采取如下应对措施：

①针对本工程具有施工强度大、工期紧特点，将采用分块实施的办法进行施工，疏浚区分为东西两块，综合考虑排距大小，在各区配置不同数量的设备进行疏浚施工。

②根据工程的工况条件和施工强度，综合规划取砂区与弃土吹填区的位置关系，尽量减小排距，对于超排距的情况，采用二次水力接力方式，尽量满足生产。

③选择适合本工程特点的机械设备，为本工程投入专业疏浚吹填设备，提高作业时间和施工效率。

④由于吹填区内道路软基处理形式为水泥搅拌桩，为防止以后道路施工过程中不能成桩，在吹填施工前，对规划道路原地面进行水上测量及摸底，清除石块、杂物后再进行吹填作业。

⑤为赶抢工期，尽早完成疏浚施工任务，泥浆泵施工安排每天三班作业，夜班加班进行施工。

三、施工准备

1.弃土区准备

疏浚弃土区为两侧参池，后期规划道路穿过弃土吹填区。在疏浚吹填前，需先对弃土区内设计道路路基范围进行块石清理，采用水陆两用挖掘机挖除参池抛石，挖掘机采用接力形式，将设计路线范围内的块石清除到设计边线以外。

在现有池塘坝埂处开挖退水口。根据吹填顺序，对现有池塘回水末端进行退水口修建，使吹填退水路径尽可能延长，减少吹填流失量，防止泥沙继续回流至疏浚区，造成疏浚区回淤。

2.吹填围堰施工

修建吹填围堰，防止施工退水造成环境污染。

3.疏浚区块石清理

疏浚区主要为原始河床，河床内杂物相对较少，但疏浚区东侧、南侧现场为池塘，由于养殖过程中存在大量的抛石，池塘围堤四周也有砌石，在施工前采用水陆两用挖掘机趁低潮进行池塘底部及四周块石清理，将开挖的块石堆放在坝梗上，用装载机将开挖的块石运输至疏浚区以南空地，具体工程量以现场实际发生量为准。

4.疏浚区拦水埂

由于目前该处水位抬高，泥浆泵施工存在困难，计划在湾内修建一道拦水埂，将取砂区形成封闭区域，保证泥浆泵正常施工。拦水埂采用充填袋装砂形式。

5.开工展布

根据疏浚区与吹填区的工程量及位置关系，合理布置疏浚施工顺序、设备配置情况，确保在最小排距情况下，尽量保证所有设备能够发挥最大的效率，确保施工能够进行。泥浆泵施工的用电采用柴油发电机发电，发电机布置在两侧围堰上，设备连接调试后准备生产。

四、疏浚施工

根据疏浚区至吹填区的距离,将疏浚区分 7 个区域。疏浚调土原则上采用"近土远调,远土近调"的方法,将湾内的河砂在两次接力的情况下全部疏浚吹填至规划区域,形成最大面积的陆域,以满足需求。

1. 施工分析及方案选择

(1)挖泥船施工分析。

挖泥船施工过程中,排水量集中,水量大,流速快,水流冲击力高,对于已经完成的环湾西路砂垫层破坏影响较大,为保证现有道路正常施工,不能采用大型挖泥船进行疏浚吹填施工。

由于不能采用大型船舶进行施工,虽小型的挖泥船能够进行取砂,但是在现有条件下,小型挖泥船的排距较短,一般不超过 500m,生产能力较低,不能满足现场生产的需要。另外,社会上不能配齐大量的小型挖泥船,并且该种挖泥船施工调遣费用远高于泥浆泵,输砂管线为高密度硬质塑料管,安拆管线及布管较为困难,与道路施工存在严重的交叉干扰,时间利用率低,施工成本较高。

(2)泥浆泵施工分析。

泥浆泵重量轻,体积小,转运方便,施工灵活性高。泥浆泵的管线采用软胶管,韧性好且轻便,人工可以完成管线的转移,不需要再单独投入辅助设备。泥浆泵单泵有效排距在 350m 左右,若采用水力接力施工,吹填排距约为 800m,基本能够满足本项目的需求。

2. 施工方法

根据疏浚设计图纸,铁路桥南侧疏浚区开挖深度为 5.5m 左右,泥浆泵在枯水季节开挖深度按照 5.5m 控制,两侧按照 1:6 控制边坡,保持边坡稳定,采用超挖欠挖平衡的方法,控制设计边坡的形成。

3. 退水口布置

退水选在远离排泥管喷头位置,退水口选择在序班庄河附近池塘为宜,退水通过河流排至该处,退水流径长,能够起到足够的缓冲作用。部分退水口通过池塘循环,最终流入该处。

泄水口的结构形式采用溢流堰式,溢流堰与两侧围堰连接成倒梯形状,采用土工布覆盖坝体护坡、护底,泄水口上下游采用抛石护坡、护底,护坡为扇形面,从退水口向吹填区(泄水区)及两侧围堰扩散,使之完全覆盖溢流堰上下游两侧的流速增加段,确保长期泄水围堰安全。

 思考题

1. 堤身填筑作业面的要求有哪些?
2. 简述堤防防护工程的分类及各自的适用范围。
3. 简述吹填施工各方法的要点、特点及使用范围。

情景十一
水利水电工程施工安全技术

情景导入

　　某检修班电工王某检修电焊机,电焊机修好后进行通电试验,情况良好,并将电焊机开关断开。王某在拆除电源线过程中违章操作意外触电,经抢救无效死亡。可见,在现场施工过程中,安全技术问题已成为亟需引起注意与解决的问题。

　　为贯彻"安全第一,预防为主"的方针,建立、健全安全生产责任和群防群治制度,确保工程项目施工过程的人身和财产安全,减少一般事故的发生,结合工程的特点,应制定相应的现场安全管理体系,明确安全技术标准。

模块一　水利水电工程施工现场安全要求

一、现场布置安全要求

1.一般要求

　　(1)施工区域宜按规划设计和实际需要采用封闭措施。施工设施、临时建筑、管道线路等设施的设置,均应符合防汛、防火、防砸、防风以及职业卫生等安全要求。

　　(2)现场存放的设备、材料、半成品、成品应分类存放、标识清晰、稳固整齐、通道畅通,不准乱堆乱放。场地应保持平整整洁,无积水;排水管、沟及时清理维修,保持畅通;废渣弃物及时清理,施工作业面应做到工完场清。

　　(3)施工现场的井、洞、坑、沟、升降口、漏斗口等危险处应加盖板或设置围栏,必要时设有明显警示标志,夜间有灯光警示标志。高处作业面(坝顶、坡顶、排架、平台、屋顶等)、通道(栈桥、栈道)等临水、临空边缘等应设置高度不低于1.2m的安全防护栏杆,栏杆下部设置高度不低于0.2m的挡脚板。

　　(4)施工生产现场临时的机动车道路,宽度不小于3.0m,人行通道宽度不小于0.8m,做好道路日常清扫、保养和维修工作。交通频繁的施工道路、交叉路口及开挖、倒渣场地应设专人指挥,并有警示标志或信号指示灯。

　　(5)施工单位在特种设备安装前应告知当地质量技术监督部门;特种设备安装工作结束后,应按设计要求和技术规范要求组织验收,并经地方质量技术监督部门检验合格后方可使用。

爆破作业必须统一指挥、统一信号,划定安全警戒区,并实施专人警戒。爆破后,须经爆破人员检查,确认安全后,其他人员方能进入现场。挖洞、通风不良的狭窄作业场所爆破作业必须经过通风、恢复照明及安全处理后,方可进行其他作业。

(6)脚手架、排架平台等施工设施的搭接应符合设计要求,满足施工负荷,操作平台应满铺牢固,临空边缘应设置挡脚板,并经验收合格后,方可投入使用。脚手架作业面高度超过 3m 时,临边必须挂设水平安全网,还应在脚手架外侧挂密目式安全立网封闭。

(7)上下层垂直立体作业的中间应设有隔离防护棚,或者将作业时间错开,并有专人监护。高边坡作业前应处理边坡危石和不稳定体,并在作业面上方设置防护设施。

(8)施工作业区及各种建筑物处应设有宽度不小于 4m 的消防通道,并设置相应消防池、消防栓、水管等消防器材,并保持消防通道畅通。施工生产中使用明火和使用易燃物品时,应做好相应防火措施。存放和使用易燃易爆物品的场所禁止明火和吸烟。

(9)大型拆除工作应符合下列要求:拆除项目开工前,应制定专项安全技术措施,确定施工范围,进行封闭管理,并有专人指挥和专人安全监护;拆除作业开始前,应对风、水、电等动力管线妥善移设、防护或切断;拆除作业一般应自上而下进行,严禁多层或内外同时进行拆除;拆除作业范围,应划定警戒区;通往拆除作业区的交通道路或作业警戒范围,应设专人警戒;模板和架子的拆除应遵守高处作业相关规定,并及时清理现场。

(10)产生噪声危害的作业场所应符合标准要求,职工接触噪声强度应符合表 11-1 的规定。

表 11-1　生产性噪声声级卫生限制

日接触噪声时间(h)	卫生限制/dB(A)
8	85
4	88
2	91
1	94

2.技术要求

(1)现场施工总体规划布置,应遵循的基本原则是:合理使用场地,有利施工,便于管理;分区布置,满足防洪、防火等有关安全要求。

(2)生产、生活、办公区和危险化学品仓库的布置应符合以下要求:布置必须与工程施工顺序和施工方法相适应;选址地质稳定,不受洪水、滑坡、泥石流、塌方及危石等威胁;交通道路通畅,区域道路尽量避免与施工主干线交叉;生产车间,生活、办公房屋,仓库的间距必须符合防火安全要求;危险化学品仓库应远离其他区布置,严格执行申报审批制度。

(3)施工区内起重设施、施工机械、移动式电焊机及工具房、水泵房、空压机房、电工值班房等布置应符合安全、卫生、环保要求。

(4)混凝土、砂石料等辅助生产系统和制作加工维修厂、车间的布置应符合以下要求:单独布置,基础稳固,交通方便、畅通;应设置处理废水、粉尘等污染的设施;尽量避免因施工生产产生的噪声对生活区、办公区的干扰。

(5)生产区仓库、堆料场布置应符合以下要求:单独设置并紧靠所服务的对象区域,进出交通畅通;存放易燃、易爆、有毒等危险物品的仓储场所与办公、生活区应有 300m 以上的距离;

应设置隔离带;有消防通道和消防设施。

(6)生产区大型施工机械与车辆停放场的布置应与施工生产相适应,要求场地硬化平坦、排水畅通、基础稳固,并满足消防安全要求。弃渣场布置应满足环境保护和卫生防护的要求。

(7)生活区生活设施的布置应符合以下规定:应远离施工粉尘、噪声污染区域;设有供施工人员就餐的食堂,卫生条件符合国家标准;生活垃圾处理及污水排放应符合国家有关规定。

(8)施工现场载人机械传动设备应符合下列要求:采用慢速可逆式卷扬机,其升降速度不应大于0.15m/s;卷扬机制动器为常闭式,供电时制动器松开;卷扬机缠绕应有排绳装置;电气设备金属外壳均应接地;卷扬机基础牢固,安装稳固。

二、施工道路安全技术

(1)施工生产区内机动车辆临时道路应符合以下规定:

①道路纵坡不宜大于8%,个别短距离地段最大不得超过12%;道路最小转弯半径不得小于15m;路面宽度不得小于施工车辆宽度的1.5倍,单车道在可视范围内应设有会车位置;双车道一般不得窄于7.0m,单车道不得窄于4.0m。

②路基基础稳定坚实、边坡稳定。

③在急弯、陡坡等危险路段应设有相应警示标志,岔路、涵洞口以及施工生产场所设有警示标志。

④悬崖陡坡、路边临空边缘应设有安全墩、挡墙及其他警示标志。

⑤应保持路面完好、平坦、整洁、无积水,并经常清扫、维护和保养。

⑥路面上不准随意堆放器材、弃渣,占用有效路面。

⑦必须做好排水设施。

(2)交通繁忙的路口、危险地段应设专人指挥、监护。

(3)施工现场非机动车道路应符合以下要求:

①宽度不小于1.5m。

②纵坡不大于5%。

③路面平坦、整洁、畅通。

(4)施工现场架设临时性跨越沟槽的便桥和边坡栈桥应符合以下要求:

①基础稳固、平坦畅通。

②人行便桥宽度不得小于1.2m。

③手推车便桥宽度不得小于1.5m。

④机动翻斗车便桥,应根据荷载进行设计施工,其最小宽度不得小于2.5m。

⑤设有防护栏杆。

三、施工用电安全技术

(1)施工单位应编制施工用电方案及安全技术措施。

(2)安装、维修或拆除临时用电工程,必须由主管部门专业培训考核持证的电工实施完成;非电工及无证人员禁止从事电气安装、维修工作。

(3)从事电气安装、维修作业的人员应掌握安全用电基本知识和所用设备的性能,按规定穿戴和配备好相应的劳动防护用品,定期进行体检。

（4）现场施工电源设施，除经常性维护外，每年雨季前应检修一次，并检测其绝缘电阻应符合要求。

（5）在建工程（含脚手架）的外侧边缘与外电架空线路的边线之间必须保持安全操作距离。最小安全操作距离应不小于表11-2的规定。

表11-2　在建工程（含脚手架）的外侧边缘与外电架空线路的边线之间最小安全操作距离

外电线路电压（kV）	<1	1~10	35~110	154~220	330~500
最小安全操作距离（m）	4	6	8	10	15

注：上、下脚手架的斜道严禁搭设在有外电线路的一侧。

（6）施工用各种动力机械的电器设备必须设有可靠接地装置，接地电阻应不大于4Ω。

（7）达不到上述规定的最小距离时，必须采取停电作业或增设屏障、遮拦、围栏、保护网，并悬挂醒目的警示标志牌等安全防护措施。

（8）用电场所电器灭火应选择适用于电器的灭火器材，用于带电灭火的灭火剂必须是不导电的，如二氧化碳、四氯化碳等，不得使用泡沫灭火器的灭火剂。

（9）人员触电时，首先应切断电源，或用绝缘材料使触电者脱离电源，然后立即采用人工呼吸等急救方法进行抢救。如触电者在高处，在切断电源时，应采取防止坠落的措施。

（10）施工现场电气设备应绝缘良好，线路敷设整齐，绝缘可靠。开关板设有防雨罩，闸刀、接线盒完整，装设漏电保护器，严禁乱拉乱接电源，非电工不得从事电气工作。

（11）施工照明级线路应符合下列要求：

①露天施工现场应尽量采用高效能的照明设备。

②施工现场及作业地点，应有足够的照明，主要通道应装设路灯。

③照明灯具的悬挂高度应在2.5m以上，有车辆通过的，线路假设高度不得小于4.3m。

④在存放易燃、易爆物品场所，照明设备必须符合防爆要求。

⑤临时照明线路应固定在绝缘体上，且距工作面高度不得小于2.5m；穿过墙壁应套绝缘管。

（12）施工变电所（配电室）应符合下列要求：

①应选择在靠近电源、无灰尘、无蒸汽、无腐蚀介质、无振动的地方，能自然通风并采取防雨雪和动物的措施。

②周围应设有高度不低于2m的实体围墙或围栏，围栏上端与垂直上方带电部分的净距，不得小于1m。

（13）配电箱、开关箱应装设在干燥、通风及常温场所，设置防雨、防尘和防砸设施。

四、施工用水安全技术

（1）河流取水点应设在水质较好地点，居民区的上游；上游1000m至下游100m的水域内不得排入工业废水、生活污水及垃圾，也不得从事放牧。

（2）泵站（取水点）周围半径不小于100m的水域不得停靠船只，不得从事游泳、捕捞和可能污染水源的活动。

（3）水质冻凝消毒处理所用的药剂或过滤材料应符合卫生标准，用于生活的饮用水不得含有对人体健康有害的成分；用于生产的用水不得含有对生产有害的成分。对水质应定期进行化验，确保水质符合标准。

(4)蓄水池应符合以下要求:

①基础稳固。

②墙体牢固,不漏水。

③有良好的排污清理设施。

④水池上有人行通道并设安全防护装置,防止人员掉入池中。

⑤生活专用水池须加设防污染顶盖。

(5)阀门井大小应满足操作要求,安全可靠,有防冻措施。

(6)管道应尽量敷设于地下,采用明设时,应有保温防冻措施。在山区明设管道要避开滚石、滑坡地带,以防伤人或管道被砸坏。当明管坡度达 $15°\sim25°$ 时,管道下应设挡墩支承,明管转弯处应设固定支墩。

五、施工通信安全技术

(1)通信站址的选择应尽量接近线路网中心,应满足下列要求:

①应尽量避开经常有较大震动或强噪声的地方。

②应尽量避开易燃、易爆的地方及空气中粉尘含量过高、有腐蚀性气体、有腐蚀性排放物的地方。

③应尽量避开总降压变电所以及易燃、易爆的建筑物和堆积场附近。

④应选择地形平坦,地质较坚实,地下水位较低,干扰少的地区。

⑤通信站址应选择在不易受洪水淹灌的地区,如无法避开时,可选在基地高程高于要求的计算洪水水位 0.5m 以上的地方。

(2)消防及警卫业务中继线,应从每个电话站各引出不少于一对,接到消防哨和警卫部门。通信明线线路不应与电力线路同杆架设。

(3)通信电(光)缆线路施工时,应考虑以下施工环境的影响:

①通信电(光)缆穿越道路,在条件允许时可采用钻孔顶管方法敷缆,以利于安全和环保。

②线路穿越江、河时,在稳固的桥梁上宜采取桥上敷挂和穿槽道方案,以尽量避免扰动水体。

(4)特殊施工部位的安全要求:

①爆破部位的通信线不能靠近爆破引爆线。

②廊道部位的通信线应注意线路的防潮。

③缆机部位的通信线应注意线路的折弯移动和线路屏蔽。

④高架部位的通信线应注意线路的途中固定不得过疏。

(5)无线电通信应注意通信设备的频带、功率等有关数据指标是否符合当地无线电管理体系的要求。

模块二　水利水电工程土建工种安全操作要求

一、现场砌筑人员安全操作要求

(1)严格遵守现行标准、规范,做好安全文明施工。

(2)进入施工现场的人员必须正确戴好安全帽,系好下颌带;按照作业要求正确穿戴个人防护用品,着装要整齐;在没有可靠安全防护设施的高处(2m以上)施工时,必须正确系好安全带;高处作业不得穿硬底和带钉易滑的鞋,不得向下投掷物料。

(3)施工作业前,必须检查作业环境是否符合安全要求,道路是否畅通,施工机具是否完好,脚手架及安全设施、防护用品是否齐全,检查合格后,方可作业。

(4)冬季施工若遇有霜、雪时,必须将脚手架上、沟槽内等作业环境内的霜、雪清除后方可作业。作业环境中的碎料、落地灰、杂物、工具集中清运,做到活完料净场地清。

(5)同一垂直面内上下交叉作业时,必须设安全隔板,下方操作人员应戴好安全帽。垂直运输的吊笼、绳索具等,必须满足负荷要求,吊运时不得超载。

(6)用于垂直运输的吊笼、滑车、绳索、刹车灯,必须满足负荷要求,牢固无损。吊运时不得超载,检查发现问题应及时修理。

(7)混凝土、砂石运输车辆两车前后距离,平道上不小于2m,坡道上不小于10m。砌筑使用的工具应放在稳妥的地方,挂线的坠物必须绑扎牢固。

(8)砌基础时,应注意检查基坑土质变化,堆放砖(砌)块材料应离坑边1m以上,深基坑有挡板支撑时,应设上下爬梯,操作人员不得踩踏砌体和支撑,作业运料时,不得碰撞支撑。

(9)在深度超过1.5m的沟槽、基坑内作业时,必须检查槽壁有无裂缝、水浸或坍塌的危险隐患,确定无危险后方可作业。砌筑高度超过1.2m,应搭设脚手架作业。在一层以上或高度超过4m时,采用里脚手架必须支搭安全网,采用外脚手架应设护身栏杆和挡脚板后方可砌筑。

(10)不得在墙上行走、不准勉强在超过胸部以上的墙体上进行砌筑,以免将墙体碰撞倒塌或上料时失手掉下造成安全事故。不准用不稳固的工具或物体在脚手板上垫高作业。

(11)在砌块砌体上,不宜拉锚缆风绳,不宜吊挂重物,也不宜作为其他施工临时设施、支撑的支撑点,如果确实需要时,应采取有效的构造措施。已经就位的砌块,必须立即进行竖缝灌浆;对稳定性较差的部位应加临时稳定支撑,以保证其稳定性。

(12)作业结束后,应将脚手板上和砌体上的碎块、灰浆清扫干净,清扫时注意防止碎块掉落,同时做好已砌好砌体的防雨措施。

二、现场制作及安装人员安全操作要求

(1)严格执行操作规程,不得违章作业;对违章作业的指令有权拒绝,并有责任制止让人违章作业。

(2)从事特种作业的人员,必须持有效特种作业操作证,配备相应的安全防护用具,并遵守其相应的特种作业安全技术规程。

(3)电焊工安全作业要求。

①身体健康,经专业培训考试合格,取得操作证后方可上岗作业。

②熟练掌握焊、割机具的性能和有关电气、消防安全知识及触电急救常识。

③作业前应了解焊接与切割工艺技术及周围环境情况,并对焊、割机具进行工前检查,严禁盲目施工。

④严禁在易燃易爆场所和盛装有可燃液体或气体的容器上进行焊、割作业。

⑤在密闭或半密闭的工件内进行作业,应有两个以上通风口,并应设专人监护。

⑥作业完成后,应切断电源和气源,盘收电焊钳(把)线和焊枪软管,清扫工作场地,做到工完场清。

(4)铆工安全作业要求。

①作业前应检查作业用的工具,大小锤、平锤、冲子及其他承受锤击的工具顶部应无毛刺及伤痕,锤把应无裂纹痕迹、安装结实。凡承受锤击的工具顶部严禁淬火。

②使用大锤时,严禁戴手套操作,锤头甩落方向不准站人。凿冲钢板时,不得用圆形物体(如铁管、铁球、铁棒等)作垫块。

③进行铲、剁、铆等工作时,严禁对着人操作,并应戴好防护眼镜。使用风铲,在工作间歇时,应将铲头取下。噪声超过规定时,应戴防护耳塞。

④加热后的材料与工件应定点存放,待冷却后,方可动手搬动。用行车翻转材料与工件时,作业人员应离开危险区域;所用吊具应事先检查,并应遵守行车起重安全操作规程。

⑤工件吊装就位时,作业人员身体各部位不得探入其接触面,取放垫铁时,手指应放在垫铁的两侧。工件吊装就位,应支撑或固定牢靠后方准松钩。

⑥拼装工件时,不得用手插试钉孔,应用尖头穿杆找正,然后穿钉。打冲子时,冲子穿出的方向不得站人。

⑦高处作业时,应系安全带,并检查脚手架、跳板的搭设是否牢固。在圆形工件上作业,下面应垫牢。

(5)金属结构安装工安全作业要求。

①金属结构件或设备应存放在坚实的基础上,并应垫平放稳。

②设备开箱后,应将箱板上的钉子拔出或打弯,并堆放到指定的地点。构件拼装应垫平放稳,不得用脚踩撬杠施力。在可能滚动或滑动的物体前方不得站人。在坑、洞、井内作业应保持通风良好。井口应设保护网,并指定专人看护。

③金属结构设备上临时焊接的吊耳、脚踏板、爬梯、栏杆等构件应检查,确认牢固后方可使用。工作中使用的千斤顶及压力架等应栓系或采取其他防坠措施。

④闸门在起吊前,应将闸门区格内以及边梁筋板等处的杂物清扫干净。严禁在立起的闸门上徒手攀登。

⑤金属结构设备各转动部分的保护罩不得任意拆除。用酸、碱液体清洗管路时,应穿戴防护用品,酸碱液体应妥善保管,并应有明显标识。

(6)热处理工安全作业要求。

①作业前应穿戴好防护用品,并应采取防火、防爆、防毒、防烫、防触电的安全措施。

②化学物品应由专人管理,并应按有关规定存放。各种设备的操作应由专人负责。

③各种废液、废料应分类存放,统一回收处理,严禁倒入下水道和垃圾桶。

④采用煤炉、煤气炉、油炉加热进行热处理时,作业人员应遵守有关炉型司炉工安全操作规定。

⑤冷处理作业应遵守以下规定:零件在冷处理前应将油迹洗净,并进行干燥处理;不准在冷冻器附近吸烟和用火;操作人员作业时应穿戴好防护用品;零件放入冷却器时,应使用长柄工具,避免人体直接接近冷却器;禁止将液氨与易燃易爆材料放在一起,不得将液氨放置于强热环境。

（7）钢筋工安全作业要求。

①人工搬运钢筋时，应动作一致，在起落、停止和上下坡道或拐弯处，应互相呼应，步伐稳慢。应注意钢筋头尾摆动，防止碰撞物体或打击人身。临时堆放钢筋，不得过分集中，应考虑模板、平台或脚手架的承载能力，在新浇混凝土强度未达到 1.2MPa 前，不得堆放钢筋。

②钢筋人工平直作业前应检查矫正器是否牢固、扳口有无裂口、锤柄是否坚实。

③钢筋冷轧操作工人需经过专业培训，熟悉冷轧机构造、性能以及保养和操作方法后，方可进行操作。工作前应仔细检查传动部分、电动机、轧辊。

④钢筋冷拉作业前，应检查冷拉夹具，夹齿应完好，滑轮、拖拉小车应润滑灵活，拉钩、地锚及防护装置均应齐全牢固，确认良好后方可作业。

⑤钢筋机械调直操作人员应熟悉钢筋调直机的构造、性能、操作和保养方法。工作前应检查主要结合部分的牢固性和转动部分的润滑情况，机械上不得有其他物件和工具。

⑥安置钢筋弯曲机时，应选择较坚实的地面。安装应平稳，铁轮应用三角木块塞好。四周应有足够搬动钢筋的场地。工作前，应检查各部机件的情况是否正常。机器的使用应由专人负责，工作时应精神集中。检查检修或清洁保养工作，均应在停机、切断电源后进行。

⑦除锈工作时应戴好防尘口罩、防护镜等防护用品。操作人员应站在上风向，下风处不要有人停留。

⑧高处绑扎钢筋，应待模板立好后进行，或搭有稳固的脚手架，方可进行工作。

三、脚手架及施工平台搭设人员安全操作要求

（1）架子搭设前必须根据工程的特点按照规范、规定制定施工方案和搭设的安全技术措施作为作业依据。

（2）架子搭设或拆除人员必须由符合国家颁发的《特种作业人员安全技术培训考核管理规定》，经考核合格，取得特种作业人员资格证的专业架子工进行。

（3）架子搭设，多系高处作业。操作人员应持证上岗，必须严格遵守高处作业安全规定。操作时必须佩戴安全帽、系安全带、穿防滑鞋。

（4）三级以上高处作业使用的脚手架应安装避雷装置。附近有配电线路时，应切断电源或采取其他安全措施。

（5）大雾及雨、雪天气和 6 级以上大风时不得进行架子的高处作业。雨、雪天后作业，必须采取安全防滑措施。

（6）搭设架子，应尽量避免夜间工作。夜间搭设架子，应具有足够的照明，搭设高度不得超过二级高处作业标准。

（7）架子搭设前，必须了解所搭架子的用途。根据不同的用途，严格按照设计要求，采用不同的结构形式。所搭设的架子必须牢固安全。

（8）在危险岩石处搭设架子，应先将危石处理掉并设专人警戒。禁止将承重架子搭设在虚渣和松土上。如无法避开，应将立杆埋在较坚实的基础上，并加绑扫地横杆，严禁立杆底部悬空，防止局部下沉。

（9）架子搭设作业时，应按形成基本架构单元的要求逐排、逐跨地进行逐步搭设。矩形周边架子宜从其中的一个角部开始向两个方向延伸搭设。架子杆件搭设必须横平竖直，确保已搭设部分稳定。

(10)搭设三级、承重、特殊和悬空高处作业使用的架子,应进行专项设计和必要的技术安全论证,并有可靠的安全保障措施。

(11)搭设作业应按以下要求做好自我保护和保护作业现场人员的安全:

①高度在2m及以上时,在架子上作业人员应绑裹腿、穿防滑鞋和配挂安全带,保证作业的安全。脚下应铺设必要数量的脚手板,并应铺设平稳,且不得有探头板。当暂时无法铺设落脚板时,用于落脚或抓握、把(夹)持的杆件均应为稳定的构架部分,着力点与构架节点的水平距离应不大于0.8m,垂直距离应不大于1.5m。位于立杆接头之上的自由立杆不得用作把持杆。

②架子上作业人员应做好分工配合,传递杆件应掌握好重心,平稳传递,不要用力过猛,以免引起人身或杆件失衡。对每完成的一道工序,要相互询问并确认后才能进行下一道工序。

③作业人员应佩戴工具袋,工具用完后装于袋中,不要放在架子上,以免掉落伤人。架上材料要随上随用,以免放置不当掉落。每次收工前,所有上架的材料应全部搭设完,不得存留在架子上,而且一定要形成稳定的构架,不能形成稳定构架的部分应采取临时撑拉措施予以加固。在搭设作业进行中,地面上的配合人员应避开可能落物的区域。

(12)架子上作业时的安全注意事项:

①作业前应注意检查作业环境是否可靠,安全防护设施是否齐全有效,确认无误后方可作业。

②作业时应注意清理落在架面上的材料,保持架面上规整清洁。不要乱放材料、工具,以免影响作业的安全和发生掉物伤人事件。

③当架面高度不够,需要垫高时,一定要采用稳定可靠的垫高办法,且垫高不要超过50cm,超过50cm时,应按搭设规定升高铺板层。在升高作业面时,应相应加高防护设施。

④架子上作业时,不得随意拆除基本结构杆件或连墙件,作业时需要必须拆除某些杆件或连墙件时,必须取得施工主管和技术人员的同意,并采取可靠的加固措施后方可拆除。

⑤架子上作业时,不得随意拆除安全防护设施,未有设置或设置不符合要求时,必须补设或改善后,才能上架作业。

四、机电设备安装人员安全操作要求

(1)机电设备、小型电动工具用电,应当符合相关规程和有关标准、规范的要求,并应由专业人员安装、拆除和维修保养。

(2)机电设备的管理应做到"定人、定机、定设备",严禁不具备专业资格的人员操作机电设备。小型电动工具使用前,应对使用人进行安全技术交底并进行安全技术操作规程的教育。

(3)机电设备、小型电动工具的操作人员必须按规定穿戴好个人安全防护用品。机械操作人员的衣着应符合安全要求,紧身并束紧袖口。

(4)操作机电设备及使用小型电动工具前,应检查机电设备、小型电动工具的电源线和安全防护装置。电源线破损或安全防护装置缺损和失效的机电设备、小型电动工具,未经专业人员更换、修复,不得投入使用。工作结束,应切断电源并锁好开关箱。小型手持式电动工具应交保管室保管。

(5)工作前必须检查机械、仪表、工具等,确认完好方可使用;有试运行要求的,应按规定进行试运行,确认正常后,方可投入使用。

（6）施工机械和电气设备、小型电动工具不得带"病"运转和超负荷作业。操作中发现异常情况应立即停机检查，禁止在设备运转时进行擦洗和修理，作业中严禁将头、手等伸入机械行程范围内。修理应由专业人员按照原厂说明书规定的条件或有关标准、规范进行，不得任意使用代用部件或改装、改造。

（7）新机、经过大修或技术改造的机械，必须按出厂说明书的要求和现行行业标准进行测试和试运转。

（8）施工现场机电设备、小型电动工具必须按出厂说明书规定的技术性能、承载能力、使用条件等，正确操作，合理使用，严禁超载作业或任意变更、扩大使用范围。按规定需定期检验检测的仪表和有关安全装置，应经具有法定检验检测资格的单位定期检验检测，否则不得使用。

五、爆破人员安全操作要求

（1）爆破工作人员，必须是具有独立民事行为能力的人。需经过专业培训，掌握操作技能，并经当地设区的市级公安部门考核合格取得相应类别和作业范围、级别的爆破作业人员许可证后，方可从事爆破作业。

（2）爆破工的工作职责如下：

①保管所领取的爆破器材，不应遗失或转交他人，不应擅自销毁和挪作他用。

②按照爆破指令单和爆破设计规定进行爆破作业。

③严格遵守爆破规程本操作规定。

④爆破后检查工作面，发现盲炮和其他不安全因素应及时上报或处理。

⑤爆破结束后，应将剩余的爆破器材如数及时交回爆破器材库。

⑥定期接受爆破技术知识和安全操作的培训教育。

（3）对爆破工的爆破作业要求如下：

①放炮人员在起爆前，应迅速撤离至安全坚固牢靠的避炮掩蔽体处，所撤退道路上不得有障碍物。

②爆后应超过 5min 方准爆破工进入爆破作业地点检查，如不能确认有无盲炮，应经过 15min 后才能进入爆区检查。

③爆破作业人员在爆破后主要检查的是：确保有无盲炮，有无危险、坠石，地下爆破有无冒顶、危石存在，支撑是否被破坏，炮烟是否排除。

④爆破工在从事不同级别的洞室、深孔、拆除等各种爆破作业和在深井、含有瓦斯、粉尘、高温等特殊环境下进行上述工程爆破作业时，应遵守有关条款规定和进行分级管理的要求，应按爆破设计施工方案和警戒措施要求做好相应的安全防护。应严格控制药量，做好压盖控制飞石方向和安全警戒工作，以免伤人。

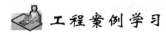 **工程案例学习**

案例一

一、事情经过

某工程队在防空洞无压段浇筑混凝土，由于浇筑前预埋的三根直径为 150mm 的回填钢管长度不足，监理要求将回填管接长。队长派电焊班张某完成此项任务，并由其他班组成员配合焊接钢管，主要负责人张某未进行正规培训。由于混凝土仓处于洞顶，电焊机又在仓外下方,张某就先打开电焊机开关通电,然后把电焊钳把线拉到混凝土仓内焊接处,随手将钳把线丢在混凝土表面,然后张某将1.5m长的钢管扛到焊接处,其他人协助将钢管上提到位,但就位工作较困难,这时张某提醒其他人注意安全,脚不要踩在钳把线上,以免触电。但是就在他们提升钢管对位时,张某换肩扛钢管时左脚正好踩在电焊机钳把线上,张某触电后呈蹲卧式倒在仓面上,其他人立即伸手扶张某起来,接触到张某身体时发觉有电,就叫电工关掉电源,然后将张某抬出仓外,立即进行人工呼吸,后用车运回指挥部,经医生抢救无效死亡。

二、事故原因

(1)直接原因。

事故发生的直接原因是操作者不小心踩在了电焊机通电后的钳把线上。张某接受焊接任务后,准备工作没有做好就打开了电焊机开关,使钳把线带电,而且将钳把线丢在潮湿的混凝土表面上。

(2)间接原因。

张某虽属于电焊班,但未经技术培训考试认可,队长便安排其进行焊接作业属于违章指挥。在工作中张某未按规定穿绝缘鞋,混凝土仓内温度高、湿度大、场地狭小、施工条件差,且监督检查不力。

(3)主要原因。

领导违章指挥,安排无证人员从事特种作业。

三、预防措施

(1)加强对电焊、电工等特殊工种的安全技术培训,经考试合格取得上岗证后,方可持证上岗;不允许未经培训的无证人员上岗作业。

(2)加强对于领导的安全操作规程教育,作业中必须遵守安全操作规程,对特殊工种作业不允许打破工种界限。

(3)用电线路及带电体必须符合安全要求,绝缘良好;电焊钳及手用电动工具不得随便乱丢,必须挂高或远离作业面;准备工作做好后,方能合闸。

(4)上班时所有职工必须按规定穿戴好劳动保护用品,安全管理人员必须加强监督检查。

案例二

一、事故经过

某二分局大峡施工处制冷厂班长刘某某带领部分工人到大坝2号机门槽做清理工作。此时门槽孔口有大小石块及混凝土块掉落下来,厂长崔某某便安排女工赖某到坝顶2号机门槽孔口处当安全哨,赖某到坝顶后,发现三分局协作的张某某在拆2号机右孔口的木板及溜桶。赖某进行了制止,张某某等人也答应停止作业。9时25分在门槽底部进行清理工作的崔厂长听到孔内金属碰撞声,便让工作人员躲避,9时30分左右再次听到孔内金属碰撞声,接着一串溜桶向下坠落,随之钢管脚手架坍塌,将在孔口上游躲避的斯某某、宋某某砸倒,经抢救,斯某某因伤势过重死亡,宋某某腰部重伤。

二、事故原因

(1)直接原因。

钢管脚手架在结构严重缺损失稳的状态下,协作单位的张某某等人在拆除2号机右孔口的木板时,误解绑溜桶的钢丝,致使溜桶坠落,砸在失稳的架子上,导致脚手架变形坍塌。

(2)间接原因。

①脚手架本身部分杠杆、立杆被人拆除,存在严重安全隐患。

②在2号机门槽担任清理任务的二分局制冷厂班长刘某某在带领工人进行施工前,对施工现场检查不力,且施工前未派专人在作业面上方担任安全监督哨。

③厂长崔某某到施工现场后,发现作业面上空掉小石头及混凝土块后,虽然临时派了1人到上面作安全哨,但在以后上面继续掉物尚达20~30分钟的时间段内,处理措施不力。

(3)主要原因。

对协议工的安全管理及使用的脚手架管理不善,现场安全检查不到位。

三、预防措施

(1)立即组织专业人员,对工程现场的施工脚手架进行一次检查,对影响脚手架安全使用的产品要安排专人进行加固处理,并经安全人员验收后方可使用。

(2)各种脚手架的搭设和使用要严格按操作规程执行,使用前必须经有关人员检查验收,合格后方可使用。正在使用或仍需使用的脚手架要执行施工任务单制度。

(3)合理安排施工进度,严禁多层次同时作业。特殊情况下的双层作业,要下达特殊部位危险作业任务单,并要有可靠的安全技术措施,经技术负责人或行政领导批准后,方可施工。

 思考题

1.简述施工现场用电安全技术要求。

2.任举一个现场制作与安装作业过程中工种的安全技术要求。

3.简述爆破作业人员安全技术要求。

参考文献

[1]中华人民共和国水利部.水利水电工程施工导流设计规范(SL 623—2013)[S].北京:中国水利水电出版社,2013.

[2]国家能源局.碾压式土石坝施工规范(DLT 5129—2013)[S].北京:中国电力出版社,2014.

[3]中华人民共和国水利部.水工混凝土施工规范(SL 677—2014)[S].北京:中国水利水电出版社,2014.

[4]中华人民共和国水利部.混凝土面板堆石坝施工规范(SL 49—2015)[S].北京:中国水利水电出版社,2015.

[5]国家能源局.水工混凝土钢筋施工规范(DLT 5169—2013)[S].北京:中国电力出版社,2014.

[6]中华人民共和国水利部.水电工程施工安全管理导则(SL 721—201)[S].北京:中国水利水电出版社,2015.

[7]全国一级建造师执业资格考试用书编写委员会.水利水电工程管理与实务[M].北京:中国建筑工业出版社,2017.

[8]全国勘察设计注册工程师水利水电工程专业管理委员会.水利水电工程专业知识[M].郑州:黄河水利出版社,2013.

[9]沈长松,刘晓青.水工建筑物[M].北京:中国水利水电出版社,2016.

[10]张春娟.小型水工建筑物设计[M].北京:中国水利水电出版社,2017.

[11]李慧颖.倒虹吸管[M].北京:中国水利水电出版社,2006.

[12]熊启钧.涵洞[M].北京:中国水利水电出版社,2006.

[13]竺慧珠,管枫年.渡槽[M].北京:中国水利水电出版社,2005.

[14]全国二级建造师执业资格考试用书编写委员会.水利水电工程管理与实务[M].北京:中国建筑工业出版社,2018.

[15]中华人民共和国水利部.水利水电工程施工安全防护设施技术规范(SL 714—2015)[S].北京:中国水利水电出版社,2015.

[16]中华人民共和国水利部.水闸设计规范(SL 265—2016)[S].北京:中国水利水电出版社,2016.

[17]中华人民共和国水利部.水库大坝安全评价导则(SL 258—2017)[S].北京:中国水利水电出版社,2017.

[18]中华人民共和国水利部.水库工程管理设计规范(SL 106—2017)[S].北京:中国水利水电出版社,2017.

[19]袁光裕.水利工程施工[M].北京:中国水利水电出版社,2016.

[20]冯旭.水利水电工程施工安全监控技术[M].北京:中国水利水电出版社,2017.

[21]水利水电工程施工手册编委会.水利水电工程施工手册(第2卷):土石方工程[M].北京:中国电力出版社,2002.

图书在版编目(CIP)数据

水利水电工程施工/杨艳凤,王君红,程玉强主编.
—西安:西安交通大学出版社,2018.6
ISBN 978-7-5693-0662-0

Ⅰ.①水… Ⅱ.①杨…②王…③程… Ⅲ.①水利水电
工程-工程施工 Ⅳ.①TV5

中国版本图书馆 CIP 数据核字(2018)第 120529 号

书 名	水利水电工程施工
主 编	杨艳凤 王君红 程玉强
责任编辑	王建洪
出版发行	西安交通大学出版社
	(西安市兴庆南路 10 号 邮政编码 710049)
网 址	http://www.xjtupress.com
电 话	(029)82668357 82667874(发行中心)
	(029)82668315(总编办)
传 真	(029)82668280
印 刷	陕西日报社
开 本	787mm×1092mm 1/16 印张 14.375 字数 343 千字
版次印次	2018 年 7 月第 1 版 2018 年 7 月第 1 次印刷
书 号	ISBN 978-7-5693-0662-0
定 价	35.00 元